Tim Martin Seibert

Die Zellwand-Hydrolase YocH aus Bacillus subtilis:

Tim Martin Seibert

Die Zellwand-Hydrolase YocH aus Bacillus subtilis:

Genetische Kontrolle durch das essentielle Zwei-Komponenten System YycFG, hohe Osmolarität und Kältestress

Südwestdeutscher Verlag für Hochschulschriften

Imprint
Any brand names and product names mentioned in this book are subject to trademark, brand or patent protection and are trademarks or registered trademarks of their respective holders. The use of brand names, product names, common names, trade names, product descriptions etc. even without a particular marking in this work is in no way to be construed to mean that such names may be regarded as unrestricted in respect of trademark and brand protection legislation and could thus be used by anyone.

Publisher:
Südwestdeutscher Verlag für Hochschulschriften
is a trademark of
Dodo Books Indian Ocean Ltd., member of the OmniScriptum S.R.L Publishing group
str. A.Russo 15, of. 61, Chisinau-2068, Republic of Moldova Europe
Printed at: see last page
ISBN: 978-3-8381-2375-2

Zugl. / Approved by: Marburg, Philipps-Universität, Diss., 2009

Copyright © Tim Martin Seibert
Copyright © 2011 Dodo Books Indian Ocean Ltd., member of the OmniScriptum S.R.L Publishing group

Das schönste Glück des denkenden Menschen ist, das Erforschliche erforscht zu haben und das Unerforschliche zu verehren.

Johann Wolfgang von Goethe

Geheimnisvoll am lichten Tag
Lässt Natur des Schleiers nicht berauben,
Und was sie deinem Geist nicht offenbaren mag,
Das zwingst du ihr nicht ab mit Hebeln und mit Schrauben

Johann Wolfgang von Goethe

Meinen Eltern

Inhaltsverzeichnis

I. Zusammenfassung 1

II. Einleitung 3

1. Einfluss der Osmolarität auf die prokaryotische Zelle 3
2. Mechanismen zur Anpassung an hochosmolare Lebensräume 6
   2.1. Die „salt-in" und „salt-out" Strategien 6
   2.1. Kompatible Solute 7
3. Osmoregulation im Gram-positiven Modellorganismus *B. subtilis* 10
   3.1. Erste Phase der Osmoadaptation: Akkumulation von K^+ 11
   3.2. Zweite Phase der Osmoadaptation: Kompatible Solute 13
      3.2.1. Akkumulation von Prolin durch *de novo* Synthese 13
      3.2.2. Synthese von Glycin Betain aus Cholin 14
      3.2.3. Aufnahme kompatibler Solute aus der Umwelt 15
4. Mikrobielles Wachstum in der Kälte 18
   4.1. Auswirkungen niedriger Temperaturen auf die bakterielle Zelle ... 21
   4.2. Temperatursensorische Strukturen 21
      4.2.1. Die Rolle der Cytoplasmamembran und ihrer Komponenten 22
      4.2.2. Die Rolle des Translations-Apparates 23
      4.2.3. Die Rolle der DNA-Topologie 24
   4.3. Membran-Adaptation 24
   4.4. Kälteschockproteine (CSPs) und Translationsapparat 25
   4.5. Auswirkungen der Temperatur auf Metabolismus und Proteinfaltung ... 26
      4.5.1. Metabolismus 26
      4.5.2. Proteinfaltung 26
5. Kälteschock und adaptives Wachstum in der Kälte - Unterschiede 27
6. Die Zellwand 28
   6.1. Die Zellwand von *B. subtilis* 29
      6.1.1. Zellwandstruktur und chemische Zusammensetzung 30
      6.1.2. Die dreidimensionale Struktur der *B. subtilis* Zellwand 31
      6.1.3. Sporen-Peptidoglykan 32
   6.2. Zellwandsynthese in *B. subtilis* 33
   6.3. Strukturelle Variationen der Glykanstränge 35

6. 3.1. Anionische Polymere 36
6.3.2. N-Deacetylierung der GlcNAc und MurNAc Reste 37
6.3.3. 1,6-AnhydroMurNAc Reste 38
7. Zellwand Proteine 39
7.1 Die LysM Domäne Zellwand-assoziierter Proteine 40
8. Peptidoglykan Hydrolasen – Autolysine 42
    8.1. Die physiologische Rolle von Autolysinen während des vegetativen Wachstums 44
        8.1.1. Peptidoglykan Reifung 44
        8.1.2. Regulation des Zellwand-Wachstums durch DD-Carboxypeptidasen 45
        8.1.3. Zellwand „Turnover" und Peptidoglykan-Recycling 45
        8.1.4. Zelltrennung 48
        8.1.5. Beweglichkeit 48
        8.1.6. Biophysikalische Eigenschaften – Protein Sekretion 49
    8.2. Regulation von Autolysinen 51
        8.2.1. Genetische Regulation 51
        8.2.2. Posttranlationale Regulation 52
9. Zwei-Komponenten Systeme (ZKS) 53
    9.1. Evolution der Zwei-Komponenten Systeme 56
    9.2. Zwei-Komponenten System in *B. subtilis* 58
10. Das YycFG Zwei-Komponenten System 59
    10.1. Das YycFG Regulon in *B. subtilis* 63
    10.2. Die Rolle von YycFG in *B. subtilis* 65

III. Zielsetzung 67

IV. Material und Methoden 69

1. Chemikalien und Materialien 69
2. Bakterienstämme, Plasmide und Oligonukleotide 69
    2.1. Bakterienstämme 69
    2.2. Plasmide 71

2.3. Oligonukleotide 73
3. Kulturmedien, Zusätze und Wachstumsbedingungen 74
 3.1. Kulturmedien 74
  3.1.1. Vollmedium 74
  3.1.2. Minimalmedien 74
 3.2. Zusätze, Spurenelemente und Antibiotika 75
 3.4. Wachstumsbedingungen und allgemein mikrobiologische Techniken .. 76
  3.4.1. Wachstumsbedingungen 76
  3.4.2. Bestimmung der Zelldichte 77
  3.4.3. Sterilisation 77
4. Molekularbiologische und genetische Methoden 77
 4.1. Präparation, Reinigung und Konzentrationsbestimmung von Nukleinsäuren 77
  4.1.1. Präparation chromosomaler DNA aus *B.subtilis* 78
  4.1.2. Präparation von Plasmid-DNA aus *E.coli* 78
  4.1.3. Reinigung von DNA 78
  4.1.4. Bestimmung der Konzentration von Nukleinsäuren 79
 4.2. Klonierungstechniken 79
  4.2.1. DNA-Restriktion 79
  4.2.2. Agarosegelelektrophorese 79
  4.2.3. Isolierung von DNA-Fragmenten aus Agarosegelen 80
  4.2.4. Ligation 80
 4.3. Transformation 80
  4.3.1. Transformation von *E. coli* 80
  4.3.2. Transformation von *B. subtilis* 81
 4.4. Polymerase-Kettenreaktion und Bestimmung der Nukleotidsequenz ... 83
  4.4.1. Polymerase-Kettenreaktion (PCR) 83
  4.4.2. Bestimmung der Nukleotidsequenz 83
5. Konstruktion von Plasmiden und Bakterienstämmen 84
 5.1. Konstruktion von Plasmiden 84
  5.1.1. Verwendete Vektoren (Rezipienten) 84
  5.1.2. Konstruktion der Plasmide pTMS5 bis pTMS14 84
 5.2. Konstruktion von *B. subtilis* Bakterienstämmen 88

5.2.1. Konstruktion des Stammes TMSB1 88
5.2.2. Konstruktion des Stammes TMSB2 88
5.2.3. Konstruktion des Stammes TMSB3 89
5.2.4. Konstruktion des Stammes TMSB4 89
5.2.5. Konstruktion des Stammes TMSB5 90
5.2.6. Konstruktion des Stammes TMSB6 90
5.2.7. Konstruktion des Stammes TMSB7 90
5.2.8. Konstruktion des Stammes TMSB8 90
5.2.9. Konstruktion des Stammes TMSB9 90
5.2.10. Konstruktion des Stammes TMSB10 91
5.2.11. Konstruktion des Stammes TMSB11 91
5.2.12. Konstruktion des Stammes TMSB12 91
5.2.13. Konstruktion des Stammes TMSB13 91
5.2.14. Konstruktion des Stammes TMSB14 92
5.2.15. Konstruktion der Stämme TMSB15 bis TMSB25 92
5.3. Überprüfung der konstruierten *B. subtilis* Stämme 92
6. Biochemische Methoden 93
6.1. Bestimmung der TreA-Aktivität 93
6.1.1. Entwicklung der TreA-Aktivität in Abhängigkeit der Osmolarität 93
6.1.2. Entwicklung der TreA-Aktivität in Abhängigkeit der Temperatur 94
6.1.3. Entwicklung der TreA-Aktivität über Wachstumsverlauf 94
6.1.4. Enzymatischer Test 94
7. Proteinchemische Methoden 95
7.1. Produktion und Reinigung rekombinanten Proteins 95
7.1.1. Heterologe Produktion in *E. coli* 96
7.1.2. Reinigung rekombinanten Proteins 96
7.2. SDS-Polyacrylamidgelelektrophorese (SDS-PAGE) 98
7.2.1. Probenvorbereitung 99
7.3. „Lytic Dot Assay" 99
7.4 DNA-Affinitäts-Aufreinigung: „Magnetic Beads" 100
7.5 Konzentration von Proteinen 101
7.6. NanoLC- MS 101
8. Mikroskopische Methoden 102

8.1. Phasenkontrast- und Fluoreszenz-Mikroskopie 102
8.2. Imunogold-Markierung und Elektronenmikroskopie 102

V. Ergebnisse 104

1. Bioinformatische Analyse des *yocH* Gens aus *B. subtilis* 104
    1.1. Der offene Leserahmen des Gens *yocH* und dessen benachbarte Gene 104
    1.2. YocH orthologe Proteine sind im Genus *Bacillus* weit verbreitet 107
    1.3. Das YocH Protein weißt zwei N-terminale LysM-Domänen auf 110
    1.4. Das YocH Protein wird sekretiert 111
    1.5. Der C-Terminus des YocH Proteins zeigt Homologie zum MltA Protein aus *E. coli* 112
    1.6. Die Organisation des *yocH* Promotors 116
2. Lokalisierung des *yocH*-Genproduktes mit Hilfe des *gfp*-Fusionsstammes TMSB2 117
    2.1. Das YocH-GFP Fusionsprotein komplementiert den Phänotyp der *yocH*-Mutante unter hyperosmotischen Bedingungen bei 37 °C 117
    2.2. Das YocH Protein ist in Zellwand und Septum von *B. subtilis* lokalisiert 119
        2.2.1 Anti-GFP Immuno-Gold Markierung bestätigt die Lokalisierung des YocH-GFP Fusionsproteins 124
3. Das YocH Protein ist eine Peptidoglykan-Hydrolase und in der Lage Zellwandmaterial abzubauen 126
4. Charakterisierung und Quantifizierung der *yocH*-Expression mit Hilfe des *treA*-Fusions-Stammes TMSB1 128
    4.1. Die Expression des *yocH* Gens erfolgt proportional zur externen Osmolarität 129
    4.2. Entwicklung der *yocH* Expression nach plötzlicher Erhöhung der externen Osmolarität 130
    4.3. Ein Absenken der Wachstumstemperatur beeinflusst die Expression von *yocH* 132

4.4. Das osmo- und kryoprotektive Glycin Betain beeinflusst die
Aktivität des *yocH* Promotors 133

4.5. Die Transkription des *yocH* Gens ist abhängig von der
Wachstumsphase 134

    4.5.1. Wachstum bei 37°C 135

    4.5.2. Wachstum bei 15°C 137

5. Die Rolle des essentiellen Zwei-Komponenten Systems YycFG 138

    5.1. Die Aktivität des *yocH*-Promotors unterliegt in signifikanter Weise
der Kontrolle durch YycFG 140

    5.2. Die Transkription des *yycFG* Operons ist weder Temperatur- noch
omostisch induzierbar 143

6. Die regulatorischen *cis* Elemente des *yocH*-Promotors – Definition der
minimalen, zur Regulation notwendigen Promotor-Region 145

    6.1. Ein 176 bp großes DNA-Fragment enthält alle *cis* Elemente für die
osmotische Regulation des *yocH* Gens 148

    6.2. Ein 254 bp großes DNA-Fragment enthält alle *cis* Elemente für die
Regulation des *yocH* Gens bei 15°C 150

7. Der *yocH* Promotor unterliegt einer negativen Kontrolle durch den
Transkritptionsfaktor AbrB und einer positiven Kontrolle durch Spo0A 151

    7.1. Der negative Regulator AbrB bindet nicht stromabwärts des
Startcodons von *yocH* 153

        7.1.1. Die Deletion von AbrB beeinträchtigt die Induzierbarkeit von
yocH bei 15°C 155

8. Isolierung von DNA-bindenden Proteinen mit Affinität zum
yocH-Promotor 156

9. Das *yocH* Gen spielt eine wichtige Rolle für *B. subtilis* – physiologische
Charakterisierung der *yocH* Deletion 163

    9.1. Konstruktion des Stammes AH023 163

    9.2. AH023 zeigt einen Wachstumsphänotyp unter hyperosmotischen
Bedingungen bei 37°C 163

    9.3. Die Deletion des *yocH* Gens führt zu einem Wachstumsnachteil
bei 15°C unter hyperosmotischen Bedingungen 166

9.3.1 Die *yocH*-Mutante zeigt morphologische Auffälligkeiten
bei 15°C unter hyperosmotischen Bedingungen 168

9.4. Der Wachstumsnachteil des Deletionsstammes AH023 bei 14°C
lässt sich durch Glycin Betain rückgängig machen 170

9.4.1. Glycin Betain führt zu morphologischen Veränderungen
von *B. subtilis* 171

9.5. Die Beweglichkeit der *yocH*-Mutante wird durch hyperosmotische
Bedingungen negativ beeinflusst 174

10. Zellmorphologie sowie Ultrastruktur der Zellwand werden durch
Osmolarität, Temperatur und Glycin Betain beeinflusst 175

10.1. Zellmorphologie in SMM bei 37°C 176

10.2. Zellmorphologie in SMM bei 14°C 178

10.3. Zellmorphologie in SMM mit 1,2 M NaCl bei 37°C –
Beeinträchtigung der Zellteilung 180

10.4. Zellmorphologie in SMM mit 0,4 M NaCl bei 15°C – Signifikante
Unterschiede zwischen Wildtyp und *yocH*-Mutante 184

10.5. Glycin Betain führt zu signifikanten Veränderungen der
Zellmorphologie von *B. subtilis* 187

VI. Diskussion 189

1. YocH – ein sekretiertes und Zellwand-assoziiertes Protein 189
2. YocH – eine Peptidoglykan Hydrolase 191
   2.1. Ist YocH eine Lytische Transglycosylase? 192
3. Die Regulation des *yocH* Gens 194
   3.1. Ein essentielles Zwei-Komponenten System kontrolliert die
   Transkription 195
   3.2. Die Faktoren der Osmo- und Kälte-Regulation des *yocH* Gens 199
      3.2.1. Das *yocH* Gen ist osmotisch- und kältereguliert 199
      3.2.2 Das osmo- und kryoprotektive Glycin Betain beeinflusst die
      Transkription von *yocH* 200
      3.2.3. Die minimale Promotor-Region des *yocH* Gens – 176 bp
      bzw. 254 bp enthalten alle regulatorischen *cis* Elemente 200

3.2.4. Eine Region von stromabwärts des Transkriptionsstarts hat Einfluss auf die *yocH* Promotor-Aktivität.................. 202

3.2.5. Welche Rolle spielt der Biofilm-Repressor AbrB bei der Regulation des *yocH* Gens...................... 203

4. Welche physiologische Rolle spielt das YocH Protein für *B. subtilis* 206

   4.1. Modifikationen der Zellwand als Reaktion auf veränderte Umweltbedingungen................. 206

      4.1.1. Der Einfluss der Osmolarität auf die bakterielle Zellwand 206

      4.1.2. Der Einfluss der Temperatur auf die bakterielle Zellwand 210

      4.1.3. Glycin Betain führt zu Modifikationen der Zellmorphologie bei *B. subtilis* 212

   4.2. Das YocH Protein ist unerlässlich für normales Wachstum unter hyperosmotischen Bedingungen sowie bei niedriger Temperatur...... 214

      4.2.1. Die *yocH*-Mutante zeigt Auffälligkeiten der Zellmorphologie und Zellteilungsdeffekte......................... 215

   4.3 Die physiologische Rolle der Zellwand-Hydrolase YocH 218

5. Ausblick..................... 221

VII. Literatur.................. 223

I. Zusammenfassung

Bakterien besiedeln die unterschiedlichsten Lebensräume. Diese Habitate unterliegen oftmals großen Schwankungen biotischer und abiotischer Faktoren, denen die bakterielle Zelle ausgeliefert ist und auf die sie zeitgerecht reagieren muss, um ihr Wachstum und Überleben zu sichern. Das Habitat des Gram-positiven Bakteriums *Bacillus subtilis* sind die oberen Bodenschichten und die Rizosphäre. Hier nehmen zwei der wichtigsten abiotischen Wachstumsfaktoren unmittelbaren Einfluss auf die bakterielle Zelle. So ist *B. subtilis* durch Tag- und Nachtwechsel, Wetteränderungen und jahreszeitliche Unterschiede ständigen Schwankungen in Osmolarität und Temperatur unterworfen. DNA-Array Analysen bei *B. subtilis* haben gezeigt, dass eine Reihe von Genen, die im Zusammenhang mit dem Zellwandmetabolismus stehen durch hyperosmotische Bedingungen und adaptives Wachstum bei 15°C induziert werden (Steil *et al.*, 2003, Budde *et al.*, 2006). Dies deutet darauf hin, dass die von diesen Genen kodierten Proteine wesentliche Funktionen für die Anpassung der Zellwand-Struktur und -Zusammensetzung von *B. subtilis* unter Stress-Bediungungen ausüben. In diesem Zusammenhang konnten zuvor schon Veränderungen der Zellhülle - und insbesondere der Zellwand - als Antwort auf erhöhte Osmolarität und sinkende Wachstumstemperaturen bei verschiedenen Species nachgewiesen werden (Vijaranakul *et al.*, 1995, Lopez *et al.*, 1998, Lopez *et al.*, 2000, Piuri *et al.*, 2005, Palomino *et al.*, 2008).

Eines der durch die DNA-Arrays von osmotisch- und Kälte-gestressten *B. subtilis* Zellen in den Fokus des Interesses gerückten Gene ist *yocH*. Im Rahmen der vorliegenden Arbeit wurde die genetische Regulation des *yocH* Gens und die Funktion des YocH Proteins näher charakterisiert. Es konnte durch biochemische Analyse des gereinigten YocH Proteins und durch Untersuchungen mit einer YocH-GFP Fusion gezeigt werden, dass YocH als eine Peptidoglykan-assoziierte Zellwandhydrolase fungiert. YocH spielt eine wichtige Rolle beim dynamischen Umbau des Peptidoglykans während des Wachstums unter Stressbedingungen, da eine *yocH* Mutante osmotisch sensitiv ist.

Die Expression des *yocH* Gens unterliegt der Kontrolle durch das einzige essentielle Zwei-Komponenten Regulationssystem (YycFG) von *B. subtilis* (Howell *et al.*, 2003; Dubrac *et al.*, 2008). Die hier vorgelegten Daten erlauben erstmals einen genaueren Einblick in die Architektur der *yocH* Kontrollregion und in die Regulation der Expression von *yocH* in Antwort auf eine Erhöhung der Osmolarität und eine Absenkung der Wachstumstemperatur. Die Bedeutung des YycFG Systems und des „transition-state" Regulators AbrB auf die Induzierbarkeit des *yocH* Promotors bei adaptivem Wachstum bei hoher Osmolarität und bei niedriger Temperatur (15°C) wurde herausgearbeitet.

II. Einleitung

Bakterien sind ubiquitär vertreten und besiedeln unterschiedlichste natürliche und künstliche Lebensräume hoher Diversität. Diese Lebensräume unterliegen oftmals großen Schwankungen biotischer und abiotischer Faktoren wie Temperatur, Osmolarität bzw. Salinität, pH-Wert und Nährstoffangebot. Bakterien sind im Gegensatz zu höheren eukaryotischen Zellen diesen Stressfaktoren aufgrund des Fehlens von komplexen, schützenden Oberflächenstrukturen und Organen unmittelbarer ausgesetzt.

1. Einfluss der Osmolarität auf die prokaryotische Zelle

Bakterielle Spezies sind die vielseitigsten und die am weitest verbreiteten lebenden Organismen auf der Erde. Sie besiedeln beinah jede ökologische Nische darunter auch derart lebensfeindliche Habitate, die für andere Organismen nicht zu erschließen sind. In solchen Lebensräumen unterliegen elementare Umweltparameter oft derart starken Fluktuationen, dass Wachstum und Überleben der bakteriellen Zelle gefährdet sind. Die erfolgreiche Besiedlung solcher Habitate durch Bakterien setzte somit im Zuge der Evolution die Entwicklung komplexer Anpassungs-Strategien voraus. Diese ermöglichen es den Organismen, Veränderungen der Umweltbedingungen rasch zu erfassen und schließlich darauf zu reagieren.

Wachstum und Überleben von Bakterien in den verschiedensten Habitaten ist untrennbar mit der Verfügbarkeit von Wasser verknüpft. Bakterien besitzen allerdings keine Systeme des aktiven Wassertransports, daher wird die Verfügbarkeit von Wasser für die Zelle allein durch die Osmolarität des extrazellulären Mediums bestimmt (Galinski und Trüper, 1994; Csonka und Epstein 1996; Wood 1999; Bremer und Krämer 2000). Bakterien sind als Bewohner von natürlichen und künstlichen aquatischen und terrestrischen Habitaten zum Teil dramatischen Schwankungen der extrazellulären Osmolarität unterworfen. Bodenbakterien müssen Perioden geringen und starken Niederschlags, pathogene Bakterien des Urogenitaltraktes Harn-Konzentrierung und -Verdünnung überleben und industriell eingesetzte Organismen müssen konzentrierte Nährlösungen sowie die extrazelluläre Akkumulation von metabolen Produkten tolerieren (Wood, 1999). Mikroorganismen sind in der Lage, Lebensräume über ein beträchtliches Spektrum osmotischer Bedingungen hinweg zu besiedeln, die von konzentrierten Salzsolen bis zu Süßwasserhabitaten reichen (Ventosa et al., 1998).

Die intrazelluläre Osmolarität bakterieller Zellen, ist für gewöhnlich höher also die Osmolarität des umgebenden Wachstums Mediums. So weißt das bakterielle Cytoplasma eine Makromolekül-Konzentration (DNA, RNA, Proteine) von 300-400 g/l auf, die einen beträchtlichen Teil des cytoplasmatischen Volumens einnehmen (20-30%) (Zimmermann und Trach, 1991). Den primären Beitrag zur intrazellulären Osmolarität (100-200 g/l) liefern niedermolekulare Solute (Osmolyte) wie Zucker, Aminosäuren und verschiedene Salze, die meisten mit ionischem Charakter. Die höhere intrazelluläre Osmolarität führt zu einem nach innen, dem Konzentrationsgefälle folgenden Einstrom von Wasser in die Zelle. Dieser Influx an Wasser vergrößert das Zellvolumen, einhergehenden mit dem Anpressen der Cytoplasmamembran an die elastisch entgegenwirkende Zellwand. Die Druck-Differenz über die Zellhülle (Cytoplasmamembran/Zellwand) hinweg, zwischen intrazellulärem und extrazellulärem Raum bezeichnet man als Turgor (Doyle und Marquis, 1994). Der Turgor wird als treibende Kraft der Zellvergrößerung und der damit einhegenden Zellteilung angesehen (Csonka, 1989) und muss somit stets aufrechterhalten werden. Gram-negative Bakterien weißen einen Zellturgor von 3-10 atm auf, Gram-positive einen Turgor von etwa 20-30 atm (Whatmore und Reed, 1990; Csonka und Epstein, 1996).

Aufgrund der Permeabilität der Cytoplasmamembran gegenüber Wasser resultiert ein hyper- bzw. hyposomotischer Schock in einem Efflux bzw. Influx von Wasser. Dies geht mit einer Volumen-Reduktion bzw. –Vergrößerung der Zelle einher. So wurde gezeigt, dass sich die Oberfläche von *Escherichia coli* nach einem hyper- bzw. hypoosmotischen Schock um maximal 33% verkleinert bzw. um maximal 23% vergrößert (Koch, 1984; Baldwin et al., 1988). Dabei ist zu beachten, dass der Durchmesser der Zelle weitestgehend gleich bleibt, wohingegen die Ausdehnung der Längsachse zunimmt (van den Bogaart et al., 2007). Ein unkontrollierter Influx an Wasser und die damit einhergehende Volumen-Ausdehnung würde unweigerlich zum Bersten der Zelle führen, da die Zellwand dem Druck nicht mehr standhalten könnte. Im Gegensatz dazu würde ein Wasser-Efflux das Schrumpfen der Zelle

II. Einleitung

bewirken und zur Plasmolyse, dem Ablösen der Cytoplasmamembran von der Zellwand führen.

Im Zuge der Evolution wurden die metabolischen Fähigkeiten von Bakterien immer umfangreicher, das Cytoplasma wurde zu einer reichhaltigen Ansammlung an biochemischen Verbindungen, was schließlich den osmotischen Druck zunehmend steigerte (Koch, 1985; Koch und Silver, 2005). Daher entwickelten sich schon relativ früh in der Evolution der Mikroorganismen Mechanismen, um eine Aufrechterhaltung des zellulären Turgors innerhalb physiologischer Grenzen zu gewährleisten. Dazu muss die intrazelluläre Osmolarität der externen Osmolarität angepasst werden, wozu eine Reihe osmoadaptiver Mechanismen zur Verfügung steht (Poolman et al., 2002). Bei der Adaptation der internen Osmolarität nach einem hyperosmotischen Schock handelt es sich um einen mehrstufigen Prozess. Um den Efflux an Wasser gering zu halten und eine Rehydrierung des Cytoplasmas durch Wassereinstrom herbeizuführen, muss die interne Osmolarität durch Akkumulation osmotisch wirksamer Substanzen erhöht werden (Kempf und Bremer, 1998; Poolman et al., 2002). Im Falle eines hypoosmotischen Schocks, einem Absinken der externen Osmolarität, steigt der zelluläre Turgor durch Wassereinstrom rasch an (Booth und Louis, 1999; Wood, 1999). Um ein Bersten der Zelle zu verhindern, müssen osmotisch wirksame Substanzen aus der Zelle entfernt werden, um die interne Osmolarität zu reduzieren und einen Wasserausstrom zu ermöglichen (Schleyer et al., 1993; Ruffert et al., 1997; Hoffmann et al., 2008). Zur unselektiven Ausschleusung cytoplasmatischer Substanzen dienen so genannte mechanosensitive Kanäle, die in der Cytoplasmamembran lokalisiert sind und auf ein Ansteigen des Turgors reagieren (Blount und Moe, 1999; Martinac, 2001; Sotomayor et al., 2007; Booth et al., 2007; Li et al., 2007; Hoffmann et al., 2008).

Allerdings geht man mittlerweile davon aus, dass Wasser nicht allein durch passive Diffusion durch die Cytoplasmamembran in die Zelle gelangt sondern auch über spezifische Wasserkanäle, so genannte Aquaporine (Calmita et al., 1995; Tanghe et al. 2006). Zunächst glaubte man, dass diese auf Eukaryoten beschränkt seien. Mittlerweile fand man solche Kanäle auch in Gram-negativen und Gram-positiven Bakterien, wobei bisher nur die Wasser-Transport Funktion des E. coli Aquaporins AqpZ experimentell nachgewiesen ist (Calamita et al., 1995; Tanghe et al., 2006).

2. Mechanismen zur Anpassung an hochosmolare Lebensräume

2.1. Die „salt-in" und „salt-out" Strategien

Im Zuge der Evolution entwickelten sich zwei grundlegende Strategien der Osmoadaptation, die man als „salt-in" und „salt-out" Strategien bezeichnet. Letztere ist auch als „organic-osmolyte" Strategie bekannt (Galinski und Trüper, 1994; Kunte, 2006).

Die „salt-in" Strategie findet sich vornehmlich bei Vertretern der *Halobacteriaceae* und wurde dort auch erstmals beschrieben (Galinski, 1995; Martin *et al.*, 1999). Sie ist damit typisch für extrem halophile *Archaea* wie *Halobacterium salinarum* und *Haloarcula marismortui*, welche als Modellorganismen für die Anpassung an hohe intrazelluläre Salzkonzentrationen dienen (Oren, 2008). Diese Strategie ist allerdings nicht nur auf aerobe halophile *Archaea* beschränkt sondern findet sich auch in den anaeroben fermentativen *Halanaerobiales* (*Bacteria, Firmicutes*) (Oren, 1986; Oren, 2006). Der dritte Organismus, der mit keinem der oben genannten verwandt ist und sich der „salt-in" Strategie bedient, ist der aerobe extrem halophile *Salinibacter ruber* (*Bacerioidetes*) (Oren, 2008). Diese Organismen sind an ein Leben in permanent hochosmolaren Lebensräumen angepasst und sind nicht in der Lage in Medien niedriger Salzkonzentration zu wachsen.

Zur Anpassung an die hohe Osmolarität des Habitats und zur Kompensation des damit einhergehenden Wasserverlustes der Zelle werden in diesen Organismen vornehmlich anorganische Ionen, in der Hauptsache K^+ und Cl^-, bis zu molaren intrazellulären Konzentrationen angehäuft. Na^+-Ionen, die in hoher Konzentration cytotoxisch sind, werden für gewöhnlich aktiv austransportiert (Galinski und Trüper, 1994; Ventosa *et al.*, 1998). Die Nutzung der „salt-in" Strategie setzt somit umfangreiche Anpassungen der intrazellulären, enzymatischen Maschinerie voraus. Enzyme und andere Proteine müssen an die permanent hohen Salzkonzentrationen nahe der Sättigungsgrenze adaptiert sein, um ihre Konformation und Funktion aufrechtzuerhalten (Lanyi, 1974). Das Proteom solcher Organismen ist höchst sauer, so weisen deren Proteine einen hohen Anteil an Aspartat und Glutamat sowie schwach hydrophoben Aminosäuren auf (Lanyi, 1974). Solche Proteine denaturieren oftmals in Lösungen geringer Salzkonzentration, was zur Folge hat, dass die

Organismen die sich der „salt-in" Strategie bedienen nur in hochsalinen Lebensräumen überleben können (Oren, 2008). Die Proteom-Modifikationen sind dadurch erklärbar, dass diese die Bildung einer Hydrathülle um die Proteine herum in Habitaten niedriger Wasser-Aktivität erleichtern. Darüber hinaus geht man davon aus, dass die Abstoßungskräfte bedingt durch die überwiegend negativ geladenen Aminosäuren durch eine Anlagerung von hydratisierten K^+-Ionen neutralisiert wird und damit zur Proteinstabilisierung führt.

Obwohl Berechnungen ergeben haben, dass die „salt-in" Strategie energetisch kostengünstiger ist als die „salt-out" bzw. „organic-osmolyte" Strategie, ist diese weitaus weniger verbreitet (Galinski & Trüper 1994; Ventosa et al. 1998a; Bursy 2001). Organismen die sich der „salt-out" Strategie bedienen versuchen möglichst viel Salz aus ihrem Cytoplasma zu entfernen. Die Basis ihrer Anpassung an hohe Osmolarität ist die Akkumulation bzw. Synthese organischer, osmotischer Solute, die nicht mit dem zentralen Metabolismus der Zelle interferieren und daher auch als kompatible Solute bezeichnet werden (Brown, 1976). Daher sind kaum dauerhafte Anpassungen des zellulären Proteoms notwendig, was es diesen Organismen ermöglicht, Habitate eines weitaus umfangreicheren osmotischen Spektrums zu besiedeln (Ventosa et al., 1998). Im Weiteren wird insbesondere auf die „salt-out" Strategie eingegangen, der sich das Grampositive Bodenbakterium *B. subtilis* bedient.

2.2. Kompatible Solute

Kompatible Solute sind polare, organische Moleküle hoher Löslichkeit, die bei physiologischem pH-Wert keine Nettoladung tragen (Galinski, 1995) und zelluläre Funktionen nicht beeinflussen. Die strukturellen Klassen organischer Moleküle, die als kompatible Solute eingesetzt werden, umfassen Zucker, Aminosäuren, Polyole und Derivate dieser Verbindungen sowie Betaine und Ectoine (Galinski, 1995; da Costa, 1998; Roberts, 2005). Als generelle Regel gilt, dass Bakterien und Eukaryoten für gewöhnlich neutrale kompatible Solute akkumulieren wohingegen *Archaea* solche mit negativer Ladung vorziehen (Martin, 1999; Roberts, 2004). Vertreter der *Archaea* modifizieren interessanterweise einige der zwitterionischen bzw. neutralen Solute die von Bakterien und Eukaryoten akkumuliert werden, um sie mit einer negativen Ladung zu versehen. Die verschiedenen Osmolyte werden entweder von den entsprechenden Organismen selbst synthetisiert oder über spezifische Transportsysteme aus der Umwelt aufgenommen und in der Zelle akkumuliert. Wenn kompatible Solute auch nicht inhibierend auf zelluläre Vorgänge wirken, so modulieren sie doch die Aktivität verschiedener Enzyme (Brown, 1976). Ihre Akkumulation in der Zelle dient der Aufrechterhaltung des Turgors, des Zellvolumens und der Elektrolyt-Konzentration – allesamt wichtige Faktoren für die Zellteilung.

Die Funktion kompatibler Solute wird mit Hilfe verschiedener Theorien beschrieben. So dienen diese organischen Osmolyte nicht allein dem Ausbalancieren osmotischer Verhältnisse sondern zeigen auch stabilisierende Effekte gegenüber Makromolekülen. Die verschiedenen Theorien sind in 2 generelle Typen einteilbar. Zum einen werden direkte Wechselwirkungen zwischen kompatiblen Soluten und Makromolekülen postuliert und zum anderen existiert die Hypothese, dass die Makromolekül-Stabilität durch Solut-induzierte Veränderungen der Wasser Struktur begünstigt wird. Osmolyte, die in hoher Konzentration im Cytoplasma vorliegen, stehen im Wettbewerb mit Wasser-Molekülen um die Interaktion mit Proteinoberflächen. Dabei wird postuliert, dass diese organischen Solute vorzugsweise von der Protein Oberfläche ausgeschlossen werden. Dieses Modell bezeichnet man daher also „preferential exclusion model" (Arakawa und Timasheff, 1985; Liu und Bolen, 1995; Timasheff, 2002; Timasheff, 2002; Roberts, 2005). Einhergehend mit dem Ausschluss kompatibler Solute von der Protein-Oberfläche, werden Proteine stärker hydratisiert. Der durch die Konzentration kompatibler Solute gesteigerte osmotische Druck führt dazu, dass Proteine eine kompaktere Faltung eingehen und sich die exponierte Oberfläche verringert. Durch die kompaktere Faltung werden Protein-interne Hohlräume verkleinert und einhergehend damit der interne Wassergehalt reduziert (Bolen und Baskakov, 2001). Darüber hinaus wird postuliert, dass die Interaktion kompatibler Solute mit dem Rückgrat der Proteine weitaus unvorteilhafter ist als jene mit Wassermolekülen. Da bei ungefalteten Proteinen ein weitaus höherer Anteil des Peptid-Rückgrates freiliegt und dies letztendlich zur unvorteilhaften, energetisch ungünstigen Interaktionen mit organischen Osmolyten führt, wird das Gleichgewicht zu kompakt gefalteten Proteinen hin verschoben, was man auch als osmophoben Effekt bezeichnet (Cioni *et al.*, 2005)

II. Einleitung

Ähnliche Auswirkungen hat der Grad der Hydratation der verschiedenen Osmolyte. Die so genannte Hofmeister Serie reflektiert die Fähigkeit verschiedener Ionen Wasser zu binden (Baldwin, 1996; Kunz et al., 2004). Dabei unterscheidet man Kosmotrophe, die eine starke Interaktion mit Wasser zeigen und Chaotrophe, welche nur schwach mit Wasser interagieren. Es wurde postuliert, dass der Effekt eines Osmolytes auf Markomoleküle unter anderem von dessen Fähigkeit abhängt die Hydrathülle von Makromolekülen zu stören. So geht man davon aus, dass Osmolyte mit umfangreicher Hydrathülle weniger effizient mit der von Makromolekülen interagieren können, was destabilisierende Effekte auf diese hätte (Collins und Washabaugh, 1985; Collins, 2004). Das Cytoplasma ist sehr inhomogen und überfüllt, was ebenfalls zur Stabilisierung von Proteinen beiträgt. Die Anwesenheit hoher Konzentrationen an Osmolyten beschränkt den Raum, den Proteine zur Verfügung haben und verschiebt das Gleichgewicht hin zu kompakter gefalteten Proteinen (Minton, 2000; Minton, 2001; Hall und Minton, 2003). Kompatible Solute interagieren allerdings nicht nur mit Proteinen sondern auch mit Nukleinsäuren und Nukleinsäure-Protein Komplexen und fördern auch deren Stabilität (Kurz, 2008). Die Grundlagen dieser Effekte sind allerdings noch nicht abschließend geklärt. Die Wirkung kompatibler Solute auf die mikrobielle Zelle beruht somit vermutlich auf unterschiedlichen Aspekten.

Neben ihrer primären Funktion als osmotische Schutzsubstanzen wurde somit gezeigt, dass kompatible Solute zur Stabilisierung von Proteinen beitragen und als „chemische Chaperone" fungieren, was auch in vitro nachgewiesen werden konnte (Roberts, 2005). Darüber hinaus wurde nachgewiesen, dass sich kompatible Solute positiv auf das zelluläre Wachstum bei Temperaturen weit oberhalb bzw. unterhalb der optimalen Wachstumstemperatur auswirken und einen Schutz bei Einfrier- und Tauprozessen sowie vor Austrocknung bieten (Lippert und Galinski, 1992; Welsh, 2000). Viele dieser Verbindungen finden mittlerweile auch Einsatz in der Industrie bei biotechnologischen Prozessen, bei denen diese thermostabilisierende Wirkung ausgenutzt wird. Des Weiteren werden einige dieser Verbindungen in der Kosmetik-Industrie eingesetzt, wo ihre Schutzfunktion gegenüber UV-Strahlung ausgenutzt wird (Robert, 2005; Kunte 2006). Darüber hinaus werden kompatible Solute auch im Laboralltag eingesetzt wo zur Optimierung von PCR-Reaktionen deren Wirkung auf Nukleinsäuren und Nukleinsäure-Protein Komplexen ausgenutzt wird (Roberts, 2005). Selbst bei pharmazeutischen Ansätzen finden diese vielfältigen Verbindungen ihren Einsatz, wo sie z.B. auf ihr Potential zur Verträglichkeitssteigerung von Chemotherapeutika hin getestet werden (Kunte, 2006; Roberts, 2005).

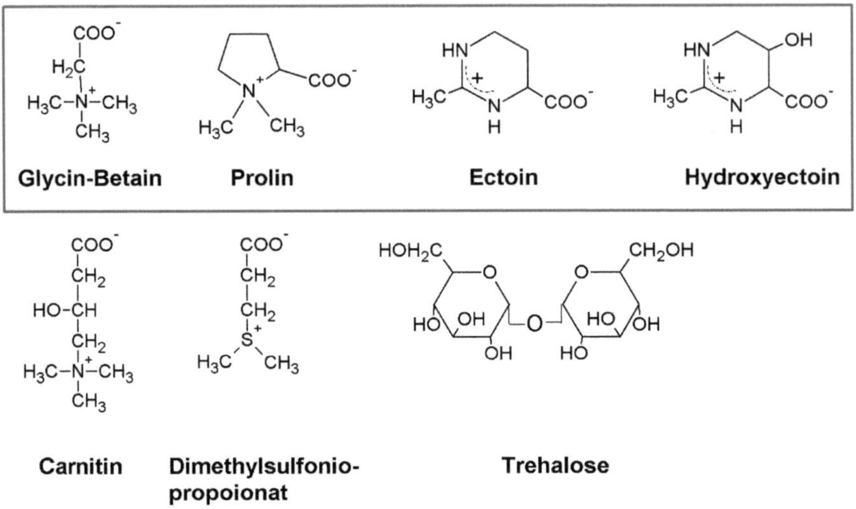

| Glycin-Betain | Prolin | Ectoin | Hydroxyectoin |

| Carnitin | Dimethylsulfoniopropoionat | Trehalose |

Abb. 1: Ausgewählte Vertreter kompatibler Solute

Im Genus *Bacillus* und nah verwandten Genera synthetisierte Verbindungen sind rot umrandet (Madigan *et al.*, 2000; Santos und da Costa, 2002; Bursy *et al.*, 2007)

3. Osmoregulation im Gram-positiven Modellorganismus *B. subtilis*

B. subtilis ist ein stäbchenförmiger, mesophiler, fakultativer Anaerobierer, der peritrich begeißelt ist und als Überdauerungsform Endosporen bildet. Aufgrund seiner ubiquitären Verbreitung dient dieses Bakterium, dessen Genom vollständig sequenziert ist als Modellorganismus der Osmoadaptation in Gram-positiven Bodenbakterien.

B. subtilis besiedelt die oberen Bodenschichten, die so genannte Rhizosphäre, und ist damit ständigen Fluktuationen der externen Osmolarität ausgesetzt, hervorgerufen durch Austrocknung bzw. Überschwemmung des Bodens abhängig von der Menge an Niederschlag. Diese Umstände stellen den Mikroorganismus vor spezielle Herausforderungen. So muss *B. subtilis* in der Lage sein, seine intrazelluläre Osmolarität schnell und effizient anzupassen, um das eigene

II. Einleitung

Überleben zu sichern (Miller und Wood, 1996; Bremer, 2002). *B. subtilis* ist zwar kein halophiler Mikroorganismus, doch ist er in der Lage, über ein breites Spektrum osmotischer Bedingungen hinweg zu wachsen (Boch *et al.*, 1994) und sich an hypertonische bzw. hypotonische Bedingungen anzupassen. In seinem natürlichen Habitat ist *B. subtilis* einer Vielzahl wachstumslimitierender Faktoren ausgesetzt, die zelluläre Prozesse bis hin zum Wachstumsstillstand beeinflussen. Um ein Überleben der Zelle unter limitierenden Bedingungen, und in besonderen Stresssituationen zu gewährleisten, hat *B. subtilis* im Laufe der Evolution ein komplexes regulatorisches Netzwerk erworben. Charakteristisch dafür ist die Induktion spezieller Stressproteine, die in zwei Gruppen eingeteilt werden: (1) generelle Stressproteine (GSPs) und (2) spezifische Stressproteine (SSPs). Generelle Stressproteine werden durch eine Vielzahl von Umweltreizen induziert. Dazu gehören z.B. Hitzeschock, osmotischer Stress, pH- oder Ethanol-Schock sowie Sauerstoff- und Nährstoff-Mangel (Hecker *et al.*, 1996; Völker *et al.*, 1996). Induziert durch diese GSPs werden spezifisch für die jeweilige Stresssituation eine Reihe von SSPs induziert, deren protektive Wirkung die der GSPs übersteigt. Die Expressions-Kontrolle der GSPs unterliegt dabei dem alternativen Stress-Sigmafaktor σ^B (Maul *et al.*, 1995; Hecker *et al.*, 1996; Völker *et al.*, 1999). Bei hyperosmotischem Stress wird neben der Induktion spezifischer Gene auch das σ^B-Regulon induziert, was eine generelle Stressantwort vermittelt (Maul *et al.*, 1995; Hecker *et al.*, 1996; Völker *et al.*, 1999). Detaillierte Studien (Whatmore und Reed, 1990; Whatmore *et al.*, 1990) haben gezeigt, dass *B. subtilis* zu den Mikroorganismen gehört, deren Mechanismus der Osmoadaptation zweistufig ist. Zunächst erfolgt eine Akkumulation von K^+-Ionen in der initialen Phase und darauf die Aufnahme oder *de novo* Synthese kompatibler Solute.

3.1. Erste Phase der Osmoadaptation: Akkumulation von K^+

Der erste Schritt der biphasischen Adaptation an eine hyperosmotische Umgebung zur Aufrechterhaltung des Turgors ist K^+-abhängig (Whatmore und Reed, 1990). Es erfolgt somit zunächst die rasche Aufnahme von K^+-Ionen aus der Umwelt, um eine Dehydrierung des Cytoplasmas durch Efflux von Wasser zu verhindern (Dinnbier, 1988, Whatmore und Reed, 1990; Whatmore *et al.*, 1990). Wird die externe Osmolarität bei exponentiell wachsenden Zellen auf eine moderate Konzentration von 0,4 M NaCl erhöht, steigt die intrazelluläre K^+-Konzentration innerhalb 1 h von einem Basallevel von 350 mM auf etwa 650 mM (Whatmore et al., 1990). Dabei ist zu beachten, dass nicht das gesamte K^+ in der Zelle osmotisch aktiv ist, ein Teil davon wird zum Ausbalancieren negativ geladener Makromoleküle im Cytoplasma verwendet (Cayley et al., 1991). Nur der Teil der K^+-Ionen deren Ladung durch andere kleine Gegen-Ionen ausbalanciert wird, hat osmotische Aktivität. Dabei geht man zumindest im Fall von E. coli davon aus, dass Glutamat als Gegen-Ion zum Ladungsausgleich dient, wobei dies weitaus langsamer akkumuliert wird (McLaggan, 1994; Bremer, 2002). In B. subtilis steigt der Glutamat-Level nach einem hyperosmotischen Schock nur wenig an (Kempf und Bremer, 1998). Darüber hinaus ist der intrazelluläre K^+ Pool nicht allein abhängig von osmotischen Fluktuationen im Medium sondern auch von der Anwesenheit kompatibler Solute in der Zelle (Holtmann et al., 2003). Wird unter hyperosmotischen Bedingungen das kompatible Solut Prolin in der Zelle akkumuliert, sinkt einhergehend damit die K^+-Konzentration (Whatmore et al., 1990).

Zur Aufnahme von K^+ besitzen die meisten Bakterien ein induzierbares, hochaffines und wenigstens ein konstitutiv exprimiertes, niederaffines Kaliumaufnahmesystem (Silver, 1996). Es handelt sich hierbei um die so genannten Ktr-Systeme (Nakamura et al., 1998; Kawano et al., 2001; Holtmann et al., 2003).

In B. subtilis gibt es zwei Ktr-ähnliche K^+-Transportsysteme, KtrAB und KtrCD. KtrAB ist ein K^+-Transportsystem hoher Affinität, dessen Gene ktrA (yuaA) und ktrB (yubG) als Operon organisiert sind. Demgegenüber ist KtrCD ein K^+-System niedriger Affinität ist, dessen Gene ktrC (ykqB) und ktrD (ykrM) nicht in einem Operon organisiert sind (Holtmann et al., 2003). Gezieltes Ausschalten dieser Gene hat gezeigt, dass es sich bei diesen Systemen um die Haupt-Transportssysteme für K^+-Ionen in B. subtilis handelt, da ein deutlicher Wachstumsnachteil solcher Mutanten unter hyperosmotischem Stress besteht. Betrachtet man die Zusammensetzung des Cytoplasmas unter nicht-gestressten Bedingungen so zeigt sich in Gram-positiven Bakterien eine deutlich höhere Aminosäurekonzentration als in Gram-negativen Bakterien. Einen großen Anteil an diesem Aminosäure-Pool hat das Glutamat. Auch die Konzentration an K^+-Ionen ist in Gram-positiven deutlich höher als in Gram-negativen, was auch den höheren Turgor reflektiert (Measures, 1975; Poolman et al., 1987; Kakinuma und Igarashi, 1988; Cayley et al., 1991; McLaggan et al., 1994, Glaasker et al., 1996). Daher scheint es so zu sein, dass Gram-positive Bakterien weniger von der Akkumulation des Elektrolyt-Paares K$^+$-Glutamat profitieren als mehr von der kompatibler Solute. Man nimmt an, dass die rasche Aufnahme von K$^+$ als eine Art „secondary messenger" (Lee und Gralla, 2004; Rosenthal et al., 2006; Gralla und Vargas, 2006; Rosenthal et al., 2008; Gralla und Huo, 2008) des osmoregulatorischen Prozesses dient und die de novo Synthese bzw. Aufnahme kompatibler Solute induziert (Eppstein, 1986; Booth und Higgins, 1990; Csonka und Eppstein, 1996). So konnte gezeigt werden, dass ein K$^+$-Mangel bei B. subtilis unter hyperosmotischem Stress, negative Auswirkungen auf die Synthese des kompatiblen Solutes Prolin hat (Whatmore et al., 1990), eine Zugabe von K$^+$ in das Medium die Synthese jedoch wieder antreibt. Dies ist darauf zurückzuführen, dass die ungenügende Akkumulation von K$^+$ die Proteinbiosynthese negativ beeinflusst (Holtmann et al., 2003). Daher muss man annehmen, dass die Akkumulation von K$^+$ eine wichtige Rolle bei der Einleitung der zweiten Phase der Osmoadaptation spielt.

3.2. Zweite Phase der Osmoadaptation: Kompatible Solute

Hohe intrazelluläre K$^+$-Konzentrationen sind auf Dauer für keine Zelle tolerierbar, sieht man von extrem halophilen Organismen ab, da wichtige zelluläre Prozesse stark beeinträchtigt werden. Somit wird in der zweiten Phase der Osmoadaptation das intrazellulär akkumulierte K$^+$ durch organische Osmolyte, die so genannten kompatiblen Solute ersetzt (Whatmore et al., 1990). Der Efflux von K$^+$-Ionen aus der Zelle erfolgt dabei vermutlich über spezifische K$^+$-Effluxsysteme, die bisher noch nicht bekannt sind (Holtmann et al., 2003). Kompatible Solute sind inert und können deshalb in viel höheren Konzentrationen als K$^+$ angesammelt werden. Es stehen dabei zwei prinzipielle Mechanismen zur intrazellulären Anhäufung von kompatiblen Soluten zur Verfügung: Zum einen die Aufnahme exogener Solute, zum anderen die endogene de novo Synthese, die allerdings energetisch ungünstiger ist (Csonka und Epstein, 1996; Holtmann et al., 2003).

3.2.1. Akkumulation von Prolin durch de novo Synthese

Das kompatible Solut Prolin wird von einer Vielzahl von Bakterien und Pflanzen unter osmotischem Stress synthetisiert. Dabei ist seit mehr als 25 Jahren bekannt, dass B.

II. Einleitung

subtilis zu dieser Gruppe der Prolin-Produzenten gehört (Measures, 1975). Setzt man *B. subtilis* einem plötzlichen, wenn auch milden osmotischen „upshock" von 0,4 M NaCl aus, steigt der intrazelluläre Prolin-Pool innerhalb von 7 h von etwa 16 mM auf etwa 700 mM an (Whatmore *et al.*, 1990). Dabei zeigt sich, dass eine lineare Abhängigkeit zwischen der Prolin-Syntheserate und der externen Osmolarität besteht (Holtmann *et al.*, 2004; Brill *et al.*, 2002). In diesem Zusammenhand wurde gezeigt, dass der Syntheseweg von Prolin unter osmotischem Stress mit dem anabolen Syntheseweg von Prolin verknüpft ist (Brill und Bremer, unveröffentlichte Daten). Während der anabolen Prolinsynthese, vom Glutamat aus, ist der sogenannte ProBA-Weg aktiv. Im osmotisch induzierten, so genannten ProHJ-Syntheseweg sind Vorläufer und Intermediate die gleichen wie bei der anabolen Synthese mit dem Unterschied, dass die Proteine ProB und ProI/ProG von den Proteinen ProH und ProJ ersetzt. ProH und ProJ werden durch das SigA-abhängige *proHJ* Operon kodiert, welches einer osmotischen Regulation unterliegt (Brill, 2002; Dolezal, 2002; Dolezal, 2006). Das in beiden Synthesewegen verwandte ProA unterliegt dabei keiner osmotischen Regulation, seine basale Aktivität scheint zur vermehrten Synthese von Prolin unter hyperosmotischem Stress auszureichen (Brill, 2002).

Um die Transkription von *proBA* und *proI* auf den anabolen Prolinbedarf der Zelle einzustellen, unterliegen diese Enzyme einer transkriptionellen Antitermination (Brill, 2002) und das ProB-Enzym vermutlich einer zusätzlichen allosterischen „Feedbackinhibition" durch das Endprodukt Prolin (Grundy und Henkin, 1993; Brill, 2002). Um bei hyperosmotischem Stress hohe Prolinmengen akkumulieren zu können, wird das Isoenzym ProJ nicht inhibiert. Die Deletion von *proHJ* führt nicht zu einer Prolinauxotrophie aber zu einem dramatischen Wachstumsnachteil bei hyperosmotischem Stress (Brill, 2002)

3.2.2. Synthese von Glycin Betain aus Cholin

Glycin Betain ist eines der am weitesten verbreiteten und wirkungsvollsten kompatiblen Solute, die man in der Natur findet (Le Rudulier *et al.*, 1984). Es ist *B. subtilis* jedoch nicht möglich, Glycin Betain *de novo* zu synthetisieren, vielmehr ist für dessen Synthese exogenes Cholin notwendig (Boch *et al.*, 1994, 1996).

II. Einleitung

Zur Aufnahme von Cholin aus der Umwelt stehen *B. subtilis* zwei hochaffine, osmotisch regulierte ABC-Transportsysteme (OpuB und OpuC) zur Verfügung (Kappes *et al.*, 1999). Dabei ist OpuB auf den Transport von Cholin beschränkt, wohingegen OpuC in der Lage ist ein weitaus breiteres Spektrum kompatibler Solute zu transportieren (Kappes *et al.*, 1996; Jebbar *et al.*, 1997; Wood *et al.* 2001).

Im Cytoplasma läuft die Synthese von Glycin Betain über 2 oxidative Reaktionen an denen die Enzyme GbsB (Typ-III Alkohol-Dehydrogenase) und GbsA (Glycin Betain Aldehyd-Dehydrogenase) beteiligt sind (Nau-Wagner und Bremer, unveröffentlichte Daten). Die Expression dieser Enzyme unterliegt dem *gbsAB* Operon, welches durch die Anwesenheit von Cholin jedoch nicht durch erhöhte Osmolarität induziert wird (Boch *et al.*, 1996). Dabei vermittelt das Repressorprotein GbsR die Cholin-abhängige Induktion des *gbsAB* Operons sowie die Expression von *opuB* jedoch nicht die von *opuC* (Nau-Wagner, 1999; Opper, 2009). Darüber hinaus ist die Expression von *opuB* und *opuC* osmotisch reguliert (Kappes *et al.*, 1999).

3.2.3. Aufnahme kompatibler Solute aus der Umwelt

In seinen Habitaten werden *B. subtilis* eine Reihe kompatibler Solute angeboten, die von unterschiedlichen Primärproduzenten abgeben werden. So z.B. von anderen Mikroorganismen, pflanzlichen aber auch tierischen Zellen (Welsh, 2000). Die von *B. subtilis* verwendeten kompatiblen Solute sind alle strukturell mit der Aminosäure Prolin, der Trimethylammonium Verbindung Glycin Betain oder dem Tetrahydropyrimidin Ectoin verwandt. Es werden keine Zucker, wie z.B. Trehalose für osmoprotektive Zwecke benutzt. (Bremer, 2002).

Zur Aufnahme dieser verschiedenen Substanzen, stehen *B. subtilis* verschiedene Transportsysteme (GltT, OpuA, B, C, D und E; Opu = osmoprotectant uptake) (Kempf und Bremer, 1995; Nau-Wagner *et al.*, 1999; Bremer, 2002; Dolezal, 2006). Kürzlich konnte gezeigt werden, dass das GltT-System vorbehmlich der Aufnahme von Glutamat und Aspartat dient. Im Zuge dieser Arbeiten konnte auch erstmals der osmo- und thermoprotektive Charakter der Aminosäure Aspartat nachgwiesen werden (Dolezal, 2006).

Die besser charakterisierten Opu-Transporter besitzen hohe Transportkapazitäten, um eine Akkumulation kompatibler Solute bis zu hohen intrazellulären

II. Einleitung

Konzentrationen zu ermöglichen. Diese Transportsysteme vermitteln nicht nur die durch osmotischen Stress induzierte Aufnahme kompatibler Solute, sondern auch die unter Hitze- und Kältestress (Holtmann und Bremer, 2004; Holtmann et. al., 2004). Dabei konnte zum Teil eine stressbedingte Induktion der verschiedenen Transporter auf transkriptioneller Ebene beobachtet werden. Als einziger Opu-Transporter wird OpuD durch hyperosmolare Stimuli zusätzlich auf Proteinebene aktiviert (Kempf und Bremer, 1998). Diese Induktionen resultieren in einem erhöhten Transport der kompatiblen Solute unter hochosmolaren Bedingungen (Kempf und Bremer, 1995; von Blohn et al., 1997; Holtmann, 2003). Dabei besitzen alle Transportsysteme eine hohe Affinität zu ihren Substraten. Die rasche Aufnahme von organischen Osmolyten aus der Umwelt, auch in geringsten Konzentrationen, wird durch einen K_M-Wert im mikromolaren Bereich und einen hohen V_{max}-Wert (Transportkapazität) der einzelnen Transporter gewährleistet. Die kompatiblen Solut Transporter OpuA, OpuB und OpuC gehören zu der Familie der ABC-Transporterfamilie (ATP Binding Cassett) (Kempf und Bremer, 1995). Die Energie für die Substrattranslokation wird durch die Hydrolyse von ATP bereitgestellt.

Die Strukturgene der Opu-Systeme sind jeweils in osmotisch induzierten Operons organisiert. Das *opuA* Operon ist in drei Genen untergliedert, welche für eine membranassoziierte ATPase (OpuAA), eine Transmembrankomponente (OpuAB) und ein Substratbindeprotein (OpuAC) codieren. Die Operons *opuB* und *opuC* bestehen aus vier Strukturgenen. Im Gegensatz zu OpuA besitzen sie noch jeweils eine zweite Transmembrandomäne (OpuBD und OpuCD). Alle drei Opu-Transporter sind über eine Modifikation von Lipidbestandteilen am N-Terminus in der Cytoplasmamembran verankert (Kempf et al. 1997). Bei dem OpuA-Transportsystem handelt es sich um den dominanten Glycin Betain Transporter in *B. subtilis*, da dieser eine höhere Transportkapazität (V_{max}) gegenüber OpuB und OpuC aufweist (Kappes et al., 1996). Das am weitesten gefächerte Spektrum kompatibler Solute kann OpuC transportieren. Bisher wurden elf kompatible Solute identifiziert, die über OpuC in die Zelle transportiert werden können (Kappes et al., 1998; Nau-Wagner et al., 1999; Bremer und Krämer, 2000). Außerdem ist OpuC in *B. subtilis* der einzige Ectoin Transporter, der allerdings eine sehr geringe Affinität zu Ectoin aufweißt (Jebbar et al., 1997). OpuB katalysiert einzig und allein den Transport von Cholin. Dieses dient als Vorläufer für die GbsAB vermittelte Synthese von Glycin Betain (Bloch et al., 1996). Sowohl *opuB* als auch *gbsAB* werden durch den Repressor GbsR kontrolliert

(Holtmann et al., 2004). Der Prolin-spezifische Transporter OpuE gehört zur Familie der Na$^+$/Symporter (Reizer et al., 1994; Saier, 2000) und ist mit den PutP Transportern evolutionär verwandt, welche von einer Vielzahl von Mikroorganismen zur Akkumulation von Prolin benutzt werden (von Blohn et al., 1997). Darüber hinaus ist OpuE auch für den Retransport von Prolin, welches aufgrund der hohen internen Konzentration während der endogenen *de novo* Synthese in das umgebende Medium diffundiert (leak out), verantwortlich (von Blohn et al., 1997; Moses, 1999). OpuD wird in die BCCT-Familie (Betain Cholin Carnitin Transporter) eingeordnet (Kappes et al., 1996). Der Transport der Substrate wird mit einer Na$^+$-Aufnahme gekoppelt. Ein besonderes Charakteristikum ist die hohe Substratspezifität für methylierte Ammoniumverbindungen wie z.B. Carnitin und Glycin Betain. Die Solutetransporter der BCCT-Familie unterliegen oft osmotischer Regulation auf der Ebene der Transportaktivität. (Morbach und Krämer, 2003). Eine Ausnahme bildet lediglich der Carnitintransporter CaiT aus *E. coli* (Eichler et al., 1994; Ressl et al., 2009).

Alle *opu*-Gene werden von einem σ^A-abhängigen Promotor aus transkribiert, der durch hyperosmotischen Stress und Hitze aktiviert wird (Kempf und Bremer, 1995; von Blohn et al., 1997; Spiegelhalter und Bremer, 1998; Holtmann und Bremer, 2003; Holtmann et al., 2004). Die Gene *opuD* und *opuE* werden zusätzlich von einem σ^B-abhängigen Promotor ausgehend transkribiert und zählen damit nicht nur zu den Genen mit hyperosmotischer Spezifität, sondern auch zu denen der generellen Stressantwort (von Blohn et al., 1997; Holtmann et al., 2004). Dabei wurde für *opuE* eine transiente Aktivität des σ^B-Promotors nach einer plötzlichen Erhöhung der Osmolarität beobachtet, während die kontinuierliche Aktivität des σ^A-Promotors mit der externen Osmolarität korreliert (Spiegelhalter und Bremer, 1998). Die Aktivität des σ^A-Promotors reicht aus, um die Akkumulation von Prolin unter hyperosmolaren Bedingungen zu gewährleisten (von Blohn et al., 1997). Bis auf *opuB*, dessen Transkription durch sein Substrat Cholin stimuliert wird, wird keines der *opu*-Gene durch die Anwesenheit seiner Substrate verstärkt exprimiert (Holtmann et al.,

2004).

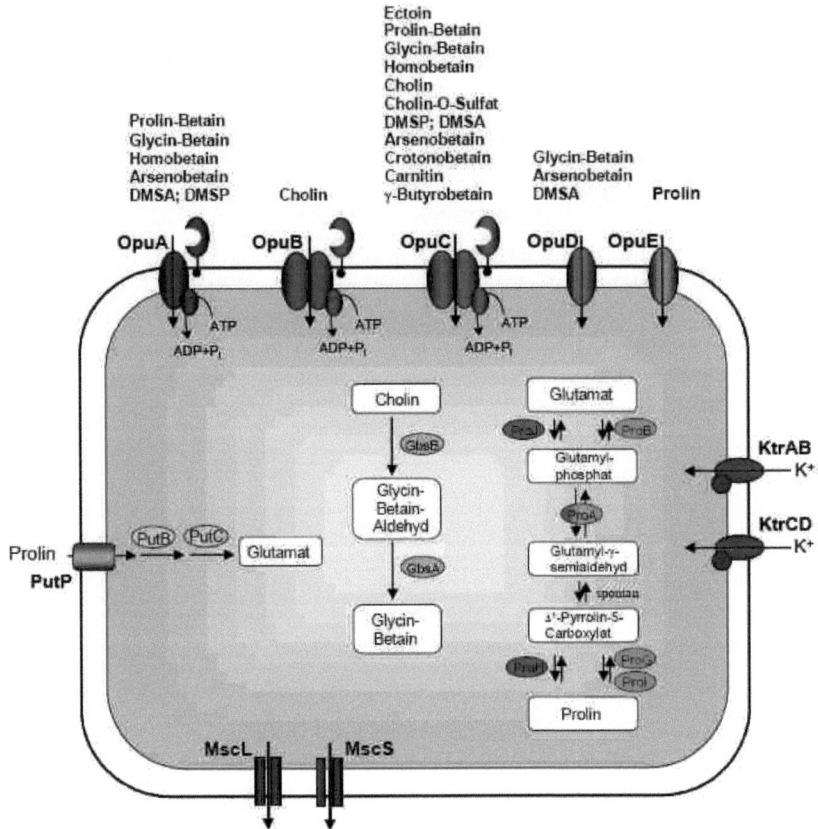

Abb. 2: Efflux-, Aufnahme- und Synthese-Systeme für kompatible Solute in *B. subtilis*

Schematisch dargestellt sind Transporter (Opu, Ktr) und Biosynthesewege (Gbs, Pro) für kompatible Solute, sowie mechanosensitive Kanäle (Msc) in dem Bodenbakterium *B. subtilis*. Der Prolin-Biosyntheseweg für anabole Zwecke ist grün, der osmoprotektive Zwecke rot dargestellt (Kempf & Bremer 1998b; Bremer, 2002).

4. Mikrobielles Wachstum in der Kälte

Die meisten Habitate auf unserem Planeten sind durch permanente Kälte gekennzeichnet. 90% der Ozeane zeigen Temperaturen von 5°C und weniger. Bezieht man terrestrische Habitate ein sind mehr als 80% der Biosphäre der Erde durch ständige Kälte, d.h. Temperaturen unter 5°C gekennzeichnet (Russel, 1990, Rodrigues und Tiedje, 2008). Daher ist es nicht verwunderlich, dass eine Vielzahl von Organismen verschiedener Spezies im Zuge der Evolution Strategien entwickelt haben, niedrige Temperaturen zu tolerieren (Cavicchioli *et al.*, 2000; Fujita, 1999; Guy, 1999; Hebraud und Potier, 1999). Mikroorganismen lassen sich grob in 5 Gruppen hinsichtlich des Wachstums-Temperaturoptimums einteilen (Tab. 1):

Tab. 1: Temperaturbereiche mikrobiellen Wachstums

	Wachstumstemperatur [C°]		
	Minimum	Optimum	Maximum
Psychrophile	< 0	< 15	< 20
Psychrotolerante	< 7	> 20	< 25
Mesophile	> 10	> 25	> 35
Thermophile	> 40	> 55	< 70
Hyperthermophile	> 60	> 80	< 110

Durch Tag- und Nachtwechsel, Wetteränderungen und jahreszeitliche Unterschiede sind Mikroorganismen wie *B. subtilis* ständig wechselnden Temperaturen ausgesetzt, die eine fortwährende Anpassung der Zelle erfordern. *B. subtilis* gehört zur Gruppe der mesophilen Mikroorganismen dessen optimale Wachstumstemperatur über 25°C liegt. In seinem natürlichen Ökosystem, den oberen Bodenschichten ist *B. subtilis* sich ständig verändernden Umweltbedingungen ausgesetzt, wobei der Temperatur eine Schlüsselrolle zukommt, da sie das Wachstum ganz unmittelbar beeinflusst. Besonders die oberen Bodenschichten sind ständigen Temperaturschwankungen unterzogen, beeinflusst durch Wetterwechsel und Niederschlagmengen und insbesondere durch den Grad der Sonneneinstrahlung, der wiederum durch Tag- und Nacht- bzw. Jahreswechsel bedingt wird. Unter Laborbedingungen ist *B. subtilis* in der Lage über ein Temperatur-Spektrum von etwa 11°C bzw. 13°C (Nichols *et al.*, 1995) bis etwa 52°C (Holtmann und Bremer, 2004) zu wachsen. Die Adaptation der Zelle wird sowohl durch plötzliche, zeitlich begrenzte Erhöhung bzw. Erniedrigung der Wachstumstemperaturen induziert (Hecker *et al.*, 1996; Weber und Marahiel, 2002), als auch durch adaptives Wachstum über längere Zeitspannen hinweg (Brigulla *et al.*, 2003; Holtmann *et al.*, 2004).

Veränderungen der Gen Expression nach einer raschen Temperaturerhöhung bezeichnet man als Hitzeschock-Antwort (Hecker *et al.*, 1996; Schumann *et al.*,

2002). Die dabei induzierten Hitze-Schock Proteine dienen der Zelle als Hilfe bei der Rückfaltung beschädigter Proteine durch Chaperone oder führen einen Abbau denaturierter Polypeptide durch Proteasen herbei. Darüber hinaus kommt es zur Induktion eines umfangreichen, generellen Stress-Regulons (Hecker und Völker, 2001; Price, 2002), dessen Regulation dem alternativen Sigmafaktor SigB unterliegt (Benson und Haldenwang, 1993; Völker *et al.*, 1994; Marles-Wright *et al.*, 2008). Des Weiteren bieten einige der bereits erwähnten kompatiblen Solute wie Glycinbetain oder die Aminosäure Glutamat eine effektive Thermoprotektion (Holtmann und Bremer, 2004).

Senkt man die gewöhnlich im Labor verwandte Wachstumstemperatur von 37°C plötzlich auf etwa 15°C ab, wird die Kälte-Schock Antwort in *B. subtilis* induziert (Graumann und Marahiel, 1996; Weber und Marahiel, 2002). Dies wirkt sich insbesondere negativ auf die Translationsrate, die Protein- bzw. Enzymaktivität sowie auf die Fluidität der Membran aus (Weber und Marahiel, 2002; Mansilla *et al.*, 2004). Im Zuge der raschen Temperatur-Senkung aktiviert *B. subtilis* eine Reihe zellulärer Abwehr-Mechanismen.

Betrachtet man die natürlichen Umweltbedingungen von *B. subtilis* im Boden so sind derart rasche und umfangreiche Temperaturschwankungen sicherlich nicht an der Tagesordnung. In den oberen Bodenschichten kommt es vielmehr zu graduellen Temperatur-Veränderungen, die über einen längeren Zeitraum anhalten. *B. subtilis* muss also in der Lage sein, sich an diese graduellen Schwankungen anzupassen, um sein Wachstum fortsetzen zu können. Beim kontinuierlichen Wachstum in der Kälte (Chill-Stress) unter Laborbedingungen inokuliert man eine Kultur mit geringer Zelldichte bei 15°C und erlaubt mindestens drei Verdopplungen und damit ein Wachstum bis zu einer mittleren, exponentiellen Wachstumsphase. Hierin liegt der Unterschied zu den Kälte-Schock Experimenten im Labor, wo eine Kultur bei 37°C bis zu einer mittleren Zelldichte herangezogen wird, um sie dann für einige Stunden bei 15°C wachsen zu lassen. Das beschriebene kontinuierliche Wachstum bei 15°C ist weitaus weniger gut charakterisiert als die Kälte-Schock Antwort von *B. subtilis*. Daher werden im Folgenden generelle Aspekte und Auswirkungen der Kälteschockantwort, als auch des kontinuierlichen Wachstum in der Kälte dargestellt, welche sich teilweise überschneiden, aber auch große Unterschiede zeigen.

II. Einleitung

4.1. Auswirkungen niedriger Temperaturen auf die bakterielle Zelle

Kälte ist für Mikroorganismen physikalischer Stress und beeinflusst und modifiziert alle physikalischen und chemischen Parameter lebender Zellen in drastischer Weise. Sinkende Temperaturen wirken sich störend auf eine Vielzahl zellulärer Prozesse aus. So zeigt sich z.B. ein Wachstumsstopp nach Kälteschock bei dem mesophilen Bakterium *E. coli* (Jones *et al.*, 1987) und dem psychrotoleranten Bakterium *Yersinia enterocolitica* (Neuhaus *et al.*, 2000). Die Temperatur nimmt dabei Einfluss auf Diffusionsrate von Soluten, auf Enzym-Kinetiken, auf Membran Fluidität und Konformation, auf die Flexibilität, Topologie und die Interaktion von Makromolekülen wie DNA, RNA und Proteinen (Friedman *et al.*, 1971; Broeze *et al.*, 1978; de Mendoza und Cronan, 1983; Jones *et al.*, 1987; Graumann *et al.*, 1996; Farewell und Neidhardt, 1998; Rodrigues und Tiedje, 2008). So wurde durch Experimente mit strukturierten mRNAs gezeigt, dass der limitierende Faktor der Proteinbiosynthese die Initiation der Translation ist (Broeze *et al.*, 1978). Die Translationsinitiation wurde dabei durch mRNAs mit kältestabilen Sekundärstrukturen behindert (Graumann *et al.*, 1997; Jiang *et al.*, 1997; Wulff *et al.*, 1984; Hall, 1982). Sinkende Temperaturen beeinflussen auch die biophysikalischen Eigenschaften der Cytoplasmamembran. Diese verliert bei niedrigen Temperaturen an Fluidität, was z.B. Transportprozesse verlangsamt oder sogar zur Zelllyse führen kann (Aguilar *et al.*, 2001; Klein *et al.*, 1999; Grau und de Mendoza, 1993). Im Folgenden wird auf einige generelle Auswirkungen kalter Wachstumstemperaturen auf die bakterielle Zelle eingegangen, ohne dabei zwischen Kälteschock und adaptivem Wachstum in der Kälte zu unterscheiden.

4.2. Temperatursensorische Strukturen

Aufgrund der zellulären Architektur gibt es drei grundlegende Zielstrukturen, die Temperatur-sensitiv sind und rasch, für gewöhnlich unverzüglich auf Temperaturänderungen reagieren können, ohne dass dabei Proteine oder andere Faktoren beteiligt sind: (1) Lipide der Cytoplasmamembran, (2) Konformationsänderungen von Proteinen und (3) von Nukleinsäuren. Somit spielen diese Strukturen eine große Rolle bei der Wahrnehmung von Temperaturänderungen (Suzuki et al., 2000; Hurme et al., 1997; Nagai et al., 1991; Altuvia et al., 1989).

4.2.1. Die Rolle der Cytoplasmamembran und ihrer Komponenten

Die Zellhülle steht in unmittelbarem Kontakt zur Umwelt und ist damit als erstes einer Temperatur Erniedrigung ausgesetzt, was die Vermutung nahe legt, dass potentielle, primäre Temperatur-Sensoren dort zu finden sind.
Im Genom von B. subtilis wurden bisher 35 Zwei-Komponenten Signaltransduktions-Systeme identifiziert (Fabret et al., 1999), wobei nur eines davon als temperatursensorisches System gilt (Aguilar et al., 2001). Dieses Zwei-Komponenten System wird durch das desKR Operon (ursprünglich yocFG) kodiert, welches stromabwärts an das Kälte-induzierte Gen der Fettsäure-Desaturase Des angrenzt (Kunst et al., 1997). Unter normalen Wachstumsbedingungen ist das DesKR System nicht essentiell (Fabret und Hoch, 1998). Dabei wird angenommen, dass DesK gleichermaßen die Funktion einer Kinase wie auch einer Phosphatase übernimmt und die zweite Komponente des Systems, den cytoplasmatischen Transkriptionsregulator DesR Temperatur-abhängig de- bzw. phosphoryliert (Aguilar et al., 2001; Weber und Marahiel, 2002; Mansilla und de Mendoza, 2005).
Als Modellvorstellung ist denkbar, dass DesK bei 37°C als Phosphatase fungiert, um DesR in inaktivem, desphosphoryliertem Zustand zu halten. Im Falle eines Absinkens der Temperatur aktiviert DesK den „response regulator" DesR durch Phosphorylierung. Der so aktivierte Transkriptionsfaktor DesR ist damit in der Lage an den des Promotor zu binden und dessen Transkription zu initiieren. Die Synthese der Membran-Phospholipid Desaturase Des resultiert letztendlich in der Synthese von ungesättigten Fettsäuren, welche wiederum durch „Feedback"-Hemmung die des-Expression abschaltet (Aguilar et al., 2001). Der Einbau von Lipiden mit ungesättigten Fettsäuren in die Membran erhöht deren Fluidität und verhindert damit ein „Einfrieren" der Membran. Allerdings müssen weitere membranabhängige und/oder -unabhängige temperatursensorische Systeme in B. subtilis existieren, da eine Deletion des desKR-Operons keinen Phänotyp nach Kälteschock zeigt (Aguilar et al., 2001). Darüber hinaus wird das desKR Operon nicht durch adaptives

II. Einleitung

Wachstum bei 15°C induziert (Budde *et al.*, 2006), wohingegen auch dort eine Modifikation der Membran notwendig sein sollte.

4.2.2. Die Rolle des Translations-Apparates

Es wurde gezeigt, dass die Blockade der Ribosomen durch Gabe sub-letaler Konzentrationen des Translations-Inhibitors Chloramphenicol in *B. subtilis* eine Kälteschock ähnliche Reaktion auslöst (Graumann *et al.*, 1997). Dies legt die Vermutung nahe, dass der Translationsapparat als weiteres temperatursensorisches System fungiert, wobei besonders die Geschwindigkeit der Proteinsynthese eine Rolle spielt. Bei normalen Wachstumstemperaturen verläuft die Proteinbiosynthese schnell und die Menge an unbeladenen tRNAs nimmt zu. Bei niedrigen Temperaturen dagegen verläuft die Proteinbiosynthese langsam und die Menge unbeladener tRNAs nimmt ab (VanBogelen und Neidhardt, 1990). Diese beiden Zustände am Ribosom können durch das Sensorprotein RelA gemessen werden (Wendrich *et al.*, 2002; Wendrich *et al.*, 2000; Wendrich und Marahiel, 1997; Haseltine *et al.*, 1972).

Treten vermehrt unbeladene tRNAs in die A-Stelle des Ribosoms, steigt die Konzentration von (p)ppGpp in der Zelle. Bei niedrigen Temperaturen mit mehrheitlich beladenen tRNAs sinkt die (p)ppGpp Konzentration ab. Der Effektor (p)ppGpp bindet Schlüsselenzyme wie die RNA-Polymerase und moduliert deren Funktion und damit die Gen-Expression (Ceshel *et al.*, 1996). Diese Ergebnisse gelten aber weitestgehend für *E. coli*, wo Auswirkungen des (p)ppGpp Levels auf die Gen-Expression nach Kälteschock nachgewiesen werden konnten (Jones *et al.*, 1992a).

4.2.3. Die Rolle der DNA-Topologie

Das zirkuläre bakterielle Chromosom ist in superspiralisierten Domänen organisiert (Bates und Maxwell, 1993; Cozzarelli und Wang, 1992). Diese Superspiralisierung wird von Umweltbedingungen wie Osmolarität, pH-Wert, Sauerstoffgehalt und nicht zuletzt durch die Temperatur beeinflusst. Die Verknüpfungszahl LK eines entspannten DNA-Moleküls entspricht den Helix- Windungen Tw, also der Häufigkeit, mit der die beiden Stränge der DNA umeinander gewunden sind. Die Zahl helikaler Windungen in natürlichen DNA-Ringen ist fast immer niedriger als in entspannten DNA-Molekülen, die Doppelhelix ist unterwunden. Solche Unterwindungen wirken sich in Form von Überdrehungen (supercoils) der Helix-Achse aus. Eine Abnahme in der Zahl der Helix-Windungen Tw wird durch Überdrehungen der Helix-Achse Wr (writhe) ausgeglichen, was sich in folgendem Ausdruck widerspiegelt:

$$LK = Tw + Wr$$

Die LK geschlossen ringförmiger DNA-Moleküle ist somit konstant. Nach Kälteschock konnte in *B. subtilis* die Zunahme der negativen Superspiralisierung beobachtet werden (Krispin und Allmansberger, 1995), d.h. durch Entwindung der Doppelhelix und somit Abnahme von Tw entstehen negative Supercoils, die Superhelix ist rechtsläufig. Übereinstimmend konnte für *E. coli* die Kälteinduktion der DNA-Gyrase nachgewiesen werden (Jones *et al.*, 1992), welche in Bakterien negative Supercoils einfügt. Die Regulation des bereits erwähnten Desaturasegens *des* aus *B. subtilis* ist ein Beispiel für die topologische Regulation der Genexpression. Durch die Zugabe von Novobiocin, das die negative Superspiralisierung durch Hemmung der DNA-Gyrase inhibiert, wird die Expression von *des* nach Kälteinduktion verhindert (Grau *et al.*, 1994).

4.3. Membran-Adaptation

Für alle Organismen ist die Funktionalität zellulärer Membranen der limitierende Faktor des Überlebens. Biomembranen sind hoch komplexe Strukturen, die in unterschiedlichsten physikalischen Zustandsformen existieren (Singer und Nicolsen, 1972; Dowhan, 1997). Kälteschock reduziert die Membranfluidität rapide, dadurch kommt es zu einem Übergang eines zunächst flüssig-kristallinen Zustands der Membran in einen zähen gel-artigen. Dies beeinflusst membrangebundene Prozesse erheblich. Um die Funktionalität der Membran bei niedrigen Temperaturen weiterhin zu gewährleisten werden Fettsäuren (FAs) mit geringerem Schmelzpunkt in die Membranlipide eingebaut. Dazu besitzen Bakterien 3 Mechanismen zur Regulation der Membranfluidität (Sinensky, 1974): (1) Veränderungen der Fettsäureacyl-

Kettenlänge, (2) Einfügen von verzweigten Fettsäureacyl-Ketten und (3) Einfügen von cis-Doppelbindungen (de Medoza und Cronan, 1983; Rusell, 1984; Grau und de Mendoza, 1993). In *B. subtilis* wird die Membranfluidität nach Kälteschock durch eine duale Strategie aufrechterhalten. So erfolgt zum einen die *de novo* Synthese von verzweigten Fettsäureresten über katabolitisches Isoleucin (Klein *et al.*, 1999) sowie die schon zuvor erwähnte Expression des Desaturase Gens *des* (Aguilar *et al.*, 1998, 1999). Das Des-Protein modifiziert die schon in der Membran enthaltenen Fettsäurereste und gewährleistet damit eine schnelle Anpassung der Fluidität.

4.4. Kälteschockproteine (CSPs) und Translationsapparat

Die am stärksten durch Kälteshock induzierten Proteine gehören zu der weit verbreiteten Gruppe der kleinen, nukleinsäurebindenden Kälteschockproteine (CSPs). Sie stellen den Prototyp der Kälteschock-Domäne, die in Bakterien bis hin zum Menschen konserviert ist, dar (Wistow, 1990; Wolffe *et al*, 1992). Dabei wurden CSPs in allen bisher untersuchten mesophilen, thermophilen und psychrophilen Mikroorganismen außer bei den Archaea und Cyanobacteria gefunden. (Weber und Marahiel, 2001; Schröder *et al.*, 1995; Graumann und Marahiel, 1994). In *B. subtilis* wurden drei kälte-induzierte CSPs identifiziert (CspB, CspC und CspD) (Yamanaka, 1999). Die nukleinsäurebindenden Eigenschaften dieser Proteine gaben Anlass zu der Vermutung, dass CSPs in *B. subtilis* als RNA-Chaperone fungieren (Graumann *et al.*, 1997). Gemäß dieser Modellvorstellung binden CSPs an mRNA und verhindern dadurch die Ausbildung von mRNA-Sekundärstrukuren, was sich störend auf die Translation auswirken würde. Solche Sekundärstrukturen werden insbesondere durch niedrige Temperaturen stabilisiert.

Darüber hinaus werden nach Kälteschock eine Vielzahl weiterer ribosomen-assoziierter Proteine exprimiert (Graumann und Marahiel, 1999 a; Graumann *et al.*, 1996), was für die zentrale Bedeutung der Translations-Modfikation nach Kälteschock spricht.

4.5. Auswirkungen der Temperatur auf Metabolismus und Proteinfaltung

4.5.1. Metabolismus

Um das komplexe Netzwerk enzymatischer Reaktionen auch unter Kälteschockbedingungen aufrechtzuerhalten, muss man davon ausgehen, dass Bakterien die Synthese metabolisch wichtiger Enzyme modifizieren. Für *B. subtilis* wurde in der Tat gezeigt, dass eine Vielzahl von Proteinen und Enzymen des Phosphotransferasesystems, der Aminosäuren-Biosynthese, der Gykolyse, des Lipid-Metabolismus, der Nukleinsäure-Synthese, des Pentose-Phosphat Zyklus und der Riboflavin-Synthese kälteinduziert sind (Grauman *et al.*, 1996).

4.5.2. Proteinfaltung

In globulären Proteinen, die eine kompakte gefaltete Struktur aufweisen, liegt fast ein Drittel der Aminosäurereste in Biegungen oder Schleifen vor, in denen die Polypeptidkette ihre Richtung umkehrt. Dies sind die Verbindungselemente, die aufeinander folgende Sequenzen mit α-Helixstruktur oder β-Konformation verknüpfen. Besonders häufig sind β-Schleifen in denen man eine Reihe von Prolin-Resten findet. Peptidbindungen liegen zu 99,95% in *trans*-Konfiguration vor, außer bei Peptidbindungen mit dem Imin-Stickstoff von Prolin, welche zu 6% in *cis*-Konfiguration vorliegen, was besonders enge Schleifen möglich macht. Die Prolin-Isomerisierung ist stark temperaturabhängig und verläuft bei niedrigen Temperaturen relativ langsam und ist damit der limitierende Schritt der Faltungsrate (Kandror und Goldberg, 1997). In der Tat wurde für *B. subtilis* gezeigt, dass sowohl die Peptidyl-Prolyl-cis-trans-Isomerase PPiB als auch der „trigger factor" TF bei Kälteschock induziert werden bzw. akkumulieren (Graumann und Marahiel, 1999a; Graumann *et al.*, 1996). Daher ist anzunehmen, dass ähnlich der Induktion von Topoisomerasen und RNA-Chaperonen bei Kälteschock auch spezielle Protein-Chaperone induziert werden.

II. Einleitung

5. Kälteschock und adaptives Wachstum in der Kälte - Unterschiede

Der Großteil experimenteller Daten und Kenntnisse zur Adaptation von *B. subtilis* an kalte Wachstumstemperaturen, wurde durch Kälteshock-Experimente gewonnen. Das Verständnis des adaptiven Wachstums bei 15°C ist weit weniger umfangreich, dennoch sind auch dazu einige beachtliche Ergebnisse verfügbar. So wurde mittels einer Proteom-Analyse von *B. subtilis* Zellen, die bei 15°C kultiviert wurden, gezeigt dass es in diesem Fall zu einer verspäteten, aber anhaltenden, SigB-abhängigen Induktion des generellen Stressregulons kommt (Brigulla *et al.*, 2003). Mutationen des zentralen Regulators SigB beeinflussen das Wachstum bei 15°C stark (Brigulla *et al.*, 2003) und vermindern die Überlebensfähigkeit Kälte-adaptierter Zellen in der stationären Phase (Mendez *et al.*, 2004). Darüber hinaus erhöht das Ausschalten ausgewählter genereller Stressproteine die Sensitivität gegenüber niedrigen Temperaturen (Höper *et al.*, 2005). Des Weiteren wurde nachgewiesen, dass der Transkriptionsfaktor SpoOA, dem eine Schlüsselposition in der Sporulation zukommt (Hoch, 1995), eine wichtige Rolle für das Überleben der Zelle bei niedrigen Temperaturen spielt (Mendez *et al.*, 2004).

Durch eine kombinierte Transkriptom- und Proteomanalyse von Zellen, die adaptiv bei 15°C kultiviert worden waren, konnten die Mitglieder des *B. subtilis* Kälte-Stress Stimulons identifiziert werden (Budde *et al.*, 2006). Dabei wurde gezeigt, dass es zu massiven Temperatur-abhängigen Veränderungen der Genexpression und des Protein-Profils der Zelle kommt. So sind 580 Gene und damit ca. 14% der Protein-kodierungs-Kapazität betroffen: 279 Gene werden induziert und 301 Gene werden reprimiert. Eine Vielzahl dieser Gene wurde zuvor nicht mit der Anpassung an niedrige Temperaturen in Verbindung gebracht. Darüber hinaus zeigen sich gravierende Unterschiede zur Kälteschock-Antwort. So werden nur 11 Gene gleichermaßen durch Kälteschock als auch durch adaptives Wachstum in der Kälte induziert. Darunter z.B. der durch das *rbfA* Gen kodierte Ribosomen-Bindungsfaktor A, in *E. coli* bekannt für seine Bindung an die 30S Untereinheit des Ribosoms. RbfA nimmt damit möglicherweise Einfluss auf die Inititation der Translation bei niedrigen Temperaturen (Dammel und Noller, 1995).

Die unterschiedlichen Resultate beider experimenteller Ansätze deuten auf eine zweiphasige Adaptation an kalte Wachstumstemperaturen hin (Beckering *et al.*,

2002; Budde *et al.*, 2006). Ähnliche Befunde bzw. Unterschiede zeigen sich auch beim Vergleich eines Salz-Schocks mit kontinuierlichem Wachstum bei hoher Salinität (Steil *et al.*, 2003).
Die wichtigsten Veränderungen in *B. subtilis* Zellen bei adaptivem Wachstum bei 15 °C, ist die beinah vollständige Induktion des SigB-Regulons sowie die teilweise Induktion der Sporulations-spezifischen SigF, SigE und SigG Regulons. Darüber hinaus zeigt sich eine Induktion des regulatorischen Kreislaufs zur Feinregulierung von Spo0A. Die bioinformatische Analyse der Daten zeigt eine generelle Repression von Genen, die an der Glykolyse, der oxidativen Phosphorylierung, der ATP-, der Purin- und Pyrimidin-Synthese sowie der Häm- und Fettsäure-Synthese beteiligt sind. Des Weiteren werden Gene mit vorausgesagter Funktion bei Chemotaxis und Motilität reprimiert. Zusammenfassend lässt sich also sagen, dass diese Daten die reduzierten katabolischen und anabolischen Aktivitäten und das langsame Wachstum von *B. subtilis* bei niedrigen Temperaturen widerspiegeln. Neben der großen Anzahl reprimierter und induzierter Gene wurde durch die Proteomanalyse eine Reihe von Proteinen gefunden, deren Regulation auf transkriptioneller Ebene nicht nachgewiesen werden konnte. Dies lässt darauf schließen, das auch die post-transkriptionelle Regulation eine wichtige Rolle bei der Adaptation der Bakterien an niedrige Temperaturen spielt (Budde *et al.*, 2003).

6. Die Zellwand

In Stanier und van Niel's klassischer Beschreibung der prokaryotischen Zelle (Stanier und van Niel, 1962) war neben dem Fehlen bestimmter Strukturen (Zellkern, Mitochondrien etc.) insbesondere das Vorhandensein einer Zellwand charakterstisch. Der Hauptbestandteil der bakteriellen Zellwand, das Peptidoglykan (Murein) findet sich in dieser Form in keiner eukaryotischen Zelle, weswegen die Zellwand sowie die Enzyme zu deren Synthese Angriffspunkte vieler therapeutischer Antibiotika sind.
Die im Wesentlichen aus Peptidoglykan (Murein) bestehende Zellwand umgibt die meisten Vertreter der Domäne Bacteria und ist für deren Lebensweise unentbehrlich (Rogers *et al.*, 1980; Park, 1996; Nanninga, 1998; Mengin-Lecreulx und Lemaitre, 2005; Koch, 2006). Als das Leben auf der Erde entstand, war bei den frühen Mikroorganismen der zelluläre osmotische Druck vermutlich sehr gering und der so genannte Murein-Sacculus nicht notwenig. Erst im Zuge der Evolution als aus

diesem letzten universellen Urahn („Last Universal Ancestor"; LUA) komplexere Mikroorganismen hervorgingen, wurde die Zellwand als schützende Hülle vor dem Turgor notwendig, um ein Bersten der Zelle zu verhindern (Koch, 2006). So führt jegliche Inhibition der Zellwandsynthese (Mutationen, Antibiotika) oder der spezifische Abbau des Peptidoglykans (z.B. Lysozym) unweigerlich zur Lyse der Zelle (Vollmer et al., 2007). Das Peptidoglykan trägt darüber hinaus zur Formgebung der Zelle bei und dient als Gerüst zur Verankerung von verschiedenen Oberflächenkomponenten wie Proteinen (Dramsi et al., 2008) und Teichonsäuren (Neuhaus und Baddiley, 2003).

Peptidoglykan und das genetische Repertoire, das zu seiner Biosynthese notwendig ist, findet sich aber nicht in allen Vertretern der Bacteria. Vertreter der *Mycoplasma* und *Planctomyces* sowie der Typhus Erreger *Orienta tsutsugamushi* (Moulder, 1993; Tamura et al., 1995; Vollmer et al., 2007) besitzen kein Peptidoglykan. Des Weiteren konnte bisher kein Murein innerhalb der Gattung *Chlamidiae* nachgewiesen werden obwohl diese Organismen die Gene zu dessen Biosynthese besitzen (Chopra et al., 1998, Ghuysen und Goffin, 1999). Andererseits ist Peptidoglykan z.B. in den photosynthetischen Organellen der Glaucocystophyta zu finden (Aitken und Stanier, 1979). Einige Biosynthese Gene, aber kein Peptidoglykan an sich, lassen sich in *Arabidopsis thaliana* (5 Gene) und *Physcomitrella patens* (9 Gene) finden. Diese Gene sind vermutlich an der Chloroplasten Teilung beteiligt (Machida et al., 2006).

6.1. Die Zellwand von *B. subtilis*

Das Grundgerüst der bakteriellen Zellwand ist in Gram-positiven wie Gram-negativen Bakterien gleich, es besteht aus quervernetztem, polymeren Peptidoglykan. In Gram-negativen liegt das Peptidoglykan im periplasmatischen Raum zwischen innerer und äußerer Membran und besteht üblicherweise aus 1-3 Schichten. Gram-postiven Bakterien wie *B. subtilis* fehlt eine äußere Membran, so dass die aus 10-30 Peptidoglykan-Schichten bestehende Zellwand direkt mit dem äußeren Milieu in Kontakt ist. Für lange Zeit glaubte man, dass Gram-Positive Bakterien keine dem Periplasma vergleichbare Zone aufweisen und dass die Zellwand der Cytoplasma-Membran direkt aufliegt. Durch Cryo-Elektronen Mikroskopie wurde allerdings in *B. subtilis* und *Staphylococcus aureus* die Existenz einer Zone äquivalent dem periplasmatischen Raum Gram-negativer Bakterien nachgewiesen (Matias und Beveridge, 2005; Matias und Beveridge, 2006).

6.1.1. Zellwandstruktur und chemische Zusammensetzung

Die beiden Hauptkomponenten der Zellwand von *B. subtilis* und anderen Gram-positiven Vertretern sind das Peptidoglykan (PG) und anionische Polymere, die entweder kovalent an das PG gebunden oder aber über Acyl-Ketten mit der Membran verankert sind. Zellwand assoziierte und periplasmatische Proteine machen mehr als 9% des Gesamtproteingehalts von *B. subtilis* aus (Merchante *et al.*, 1995).
Das PG ist ein Polymer, bestehend aus langen Glykanketten, welche durch flexible Peptidbrücken quervernetzt werden (Rogers *et al.*, 1980). Dieser Aufbau macht das Peptidoglykan zu einer sehr widerstandfähigen aber elastischen Struktur, die den darunter liegenden Protoplasten vor der Lyse schützt. Die Grundstruktur des PG ist dabei universell in allen Vertretern der *Bacteria* zu finden. Die Glykanketten bestehen aus sich abwechselnden, durch β-1,4-Bindungen verknüpften, N-acetylglucosamin (GlcNAc) und N-acetylmuraminsäure Einheiten (Rogers *et al.*, 1980; Vollmer *et al.*, 2007). Die Länge der Glykanketten ist dabei sehr variabel, in Bacilli (*B. subtilis, Bacillus licheniformis und Bacillus cereus*) liegt diese zwischen 50 und 250 Disaccharid-Einheiten (Hughes, 1971; Warth und Strominger, 1971; Ward, 1973). Der quervernetzende Peptidanteil wird als Pentapetidbrücke synthetisiert und besteht aus L- sowie D-Aminosäuren und einer dibasischen Aminosäure, der *meso*-diaminopimelinsäure (*m*-A$_2$pm). In *B. subtilis* ist der Peptidanteil wie folgt aufgebaut: L-Ala$_{(1)}$-D-Glu$_{(2)}$-*m*-A2pm$_{(3)}$-D-Ala$_{(4)}$-D-Ala$_{(5)}$. Das L-Alanin ist dabei über die Carboxyl-Gruppe des D-Lactyl Restes der MurNAc an die Glykankette gebunden (Warth und Strominger, 1971; Foster und Popham, 2002). Quervernetzt werden die Glykanstränge durch die enzymatische Aktivität eine Transpeptidase, die die Carboxylgruppe des D-Ala$_{(4)}$ mit der freien Aminogruppe der *m*-A2pm$_{(3)}$ einer benachbarten Peptidkette verknüpft.
Nachdem die Disaccharid-Einheiten mit dem jeweiligen Peptidanteil in die Glykanstränge eingebaut wurden, kann der Peptidanteil sowie der Glykananteil im Zuge der Peptidoglykan-Reifung einer Vielzahl von Modifikationen unterzogen

werden. Abhängig vom jeweiligen Stamm und den herrschenden Wachstumsbedingungen liegt der Anteil der Quervernetzung der MurNAc-Reste zwischen 29% und 33% (Atrih et al., 1999). Das endständige D-Ala$_{(5)}$ des Peptid-Stranges dessen D-Ala$_{(4)}$ quervernetzt wurde, findet sich im reifen Peptidoglykan nicht mehr. Dieses terminale D-Ala$_{(5)}$ wird im Zuge der Tranpeptidierung abgespalten, wohingegen die beiden terminalen D-Alanine des anderen Stranges durch eine Carboxypeptidase entfernt werden. Peptidketten, die nicht quervernetzt werden, liegen für gewöhnlich als Tri-Peptide vor, welche an der freien Carboxylgruppe der *m*-A2pm$_{(3)}$ amidiert werden (Atrih et al., 1999). Einige der Peptidketten (max. 2,7%) weißen ein endständiges Glycin an Position 5 auf (Atrih et al., 1999). Neben den Veränderungen des Peptidanteils sind auch die Glykanstränge umfangreichen Modifikationen unterzogen, welche in einem gesonderten Abschnitt beschrieben werden.

6.1.2. Die dreidimensionale Struktur der *B. subtilis* Zellwand

Peptidoglykanstränge sind natürlicherweise rechtsgewunden (Leps et al., 1987; Meroueh et al., 2006), gerade entstehendes Material (Daniel und Errington, 2003) sowie das fertige Konstrukt sind helikal angeordnet und *B. subtilis* Zellen zeigen unter einigen Bedingungen helikales Wachstum (Tilby et al., 1977). Daher wurde auch ein Modell postuliert, nachdem der Peptidoglykan-Architektur eine helikale Struktur zugrunde liegt (Verwer et al., 1978; Mendelson, 1976).
In einer erst kürzlich vorgestellten Arbeit, wird angenommen, dass während der Peptidoglykan-Biosynthese in *B. subtilis*, zunächst eine kleine Anzahl von Glykansträngen in der Art und Weise polymerisiert und quervernetzt werden, dass eine Art „Strick" entsteht. Dieser „Strick" wird im Anschluss zu einer Helix aufspiralisiert (coiled), die eine Dicke von etwa 50 nm besitzt und eine Art Kabel-Struktur darstellt. Dieses entstehende Kabel (Helix) wird in das bestehende Geflecht des quervernetzten Peptidoglykans eingebracht und zwar zwischen zwei bereits existierende Helices. Bei diesem Vorgang muss das darüber liegende Kabel zunächst von Autolysinen aufgetrennt werden, welche essentiell für das Wachstum von *B. subtilis* sind (Bisicchia et al., 2006). Der bereits erwähnte Zell-Turgor führt dazu, dass die entstehenden Kabel abflachen (25 nm) und ein charakteristisches,

II. Einleitung

überkreuztes Streifenmuster zwischen den existierenden Kabeln (50 nm) bilden (Hayhurst et al., 2008). In einem Reifungsprozess wird die Struktur möglicherweise durch das Einfügen von weiteren Quervernetzungen stabilisiert, die sich zwischen den bereits bestehenden ausbilden. Gemäß diesem Modell besitzt die Zellwand von *B. subtilis* vermutlich mehr oder weniger gleiche Dicke wie ein intaktes Kabel, wobei vermutlich außerhalb auch teilweise hydrolysierte Kabel der Struktur aufliegen. Der Grund für diese Kabel-Struktur liegt vermutlich in ihrer Widerstandsfähigkeit gegenüber dem internen osmotischen Druck. In einem zylindrischen System wie der *B. subtilis* Zelle ist der umlaufende Druck zweimal so groß wie der, welcher auf die Längsachse wirkt (Gordon, 1978; Koch, 1995). Das kürzlich beschrieben „Periplasma" Gram-positiver Mikroorganismen stellt genügen Raum zur Verfügung um die Biosynthese und das Einfügen der Kabel an der Innenseite der Zellwand zu ermöglichen unter Verwendung der Synthese-Maschinerie, deren Enzyme ein stückweit aus der Membran herausragen (Lim und Strynadka, 2002); Matias und Beveridge, 2005; Zuber et al., 2006).

6.1.3. Sporen-Peptidoglykan

Bakterien, die den Genera *Bacillus* und *Clostridium* zugehörig sind, können in zwei verschiedenen Stadien vorkommen. Im vegetativen Stadium sind diese Bakterien metabolisch aktiv und nutzen eine Vielzahl von Nährstoffquellen, um zu wachsen und sich zu teilen. Bei Nährstofflimitierung wird ein Entwicklungsprogramm, die Sporulation, zur Ausbildung von Endosporen initiiert. In diesem Stadium ruht der Metabolismus des Bakteriums und sein genetisches Material ist im Inneren der Spore eingeschlossen und dort geschützt vor Hitze, Austrocknung, Strahlung und vor Chemikalien.
Das PG der *B. subtilis* Endosporen unterscheidet sich dabei grundlegend von dem vegetativer Zellen. Sporen PG besteht aus zwei Schichten. Die dünnere, innere Schicht weißt die gleiche Struktur wie das ursprüngliche, vegetative PG auf. Diese Schicht wird im Zuge der Reifung nicht abgebaut bzw. modifiziert. Die äußere, wesentlich dickere Schicht hat eine einzigartige Struktur und wird als Cortex bezeichnet. Der Cortex wird während der Reifung der Spore teilweise abgebaut und modifiziert (Warth und Strominger, 1969; Warth und Strominger 1972; Popham et al.,

1996; Atrih *et al.*, 1999; Popham, 2002). So werden z.B. von etwa 50% der MurNAc-Einheiten die Peptidketten entfernt und die MurNAc-Reste einhergehend damit zu Muramin-δ-lactam umgewandelt. Das δ-Lactam spielt eine besondere Rolle bei der Auskeimung der Sporen, da es von lytischen Enzymen als Substrat erkannt wird (Popham *et al.*, 1996b). Diese Veränderungen führen zu einer drastischen Reduzierung der möglichen Quervernetzung. Darüber hinaus ist bei 24% der MurNAc-Einheiten die Peptidkette auf ein einzelnes L-Alanin reduziert. Aus diesen Modifikationen ergibt sich eine Quervernetzung von nur etwa 3%.

6.2. Zellwandsynthese in *B. subtilis*

Alle Komponenten der Zellwand (PG, Teichonsäuren, Teichuronsäuren) werden als Vorläufer im Cytoplasma synthetisiert und anschließend zum Einbau durch die Membran transportiert. Der Transport wird in allen Fällen von Undacaprenylphosphat, einem Lipid Carrier vermittelt. Die Synthese ist dabei in drei Stadien zu unterteilen: (1) Synthese von cytoplasmatischen Vorläufer Molekülen und Verknüpfung mit dem Lipid Carrier; (2) Transport durch die Membran; (3) Einbau der verschiedenen Einheiten in die bereits bestehende Zellwand.

In den ersten beiden Schritten der Synthese von PG Vorläufern erfolgt die Uridinylierung von GlcNAc durch MurA oder MurZ und die anschließende Umwandlung von UDP-GlcNAc zu UDP-MurNAc durch MurB (Scheffers, 2007; Foster und Popham, 2002; Roten et. al., 1991). UDP-GlcNAc geht dabei aus Fructose-6-Phosphat hervor, welches zunächst in Glucosamin-6-Phosphat und schließlich zu UDP-GlcNAc überführt wird. Die benötigte NH_2-Gruppe stammt dabei von Glutamin abgespalten

Die Anlagerung der Uridinnucleotids (UDP) erfolgt am anomeren Kohlenstoff und führt zur Aktivierung des Moleküls. ATP-abhängig werden nun nacheinander drei Aminosäuren angefügt, L-Alanin, D-Glutamat und *meso*-Diaminopimelat. Das D-Glutamat ist dabei über seine γ-Carboxylgruppe mit *meso*-Diaminopimelat verknüpft. Schließlich wird unter ATP-Verbrauch das Dipeptid D-Alanin-D-Alanin angefügt, es entsteht ein UDP-MurNAc-Pentapeptid. Diese Schritte werden durch die ATP-abhängigen Aminosäure-Ligasen MurC, MurD, MurE und MurF katalysiert (El Zoeiby

et al., 2003). Das L-Alanin wird durch die enzymatische Aktivität einer Alanin-Racemase aus D-Alanin generiert (Diven *et al.*, 1964).
Im Folgenden wird das MurNAc-Pentapeptid durch MraY von UDP auf den Lipid-Carrier (Bactoprenol) übertragen (Lipid I) und die zweite Zuckereinheit (GlcNAc) wird durch MurG unter Bildung einer β-1,4-glykosidischen Bindung angefügt. Das entstehende Molekül GlcNAc-β-(1,4)-MurNAc-(pentapeptid)-pyrophosphoryl-undecarpenol wird als Lipid II bezeichnet.
Die Synthese der WTA ist mit der Membran assoziiert und wird durch einen Multienzymkomplex katalysiert (Pooley *et al.*, 1992; Foster und Popham, 2002). Die Nukleotid-Vorläufer werden dabei durch den generellen Metabolismus bereitgestellt. Zunächst wird die Verbindungs-Einheit synthetisiert und anschließend die Glycerolphosphat-Einheiten der Hauptkette. Die Enzyme für diesen Syntheseweg werden in der Hauptsache durch zwei Divergone, *tagABtagDEF* und *gtaByvyH* kodiert (Foster und Popham, 2002). Die Synthese der Teichuronsäuren wird durch Enzyme katalysiert, welche durch das *tuaABCDEFGH* Operon kodiert werden. Das Operon ist für die Polymerisierung der Teichuronsäuren und die Synthese des Vorläufers UDP-Glucoronat verantwortlich. Die Einheiten werden zunächst synthetisiert, aus der Zelle transportiert und dann erst polymerisiert und kovalent an das PG gebunden (Foster und Popham, 2002).
Im letzten Schritt der PG Synthese, die an der Außenseite der Cytoplasmamembran stattfindet, werden die bereitgestellten Disaccharid-Peptid Einheiten polymerisiert. Dies stellt allerdings auch ein Problem dar. Der Großteil der zur Polymerisierung benötigten Enzyme sowie die Lipid-gebundenen Vorläufer sind in die Membran eingebettet und somit ca. 22 nm von der Zellwand entfernt sind, in die sie eingebaut werden sollen. Es wird spekuliert, dass sich die Membran dabei teilweise ausstülpt und damit die Entfernung überwunden wird (Dmitriev *et al.*, 2005).
Hauptsächlich wird der Einbau der PG-Vorläufer durch die so genannten Penicillin-Binde Proteine (PBPs) vermittelt. Diese katalysieren die Transglycosylierungs- und Transpeptidierungs-Reaktionen, die dazu notwendig sind. Im Zuge der Polymerisierung wird das reduzierende Ende eines MurNAc-Restes des wachsenden Stranges mit einem neuen Lipid-verankerten Disccacharid verknüpft (Foster und Popham, 2002). Einhergehend damit werden die neuen Peptid-Ketten der Aktivität von Transpeptidasen zur Quervernetzung oder Carboxypeptidasen zum Abspalten der D-Alanine unterzogen. Die für all diese enzymatischen Reaktionen

verantwortlichen Proteine, die PBPs, werden in die Klassen A und B sowie die nieder-molekularer PBPs eingeteilt und gehören zur Familie der Acyl-Serin Transferasen. Die so genannten β-Lactamasen, die den β-Lactam Ring des Penicillins und analoger Antibiotika spalten, gehören ebenfalls zu den PBPs. Die PBPs der Klasse A besitzen sowohl Transpeptidase- als auch Transglycosylase-Aktivität, PBPs der Klasse B nur erstere und eine N-terminale Domäne unbekannter Funktion (Foster und Popham, 2002). Die PBPs niederen Molekulargewichts, wie z.B. PBP5 (Blumberg und Strominger, 1974) sind D,D-Carboxypeptidasen, die das terminale D-Alanin vom Pentapeptid entfernen.

Durch die Aktivität der einzelnen PBPs ensteht so die zentrale Einheit des Peptidoglykans, in der zwei Disaccharid-Einheiten sind über Nona- bzw. Octapeptide verknüpft sind, was davon abhängt, ob auch das terminale D-Alanin des Akzeptor-Pentapetids hydrolysiert wird. Diese Struktur bezeichnet man schließlich als Nona- bzw. Octamuropeptid.

6.3. Strukturelle Variationen der Glykanstränge

Die normalen, nicht-modifizierten Glykanstränge des bakteriellen Peptidoglykans bestehen aus alternierenden Einheiten der Disaccharide GlcNAc und MurNAc, welche durch eine β-1,4-glykosidische Bindung verknüpft sind. Es gibt allerdings keine bakterielle Spezies deren Glykanstränge nicht nach der Synthese modifiziert oder nachträglich mit Zellwand-Polymeren verknüpft werden. So findet man in Gram-negativen Spezies zyklische 1,6-anhydro-Verbindungen an deren terminalen MurNAc-Resten, wohingegen Gram-positive Teichonsäuren oder Kapsel-Polysaccharide mit ihren GlcNAc bzw. MurNAc Resten verknüpfen. Für viele Pathogene Bakterien spielen Modifikationen der Glykanstränge eine wichtige Rolle bei der Interaktion mit dem Immunsystem des Wirtes (Vollmer, 2008). Im Folgenden wird insbesondere auf anionische Polymere, die *N*-Deacetylierung der Glykanstränge und die Rolle von 1,6-anhydro-MurNAc Resten im Peptidoglykan eingegangen.

6.3.1. Anionische Polymere

Die Zellwand vegetativer *B. subtilis* Zellen ist etwa 30-40 nm dick (Smith, Blackman und Foster, 2000) und ist in der Hauptsache wie bereits beschrieben strukturiert. Jedoch besteht die Zellwand Gram-positiver Bakterien denen eine äußere Membran fehlt nicht allein aus Peptidoglykan. Einen großen Anteil am Trockengewicht der Zellwand Gram-positiver machen anionische Polymere aus. Wand Teichonsäuren (WTA) und Lipoteichonsäuren (LTA) machen etwa 60% des Trockengewichtes der Zellwand von *B. subtilis* aus und sind für die negative Ladung der Zelloberfläche verantwortlich (Neuhaus und Baddiley, 2003). Unter Phosphat-Limitierung werden anstatt Teichonsäuren die phosphatfreien Teichuronsäuren eingebaut. Teichonsäuren werden allerdings niemals gänzlich durch Teichuronsäuren ersetzt (Bhavsar *et al.*, 2004), da sie scheinbar eine wichtige Komponente der Zellwand darstellen. Für lange Zeit galt, dass Teichonsäuren essentiel sind, da jede Mutation in deren Biosynthese-Genen lethal war (Bhavsar *et al.*, 2004; Soldo *et al.*, 2002; Lazarevic und Karamata, 1995). Kürzlich wurde allerdings gezeigt, dass WTA sowohl in *B. subtilis* als auch *S. aureus* entbehrlich sind, sofern das erste Enzym der Biosynthese (TagO) ausgeschaltet ist (D'Elia *et al.*, 2006; D'Elia *et al.*, 2006; Schirner *et al.*, 2009).

Nichts desto trotz geht der Verlust der WTA in *B. subtlis* mit dem Verlust der normalen Zellmorphologie einher. Die Zellen schwellen an, es zeigt sich eine ungleichmäßige PG-Verteilung, eine anormale Platzierung des Septums und eine stark verringerte Wachstumsrate (Formstone *et al.*, 2008; D'Elia *et al.*, 2006).

In *B. subtilis* bestehen WTA aus 40-65 Einheiten Poly-glycerol-phosphat die über einen „Linker" von GlucNAc-β–1,4-*N*-acetyl-Mannose (GlucNAc-ManNAc) kovalent an das C6-Atom eines MurNAc-Restes des PG gebunden sind (Formstone *et al.*, 2008). Für die Synthese sind die Gene *tagABCDEFGHO* und *mnA* verantwortlich. Teichuronsäuren sind phosphatfreie Glucoronsäure-Polymere (Wright und Heckels, 1975) und werden von Enzymen synthetisiert, die vom *tua* Operon kodiert werden (Soldo *et al.*, 1999). Bei Phosphat-Mangel induziert das PhoPR-Zwei-Komponentensystem das *tua* Operon und reprimiert die Transkription des *tag* Divergons (Mauel *et al.*, 1994; Liu *et al.*, 1998; Liu und Hulett, 1998; Bhavsar *et al.*, 2004). Es wurde gezeigt, dass unter diesen Bedingungen die vorhandenen

Teichuronsäuren ins Medium abgegeben werden, um Phosphat für wichtigere Zwecke bereitzustellen (Grant, 1979).

Die Rolle anionischer Polymere ist noch nicht abschließend geklärt gleichwohl es eine Reihe von experimentellen Daten und Spekulationen zu diesem Thema gibt. Die Zelle scheint nicht spezifisch auf Teichonsäuren sondern vielmehr auf die Anwesenheit anionischer Gruppen in der Zellwand angewiesen zu sein. Teichonsäuren sind z.B. in der Lage große Mengen an Kationen wie z.B. Mg^{2+} zu binden, die für eine Vielzahl zellulärer Prozesse wichtig sind (Hepinstall et al., 1970; Hughes et al., 1973; Lambert et al., 1975; D'Elia et al., 2006). (Herbold und Glase, 1975; Herbold und Glaser, 1975). Die Fähigkeit Metall-Kationen zu binden ist möglicherweise auch ein wirksamer Schutz vor toxischen Substanzen (Schwermetalle). Es gibt Hinweise, dass Mg^{2+} eine wichtige Rolle für die PG-Struktur und die Stabilität von Zellwand-Enzym Komplexen spielt sowie für die Regulation von Autolysinen, was sich auf die Synthese und die Remodellierung der Zellwand auswirkt (Calamita und Doyle, 2002; Formstone und Errington, 2005; Leaver und Errington 2005; Claessen et al., 2008).

Des Weiteren wird angenommen, dass Teichonsäuren die Faltung sekretierter Proteine und damit auch die von Autolysinen unterstüzen (Chambert und Petit-Glatron, 1999). So wurde gezeigt, dass D-Alanylierung von Teichonsäuren die Faltungsrate sekretierter Proteine steigert (Hyyrylainen et al., 2000). Bei der Regulation von Autolysinen unter Phosphat-Mangel spielt offenbar auch die Protonenmotorische Kraft eine Rolle, so wurde gezeigt, das Zellwände exponentiell wachsender B. subtilis Zellen protoniert sind (Calamita et al., 2002).

6.3.2. N-Deacetylierung der GlcNAc und MurNAc Reste

Die Muramidase Lysozym hydrolysiert den Glykanstrang zwischen dem C1-Atom der MurNAc und dem C4-Atom der GlcNAc. Die Untersuchung des Peptidoglykans des Lysozym resistenten *Bacillus cereus* haben gezeigt, dass dessen Peptidoglykan einen hohen Anteil nicht-acetylierter Glucosamine (GlcN) aufweist (Araki et al., 1971). In *Bacillus anthracis* finden sich eine Reihe nicht-acetylierter Muraminsäure Reste (MurN) (Zipperle et al., 1984). Der *B. subtilis* Stamm 168 weißt ebenfalls deacetylierte GlcN (19%) und MurN (33%) Reste auf (Zipperle et al., 1984; Atrih et

II. Einleitung

al., 1999). Die Deacetylierung erfolgt vermutlich am bereits polymerisierten Peptidoglykan, da bisher noch nie deacetylierte Peptidoglykan-Vorläufer gefunden wurden und bekannte Deacetylasen extracytoplasmatisch lokalisiert sind (Vollmer und Tomasz, 2000). Diese nicht acetylierten Amino-Zucker sind für die Resistenz bzw. die verminderte Sensitivität gegenüber Lysozym verantwortlich, da eine chemische N-Acetylierung isolierten Peptidoglykans die Lysozym-Sensitivität wieder herstellt (Amano *et al.*, 1977; Amano *et al.*, 1980; Westmacott und Perkins, 1979; Vollmer und Tomasz, 2000). In der Tat wurde gezeigt, das Interaktionen der Acetylgruppen von Hexasaccharid Glykansträngen und dem Lysozymmolekül für die Substrat-Erkennung wichtig sind (Blake *et al.*, 1965; Vocadlo *et al.*, 2001). Lysozym ist ubiquitär in Phagen, Bakterien, Pilzen und Säugetieren vorhanden und ist ein wichtiger Faktor des humanen Immunsystems. Daher scheint die Deacetylierung des Peptidoglykans eine wichtige Rolle für die Pathogenese von beakteriellen Krankheitserregern zu spielen. Darüber hinaus zeigen Autolysine, die die glykosidischen Bindungen der Glykansträngen schneiden unterschiedliche enzymatische Aktivität gegenüber acetyliertem bzw. deacetyliertem Peptidoglykan. Dabei ist nicht bekannt in wie weit sich die Deletion einzelner Deacetylase Gene auf zellwandspezifische Vorgänge auswirkt.

6.3.3. 1,6-Anhydro-MurNAc Reste

Die Glykanstränge der Zellwand von *E. coli* und vielen anderen Gram-negativen Bakterien terminieren nicht in einem reduzierenden MurNAc Rest sondern mit 1,6-AnhydroMurNAc (Höltje *et al.*, 1975; Harz *et al.*, 1990; Quintela *et al.* 1995). Im Gegensatz zu *E. coli* (3,71%) treten in *B. subtilis* (0,4%) weit weniger 1,6-Anhydromuropeptide auf, was auf die längeren Glykanketten zurückgeführt wird (Atrih *et al.*, 1999). In anderen Gram-positiven wie *S. aureus* treten diese Modifikationen überhaupt nicht auf (Boneca *et al.*, 2000). Muropeptide mit 1,6-AnhydroMurNAc Resten werden durch die enzymatische Aktivvtät lytischer Transglycosylasen während des Zellwand „Turnovers" freigesetzt (Vollmer und Höltje, 2001). Dabei ist nicht bekannt, ob die terminalen 1,6-AnhydroMurNAc Reste der Glykanstränge durch die Aktivität einer lytischen Transglycosylase bei der

Hydrolyse der β-1,4-glykosidischen Bindung zwischen GlcNAc und MurNAc entstehen oder ob sie während der Polymerisation des Peptidoglykans durch eine synthetische Transglycosylase generiert werden (Höltje, 1998). Besonders interessant ist, dass die 1,6-AnhydroMurNAc Reste von „Turnover" Produkten in einigen Bakterien als Signalmoleküle für die Induktion von chromosomal kodierten β-Laktamase Genen dienen (Höltje et al., 1994; Jacobs et al., 1994). Die Inhibition der Zellwandsynthese durch β-Lactam Antibiotika führt zu unkontrollierter Aktivität autolytischer Enzyme, gekennzeichnet durch einen Anstieg an „Turnover" Produkten, welche für gewöhnlich wieder ins Cytoplasma aufgenommen werden. Ein transkriptioneller Aktivator, AmpR, wird durch Murein Vorläufer Moleküle (UDP-MurNAc-pentapetid) inaktiviert aber durch die Anwesenheit von 1,6-AnhydroMurNAc-tripeptiden wieder aktiviert. Der aktive AmpR Regulator induziert die Expression der β-Laktamase AmpC (Vollmer, 2008).

7. Zellwand Proteine

Zu den Proteinen, die in der Zellwand von *B. subtilis* zurückgehalten werden, zählen DNasen, RNasen (Merchante et al., 1995), Proteasen (Margot und Karamata, 1996; Babe und Schmidt, 1998), die Enzyme der Peptidoglykansynthese (PBPs) und Zellwand Hydrolasen (Foster, 1993; Blackman et al. 1998; Smith, Blackman und Foster, 2000), die am Zellwand „turnover", der Zellteilung, Sporulation und Germination beteiligt sind (Yanouri et al. 1993; Murray et al., 1996; Popham et al., 1996; Murray et al., 1997). Diese Proteine besitzen neben N-terminalen Signalpeptiden, die deren Sekretion in das extrazelluläre Medium gewährleisten, spezifische Zellwand-Binde Domänen (CWBs) (Lazarevic et al., 1992, Kuroda et al., 1993; Guysen et al., 1994; Margot et al., 1994; Navarre und Schneewind, 1994; Tjalsma et al., 2000). Neben diesen CWBs besitzen Peptidoglykan Hydrolasen katalytische Domänen, welche nicht an die Zellwand binden (Smith et al., 2000).

Im Gegensatz zu diesen nicht-kovalent an die Zellwand gebundenen Proteinen existieren insbesondere in pathogenen Gram-positiven Organismen eine Reihe kovalent verankerter Oberflächenproteine (z.B. Protein oder das Fibronektin-Bindeprotein aus *S. aureus*). Diese Proteine werden über einen speziellen Mechanismus an die Zellwand gebunden, der ein C-terminales Signal, das so genannte L-P-X-T-G Motiv voraussetzt (Navarre und Schneewind, 1994; Navarre und Schneewind, 1999). Im Folgenden soll nur auf Proteine eingegangen werden, die am Umbau des Peptidoglykans beteiligt sind.

7.1 Die LysM Domäne Zellwand-assoziierter Proteine

Bei vielen Bakterien werden Proteine in der Zellhülle zurückgehalten, indem diese spezifische, nicht-kovalente Interaktionen mit dem Peptidoglykan eingehen. Für diese Interaktion sind spezielle Protein-Domänen, wie die sehr weit verbreitete LysM Domäne verantwortlich. Datenbankanalysen zeigen, dass mehr als 4000 prokaryotische und eukaryotische Proteine LysM Domänen besitzen.

Das LysM Motiv wurde ursprünglich im Lysozym des *Bacillus* Phagen φ29 entdeckt und erhielt daher seinen Namen (Garvey *et al.*, 1986). LysM Motive (LysMs) finden sich in vielen bakteriellen Lysinen, in Phagen Proteinen und einigen eukaryotischen Proteinen. Man findet sie in bakteriellen Peptidoglykan Hydrolasen und Peptidasen, Chitinasen, Esterasen, Reduktasen und Nukleasen. Darüber hinaus können sie als Antigene fungieren und sind an der Bindung von Albumin, Elastin und Immunoglobulin beteiligt (Desvaux, *et al.*, 2006). In *Archaea* sind bisher allerdings noch keine Proteine mit LysMs identifiziert worden.

Die meisten Proteine mit LysM Domänen sind allerdings Peptidoglykan Hydrolasen. Dabei ist auffällig, dass LysM Motive in Glucosaminidasen und Muramidasen stromabwärts des katalytischen Zentrums am C-Terminus lokalisiert sind, wohingegen sie in Endopeptidasen am N-Terminus stromaufwärts des katalytischen Zentrums zu finden sind (Layec *et al.*, 2008). Die unterschiedliche Topologie ist möglicherweise für die korrekte Positionierung der Hydrolasen wichtig. Die Anzahl an LysMs variiert dabei in den verschiedenen Peptidoglykan Hydrolasen stark, und sie ist wichtig für die optimale katalytische Funktion der jeweiligen Enzyme. Deletiert man ein oder mehrere LysM Motive sinkt die enzymatische Aktivität stark (Eckert *et al.*, 2006). Die einzelnen Motive sind dabei durch Aminosäuresequenzen voneinander getrennt, die zumeist aus Serin, Threonin und Aspartat oder Prolin bestehen (Buist *et al.*, 1995; Ohnuma *et al.*, 2008) und möglicherweise flexible Regionen zwischen den einzelnen LysMs bilden. LysM Domänen findet man sowohl

II. Einleitung

C- als auch N-terminal, in einigen Proteinen sogar zentral, wo sie möglicherweise zwei katalytische Domänen miteinander verbinden.

Die LysM Domäne weißt eine $\beta\alpha\alpha\beta$ Sekundärstruktur auf, wobei die beiden α-Helices auf der gleichen Seite eines antiparallelen β-Faltblattes liegen (Bateman und Bycroft, 2000). Vergleicht man die Sequenzen bekannter LysM Domänen zeigt sich eine sehr hohe Konservierung der erste 16 und eine leicht geringere der letzten 10 Aminosäuren. Die zentrale Region ist bis auf Isoleucin bzw, Leucin an Position 23 und 30 und ein hochkonserviertes Asparagin an Position 27 nur wenig konserviert. Prokaryotische LysMs weißen im Gegensatz zu eukaryotischen keine Disulfid-Brücken auf, da sie umfangreiche Sekundärstrukturen und ein Netzwerk an H-Brücken zeigen, so dass Disulfid-Brücken für die Stabilität nicht-essentiel sind (Ponting et al., 1999). Der Isoelektrische Punkt (pI) der LysM-Proteine liegt in den meisten Fällen zwischen 5 und 10. Einige Organismen exprimieren 2 paraloge LysM Proteine mit unterschiedlichen isoelektrischen Punkten; so z.B. die Peptidoglykan Hydrolasen AcmA und AcmD aus *Lactococcus lactis*, mit den pIs 10 und 4. Die genaue Funktion der niedrigen pIs ist dabei nicht gänzlich geklärt aber möglicherweise ist dies ein Mittel zur Anpassung an sich verändernde pH-Werte der Umgebung.

Bindestudien mit den LysM-Domänen von AcmA und AcmD legen die Vermutung nahe, dass LysM Domänen GlcNAc-Reste als Bindungspartner erkennen. Darüber hinaus existieren LysMs in eukaryotischen Chitinasen aus *Caenorhapditis elegans* und *Volvox carteri* (Bateman und Bycroft, 2000) und binden möglicherweise an Chitin, ein Polymer aus GlcNAc. Die Nod Faktoren die von einigen *Rhizobium* Spezies sekretiert und von LysM Domänen in pflanzlichen Rezeptoren erkannt werden, bestehen aus einem Grundgerüst von 4-5 GlcNAc Resten (Radutoiu *et al.*, 2007). Chitin artige Verbindungen sind nur als Signalmoleküle zwischen Bakterien und Pflanzen bekannt sondern auch als Induktoren der pflanzlichen Abwehr gegenüber Pilzen, die als Hauptkomponente Chitin in ihrer Zellwand enthalten. In *Arabidopsis* und Reis werden solche Abwehrmechanismen über Rezeptoren gesteuert, die LysM Domänen enthalten (Kaku *et al.*, 2006; Miya *et al.*, 2007; Wan *et al.*, 2008). Kürzlich wurde gezeigt, dass die beiden LysM-Domänen einer Chitinase aus *Pteris ryukyuensis* mit einer Stöchiometrie von 1:1 an $(GlcNAc)_5$ binden (Ohnuma *et al.*, 2008). Welche Rolle MurNAc oder der Peptidanteil des Peptidoglykans bei der Erkennung durch LysM Domänen spielt, ist nicht geklärt

(Buist et al., 2008). Des Weiteren scheinen LysM Domänen für die Positionierung der jeweiligen Peptidoglykan Hydrolasen an spezifische Orte der bakteriellen Zellwand verantwortlich zu sein. Diese spezifische Positionierung hängt möglicherweise mit der Verteilung sekundärer Zellwand Polymere oder nachträglichen Modifikationen des Peptidoglykans zusammen.

8. Peptidoglykan Hydrolasen – Autolysine

Bakterielle Murein Hydrolasen bilden eine umfangreiche und diverse Gruppe von Enzymen, die in der Lage sind verschiedene chemische Bindungen im polymeren Peptidoglykan und/oder dessen lösliche Fragmente zu hydrolysieren (Shockman und Höltje, 1994; Shockman et al., 1996). Diese auch als Autolysine bezeichneten Enzyme sind an einer Vielzahl zellulärer Prozesse beteiligt wie Zellwachstum, Zellwand-Turnover, Peptidoglykan-Reifung, Zellteilung, Beweglichkeit, Beweglichkeit, Chemotaxis, genetische Kompetenz, Protein-Sekretion, Differenzierung und Pathogenität (Foster, 1994; Blackman et al., 1998, Foster et al., 2000). Dabei ist es schwierig, bestimmten Autolysinen spezifische Funktionen zuzuordnen. Zum einen besitzen Bakterien meist eine große Anzahl an Hydrolasen, die unter Umständen redundante Funktionen haben und zum anderen haben einige dieser Enzyme mehr als eine Funktion. So konnten im Genom von *B. subtilis* 35 Gene für Peptidoglykan Hydrolasen durch Sequenzvergleiche identifiziert werden, darunter einige deren Funktion durch experimentelle Daten nachgewiesen wurde (Smith et al., 2000). Das Peptidoglykan weißt aufgrund seiner Struktur vier chemische Bindungsklassen auf, die hydrolysiert werden können (Abb. 3). N-Acetylmuramyl-L-alanin Amidasen hydrolysieren die Amid-Bindung zwischen MurNAc und L-Alanin und trennen damit den Glykan- vom Peptid-Anteil. Carboxy- und Endopeptidasen schneiden die LD- und DD-Bindungen im Peptidanteil. Des Weiteren gibt es drei Typen von Enzymen, die Bindungen im Glykanstrang hydrolysieren, die Glucosaminidasen, Muramidasen und lytischen Transglycosylasen. Die beiden letzteren Typen greifen die gleiche glycosidische Bindung an mit dem Unterschied, dass lytische Transglycosylasen einen 1,6-AnhydroMurNAc Rest generieren (Vollmer et al., 2008).

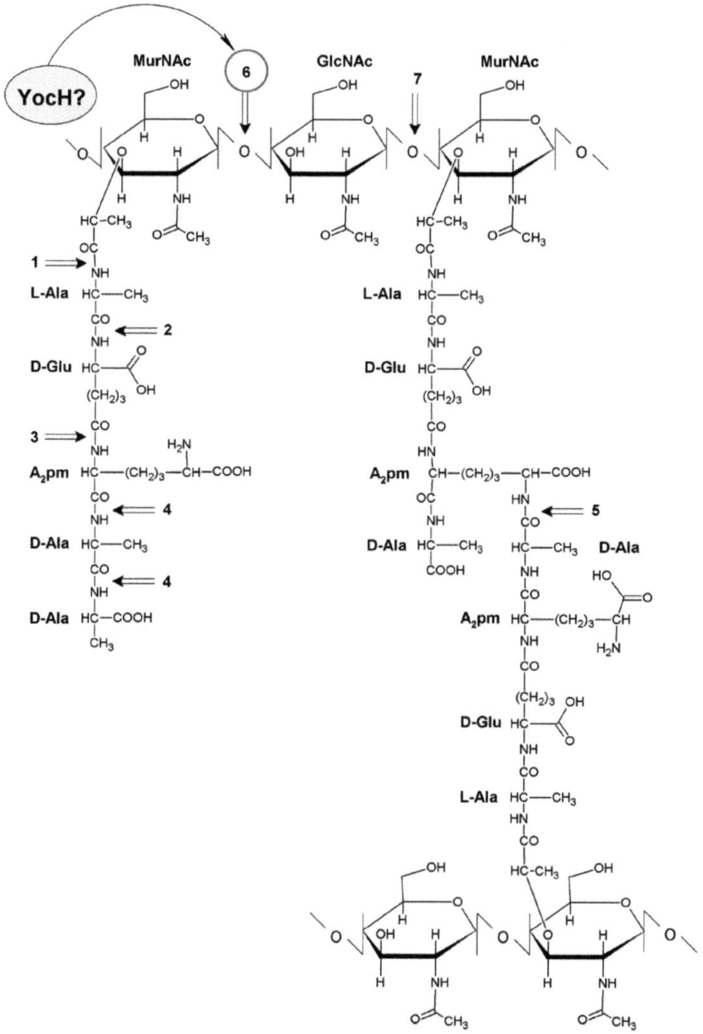

II. Einleitung

Abb. 3: Schematische Darstellung des Peptidoglykans von *B. subtilis*

Gezeigt ist eine schematische Darstellung des vegetativen Peptidoglykans von *B. subtilis* (Fukushima et al., 2007). Die Pfeile markieren die chemischen Bindungen, die von verschiedenen Zellwand-Hydrolasen hydrolysiert werden: (1) *N*-acetylmuramoyl-L-alanine Amidase, (2) LD-Endopeptidase, (3) DL-Endopeptidase (4) Carboxypeptidase, (5) DD-endopeptidase, (6) Muramidase und lytische Transglycosylase (7) *N*-acetylglucosaminidase. Hervorgehoben der aufgrund bioinformatischer Analysen vermutete Angriffsort des YocH Proteins.

8.1. Die physiologische Rolle von Autolysinen während des vegetativen Wachstums

Bakterielle, extracytoplasmatische Peptidoglykan Hydrolasen haben eine Vielzahl unterschiedlicher Aufgaben für die produzierende Zelle bzw. die Zellpopulation zu erfüllen. Darunter Aufgaben beim Zellwachstum, der Zellteilung, dem Zellwand „Turnover", der Peptioglykan-Reifung, der Beweglichkeit, der genetischen Kompetenz sowie bei der induzierten Zelllyse.

In *B. subtilis* sind die Amidase LytC und die Glucosaminidasen LytD und LytG für 95% der autolytischen Aktivität während des vegetativen Wachstums verantwortlich (Kuroda und Sekiguchi, 1991; Lazarevic *et al.*, 1992; Margot *et al.*, 1994; Blackman *et al.*, 1998; Smith *et al.*, 2000).

8.1.1. Peptidoglykan Reifung

Während des Zellwachstums wird neues Peptidoglykan an der Außenseite der cytoplasmatischen Membran in Form von Disaccharid-Pentapetid Einheiten bereitgestellt, welche durch Transglykolsylierung polymerisiert und mit vorhandenen Glykansträngen verknüpft werden.

Die Aufklärung der Feinstruktur des bakteriellen Peptidoglykans hat gezeigt, dass dieses nachträglich, umfangreichen Modifikationen unterzogen wird, die den Eingriff von Autolysinen erfordern (Atrih *et al.* 1999). So zeigen sich im reifen Pepitidoglykan MurNAc Reste am nicht-reduzierenden Ende der Glykanstränge, was die enzymatische Aktivität einer Glucosaminidase voraussetzt (Atrih *et al.*, 1999). In *B. subtilis* wurden bisher zwei Glucosaminidasen identifiziert, LytD und LytG (Margot *et al.*, 1994, Rashid *et al.*, 1995, Horsburgh *et al.*, 2003). Auch die Peptid Seitenketten im Petidoglykan werden einigen Modifikationen unterzogen. Peptid-Seitenketten, welche in D-Glutamat terminieren, entstehen durch die Wirkung einer D-Glutamat-*meso*-Diaminopimelat Endopeptidase (DL-Endopeptidase Familie). Die Existenz von MurNAc-Resten bei denen die komplette Peptid-Seitenkette, bis hin zum distalen L-Alanin abgetrennt ist, setzt die enzymatischen Aktivität einer Amidase voraus. Wie bereits erwähnt existieren im Peptidoglykan von *B. subtilis* endständige 1,6-

II. Einleitung

AnhydroMurNAc Reste, die durch die Wirkung lytischer Transglycosylasen entstehen.

8.1.2. Regulation des Zellwand-Wachstums durch DD-Carboxypeptidasen

DD-Carboxypeptidasen entfernen in einigen Fällen das terminale D-Ala$_{(5)}$ und generieren Tetrapeptide. Pentapeptide können sowohl als Donor als auch als Akzeptor in der Transpeptidierung fungieren, wohingegen Tetrapeptide nur als Akzeptoren dienen. In einigen Bakterien scheint das kontrollierte Wachstum des Murein Sacculus abhängig vom Entfernen endständiger D-Alanin Reste von überschüssigen Pentapetiden zu sein. So zeigt sich bei *Streptococcus pneumoniae* bei Fehlen der DD-Carboxypeptidase PBP3 eine Verdickung der Zellwand und Abweichungen bei der Septum Positionierung (Schuster *et al.*, 1990; Morlot *et al.*, 2004). Des Weiteren zeigen *E. coli* Mutanten, denen die DD-Carboxypeptidase PBP5 fehlt, eine abnormale Zellmorphologie (Denome *et al.*, 1991; Nelson und Young; 2001). Das weißt darauf hin, dass diese Enzyme wichtig für die korrekte Positionierung des Septums und eine normale Zellmorphologie sind (Volmer *et al.*, 2008). In *B. subtilis* ist PBP5 (*dacA*) die vorherrschende DD-Carboxypeptidase (Lawrence und Strominger, 1970). Ein Fehlen dieses Enzyms erhöht den Anteil an Pentapetiden im Peptidoglykan rapide (Atrih *et al.*, 1999). Andere DD-Carboxypeptidasen wie PBP5* (*dacB*) und DacF regulieren den Grad der Quervernetzung im Peptidoglykan von *B. subtilis* Sporen (Popham *et al.*, 1999). DD-Carboxypeptidasen scheinen somit eine wichtige Rolle im Zellwandmetabolismus zu spielen.

8.1.3. Zellwand „Turnover" und Peptidoglykan-Recycling

Die Zellwand von *B. subtilis* unterliegt während des vegetativen Wachstums ständigen Veränderungen, neues Zellwand-Material wird synthetisiert, gleichzeitig altes Zellwand-Material abgetragen. Diesen Vorgang bezeichnet man als Zellwand „Turnover".

II. Einleitung

Mithilfe radioaktiver Markierungen wurde ein „inside-to-outside flux" des Zellwandmaterials nachgewiesen. Neu synthetisiertes Zellwand-Material wird an der, der Cytoplasma Membran zugewandten Seite der Zellwand eingebaut. Auf der Außenseite der Zellwand wird von entsprechenden Autolysinen altes Zellwandmaterial wieder abgebaut (Pooley, 1976; Merad et al., 1989). Darüber hinaus haben elektronenmikroskopische Aufnahmen der B. subtilis Zellwand gezeigt, dass diese eine dreilagige Schichtung aufweist (Graham und Beverdige, 1994). Die innere Zone der Zellwand besteht aus neu synthetisiertem, mechanisch unbeanspruchtem Peptidoglykan. Diese Zone wird im Zuge der Zell-Ausdehnung und durch Einbau neuen Zellwand Materials zur mittleren Zone, die den größten mechanischen Belastungen ausgesetzt ist. Die äußere Zone besteht schließlich aus altem, teilweise hydrolysiertem und mechanisch geschertem Peptidoglykan, das schließlich abgebaut und recycled wird (Graham und Beverdige, 1994). Dieses Modell setzt voraus, dass Autolysine älteres Peptidoglykan der mittleren und äußeren Zone hydrolysieren, um den Einbau neuen Materials und damit die Zell-Ausdehnung zu ermöglichen.

Der Peptidoglykan Sacculus ist ein riesiges Sack-ähnliches Molekül. Die Ausdehnung eines derart komplexen Netzwerkes erfordert den Einbau neuer struktureller Einheiten durch den Syntheseapparat. Dabei ist ein Mechanismus, der ohne die Hydrolyse kovalenter Bindungen dieses Netzwerkes durch Autolysine auskommt, undenkbar (Weidel und Pelzer, 1964; Shockman und Höltje, 1994). Die Deletion von Peptidoglykan Hydrolasen, die solche Aufgaben erfüllen, sollte eigentlich in einem Wachstumsstillstand resultieren, da der Sacculus nicht vergrößert werden kann. Bisher hat weder die Inaktivierung einzelner noch multipler Autolysine einen solchen Phänotyp ergeben (Vollmer et al., 2008). Dies ist auf die Redundanz dieser Enzyme zurückzuführen, was es schwierig ja vielleicht unmöglich macht, sämtliche Gene auszuschalten. Des Weiteren ist denkbar, dass die hohen mechanischen Kräfte, die auf die äußeren Schichten wirken, allein schon dazu beitragen kritische Bindungen zu brechen, ohne dass enzymatische Katalyse notwendig wäre (Archibald, 1993).

Ein wichtiger Befund ist allerdings auch, dass die Wachstumsrate von B. subtilis mit der „Turnover" Rate korreliert (de Boer et al., 1981; de Boer et al., 1982, Cheung et al., 1983), so sind Peptidoglykan Hydrolasen bei schnellen Wachstum aktiver. Man kann sie als die „pacemaker" des Zellwachstums bezeichnen (Höltje, 1995). So konnte z.B. gezeigt werden, dass die Zugabe von Autolysin-Präparationen zum Wachstumsmedium die Wachstumsrate steigern (Fan und Blackman, 1971).

Wie bereits erwähnt scheinen Bakterien im Zuge des Turnovers abgebautes Peptidoglykan zu recyceln und damit wertvolle Ressourcen der Zelle wieder zuzuführen. Dieser Prozess ist jedoch noch nicht abschließend geklärt und vornehmlich für *E. coli* beschrieben (Park und Uehare, 2008).

Obwohl in *B. subtilis* ein Protein wie die AmpG Permease (GlcNAc-anhydro-MurNAc Permease) fehlt, sind Orthologe von NagZ (YbbD), MurQ (YbbI), MurP (YbbF), LdcA (YkfA), MpaA (YqgT), und YcjG (YkfB), allesamt Proteine des Peptidoglykan-Recycling Apparates von *E. coli* vorhanden (Park und Uehara, 2008). In *B. subtilis* wird das PG vornehmlich enzymatisch durch die Wirkung von Muramidasen und eine Amidasen abgebaut, so dass GlcNAc-MurNAc Reste sowie Peptide entstehen. GlcNAc-MurNAc Reste können im Anschluss durch NagZ geschnitten werden, das offenbar sekretiert wird. Die freigesetzten GlcNAc-Reste werden über ein spezifisches Phosphotransferase-System (NagP) in das Cytoplasma zurücktransportiert und über eine GlcNAc-6-P Deacetylase (NagA) und eine Glucosamin-6-P Deaminasae (NagB) weiter metabolisiert. MurNAc-Reste werden ebenfalls über ein Phosphotransferase-System (MurP) phosphoryliert und in die Zelle transportiert. Das entstandene MurNAc-6-P wird durch die MurNAc-6-P Etherase (MurQ) in GlcNAc-6-P überführt. Die Gene *nagZ*, *murQ* und *murP* sind interessanterweise in einem Operon zusammen mit dem Gen für eine putative β-Laktamase organisiert.

Freie Peptide werden über eine unbekannte Permease in die Zelle transportiert und über YkfA, eine γ-D-Glu-Dap Amidase (YkfC) und eine YcjG Epimerase (YkfB) abgebaut. Die Gene für YkfA, YkfB und YkfC sind in einem Operon stromabwärts des *dpp*-Operons (Dipeptid-Permease) organisiert, dass der Kontrolle des Transkriptionsregulators CodY unterliegt und vornehmlich in der frühen stationären Phase expremiert wird (Slack *et al.*, 1995; Serror und Sonnenschein, 1996). Daraus wurde geschlossen, dass *B. subtilis* das Potential zur Verwertung von PG Abbauprodukten als Reaktion auf eine Limitierung der Ressourcen besitzt (Park und Uheara, 2008).

8.1.4. Zelltrennung

B. subtilis Wildtyp Zellen liegen in der Regel in Form kurzer Ketten, in der stationären Phase vornehmlich als einzelne Zellen vor. Die Trennung der Zellen im Zuge der Zellteilung ist insbesondere für deren Motlität und damit für die Chemotaxis wichtig, um auf unterschiedliche Nährstoff Angebote oder auch toxische Stoffe reagieren zu können. Viele Mutanten, in denen einzelne oder mehrere Autolysine ausgeschaltet wurden, zeigen abnormal lange Zellketten. Dabei ist auffällig, dass sich die Dimensionen der einzelnen Zellen nicht ändern.

In *B. subtilis* gibt es wenigstens sechs Peptidoglykan Hydrolasen, die an der Trennung von Tochterzellen beteiligt sind. Darunter die Amidase LytC, die Glucosaminidasen LytD und LytG, zwei Vertreter der D,L-Endopeptidase Familie II, LytE und LytF sowie das putative Autolysin YwbG (Smith *et al.*, 2000; Horsburgh *et al.*, 2003). Es besteht somit auch hier eine gewisse Redundanz, wobei unklar ist ob einzelne Hydrolasen vollständig durch andere ersetzt werden können oder ob einige nur Teilprozesse während der Zelltrennung übernehmen. Klar ist, dass die Inaktivierung mehrer Autolysine die bekanntermaßen an der Trennung der Zellen beteiligt sind zu längeren Zellketten führen als die Inaktivierung einzelner Enzyme (Blackman *et al.*, 1998; Ishikawa *et al.*, 1998; Margot *et al.*, 1999; Smith *et al.*, 2000). Ungeklärt ist bisher durch welche Mechanismen diese Enzyme an den Ort der Zelltrennung, das Septum rekrutiert werden.

8.1.5. Beweglichkeit

Es wurde früh gezeigt, dass die Inaktivierung von Autolysinen einen negativen Einfluss auf die Beweglichkeit der bakteriellen Zelle hat (Pooley und Karamata, 1984). Des Weiteren ist heute klar, dass die Gene wichtiger Autolysine wie LytC, LytD und LytF teilweise mit Motilitäts- und Chemotaxis-Genen koreguliert werden. Dies geschieht unter anderem durch die regulatorischen Gene *sigD* und *sinR* (Lazarevic *et al.*, 1992; Rashid und Sekiguchi, 1996; Margot *et al.*, 1999). Der negative Effekt der Inaktivierung von Autolysinen auf die Beweglichkeit, hängt wenigstens teilweise mit einer erschwerten Trennung der Zellen zusammen. Zellen die in langen Ketten zusammen hängen, zeigen unkoordiniertes Chemotaxis

Verhalten und erscheinen damit weniger beweglich. Diesen Effekt bezeichnet man als „pushmi-pullyu" Effekt (Blackman *et al.*, 1998). Bei nicht getrennten Zellen bewegen sich die Tochterzellen in entgegengesetzte Richtungen was letztlich in keinerlei Raumgewinn resultiert. Möglicherweise sind autolytische Enzyme auch für den Transport und Einbau des Flagellen Apparates notwendig (Dijkstra und Keck, 1996). In diesem Zusammenhang spielt die räumliche Struktur der Peptidoglykans bzw. deren biophysikalische Eigenschaften eine wichtige Rolle.

8.1.6. Biophysikalische Eigenschaften – Protein Sekretion

Die Peptidoglykan Hülle bakterieller Zellen ist ein sackähnliches Molekül mit einzigartigen biophysikalischen Eigenschaften. Auf der einen Seite ist der Sacculus sehr stabil und kann dem zellulären Turgor widerstehen, der bei Gram-positiven bis zu 25 atm betragen kann. Auf deren Seite ist die bakterielle Zellwand kein statisches, steifes Gebilde sondern zeigt enorme Elastizität, was ein immerwährendes, reversibles Expandieren unter Druck ermöglicht. Darüber hinaus ist das Peptidoglykan nicht als eine undurchdringliche Wand anzusehen sondern vielmehr als ein netzartiges Gewebe, das von relativ großen Poren durchzogen ist, die auch die Diffusion größerer Moleküle ermöglichen.

In Gram-positiven Organismen zeigt sich eine zweiteilige Organisation der Zellwand (Matias und Beveridge, 2005; 2006; 2007; Zuber *et al.*, 2006) mit einer inneren Zone geringerer Dichte und einer äußeren Zone hoher Dichte. Die innere Zone, die der Cytoplasma Membran aufliegt, ist in *B. subtilis* etwa 22 nm stark und kommt dem periplasmtischen Raum Gram-negativer Organismen gleich. Die äußere Zone der *B. subtilis* Zellwand hat eine Dicke von etwa 15-30 nm, abhängig von Wachstumsphase und –bedingungen.

Betrachtet man die Elastizität des Murein Sacculus so zeigt sich, dass sich dieser um ca. das dreifache ausdehnen bzw. zusammenziehen kann (Koch und Woeste, 1992). So führen osmotische Veränderungen in *E. coli* zu einer maximalen Oberflächenreduktion von 33% bzw. einer maximalen Ausdehnung der Oberfläche von 23% (Koch, 1984; Baldwin *et al.*, 1988). Interessant ist dabei, dass der *E. coli* Sacculus die höchste Deformierbarkeit längs der Zell-Achse zeigt. Dies geht einher mit Beobachtungen, dass sich osmotische geschockte *E. coli* Zellen verlängern bzw.

II. Einleitung

verkürzen, sich der Durchmesser der Zelle allerdings kaum verändert (van den Bogaart et al., 2007).

Experimente mit Fluoreszenz-markierten Dextranen wurden herangezogen, um die Porengröße des Peptidoglykans zu ermitteln (Demchick und Koch, 1996). Dabei hat sich gezeigt, dass die Porengröße in Gram-negativen und Gram-postiven Organismen ähnlich ist. In B. subtilis findet sich ein durchschnittlicher Porenradius von 2,12 nm, in E. coli von 2,06 nm. Aufgrund dieser Ergebnisse wurde errechnet, dass diese Porengröße den Durchgang globulärer, ungeladener Proteine mit einem Molekulargewicht von nur 22-24 kDa erlauben würde. Dies gilt für den relaxierten Zustand der Peptidoglykans. Bezieht man die physikalischen Kräfte, die zum Dehnen der Zellwand führen ein, ermöglichen die so entstehenden größeren Poren den Durchgang von Proteinen mit einem Molekulargewicht von bis zu 50 kDa.

Die räumliche Struktur des Peptidoglykans konnte mit den bisher verfügbaren Methoden nicht gänzlich aufgeklärt werden. Nichts desto trotz existieren in diesem Zusammenhang diverse Modelle von denen das von Koch postulierte als prominentestes angesehen werden kann. Betrachtet man die dreidimensionale Struktur eines synthetischen Tetrasaccharids mit den entsprechenden Peptidketten (GlcNAc-MurNAc(Pentapetid)-GlcNAc-MurNAc(Pentapetid)) so zeigt dieses Zellwand Segment eine helikale Saccharid Konformation mit drei GlcNAc-MurNAc Paaren pro Helix Windung (Meroueh et al., 2006). Im Gegensatz zum Chitin, dessen Struktur aufgeklärt ist, können die Peptidketten im Peptidoglykan aufgrund sterischer Hinderung nicht alle in die gleiche Richtung zeigen. Die Peptidketten zweier aufeinander folgender MurNAc-Reste sind um 90° versetzt, d.h. dass nur jedes zweite Peptid in der gleichen Ebene liegt.

Die kleinste strukturelle Einheit des Peptidoglykans wird als Mosaiksteinchen bzw. Tessera bezeichnet (Koch und Woeste, 1992). Dabei wird davon ausgegangen, dass die Glykanstränge zick-zack-artig verlaufen. Man geht dabei davon aus, dass zwei Nona-Muropetide über die entsprechenden Peptidketten miteinander verknüpft sind. Zwei der übrigen Peptidketten zeigen dabei nach oben, die anderen beiden nach unten, d.h. zu 90° versetzt relativ zu den quervernetzenden Peptidketten. Diese kleinste Einheit des Peptidoglykans bildet gleichsam die Poren im Murein Sacculus und bedeckt zu Tausenden die gesamte Zelloberfläche.

Um die Diffusion von Proteinen mit einer Größe von ca. 50 kDa zu ermöglichen muss man von einer Porengröße von 5 nm ausgehen (Dijkstra und Keck, 1996), was auf

Grundlage des beschriebenen Modells möglich ist. Die Sekretion weitaus größerer Proteine, der Einbau des Flagellen-Apparates oder auch die Aufnahme von DNA aus der Umwelt, bedarf jedoch sehr viel größerer Poren. Diesen Prozessen muss somit eine strukturelle Veränderung des Peptidoglykans vorausgehen, was durch die einzelnen Zellwand Hydrolasen ermöglich wird.

8.2. Regulation von Autolysinen

Pepitodglykan Hydrolasen sind potentiell letale Enzyme, da sie in der Lage sind, die Zellwand des produzierenden Bakteriums abzubauen. Aus diesem Grund müssen diese Enzyme und ihre Synthese einer strengen Regulation unterliegen, um die Zell Lyse zu verhindern. Diese Regulation erfolgt sowohl auf transkriptioneller als auch auf posttranslationaler Ebene.

8.2.1. Genetische Regulation

Die Kontrolle der Produktion von Peptidoglykan Hydrolasen, d.h. die Transkription der entsprechenden Gene ist durchaus wichtig aber in vielen Fällen überwiegt die Regulation der Aktivität auf enzymatischer Ebene. Viele Autolysine, die an der Sporulation und Germination beteiligt sind, werden auf transkriptioneller Ebene durch die Sporulations-spezifische Kaskade an Sigmafaktoren reguliert. Dies erlaubt die zeitlich und räumlich begrenzte Produktion dieser Enzyme.
In *B. subtilis* steigt die Autolysin Aktivität mit dem Eintritt in die stationäre Phase an (Foster, 1992). Dies zeigt sich z.B. in einer steigenden Produktion der Hydrolasen LytC und LytD (Margot und Karamata, 1992; Margot *et al.*, 1994) und geht am Ende der vegetativen und beim Eintritt in die stationäre Phase mit morphologischen und physiologischen Veränderungen einher. Die *B. subtilis* Zellen liegen nicht länger als kurze Ketten vor, sondern als einzelne Zellen, die Motilität steigt, es werden große Menge extrazellulärer Proteine sekretiert und es entwickelt sich eine natürliche, genetische Kompetenz.
Die Amidase LytC wird durch das Gen *lytC* kodiert das Teil eines aus vier Genen bestehenden Divergons (*lytRABC*) (Kuroda und Sekiguchi, 1991; Lazarevic *et al.*, 1992; Kuroda *et al.*, 1992). Das *lytR* Gen wird divergierend vom *lytABC* Operon

transkribiert und kodiert für ein putatives DNA-Bindeprotein, das seine eigene Expression und die des *lytABC* Operons reprimiert (Lazarevic et al., 1992). Das *lytA* Gen kodiert ein Lipoprotein (Lazarevic et al., 1992; Kuroda et al., 1992) und *lytB* ein Protein, das die Aktivität der Amidase steigert (Herbold und Glaser, 1975; Lazarevic et al., 1992; Kuroda und Sekiguchi, 1993). Die Transkription des Operons erfolgt von zwei Promotoren aus. Einer wird durch den Sigma-Faktor σ^D kontrolliert, der vornehmlich für die Transkription von Motilitäts- und Chemotaxis-Genen der mittleren und späten vegetativen bzw. stationären Phase verantwortlich ist. Der andere Promotor wird durch den „house-keeping" Sigma-Faktor σ^A kontrolliert, wobei 70-80% der Transkription von *lytC* σ^D abhängig sind (Lazarevic et al., 1992; Kuroda und Sekiguchi, 1993). Die Glucosaminidase LytD ist als Dimer aktiv. Die Transkription von *lytD* erfolgt von einem einzelnen Promotor aus und wird ebenfalls von σ^D kontrolliert (Margot et al., 1994; Rashid et al., 1995; Blackman und Foster, 1998). Beide Autolysine und die erst kürzlich identifizierte Glucosaminidase LytG spielen eine wichtige Rolle bei der Zelltrennung, dem Zellwand „Turnover", der Motilität und der Zell-Lyse (Kuroda und Sekiguchi, 1991; Lazarevic et al., 1992; Horsburgh et al., 2003). Weitere wichtige, bereits identifizierte Peptidoglykan Hydrolasen während des vegetativen Wachstums sind die D,L-Endopeptidasen LytE und LytF, die eine wichtige Rolle bei der Zell Trennung spielen (Ishikawa et al., 1998; Ohnishi et al., 1999). Das *lytE* Gen wird dabei durch die Sigmafaktoren σ^A und σ^H kontrolliert, wobei der letztere vornehmlich für die Transkription während der späten exponentiellen und der frühen stationären Phase zuständig ist. Die Transkription des *lytF* Gens wird vom Sigmafaktor σ^D kontrolliert (Ohnishi et al., 1999). Darüber hinaus unterliegen einige Peptidoglykan Hydrolasen in *B. subtilis* der Kontrolle eines essentiellen Zwei-Komponenten Systems (vgl. 10.1.).

8.2.2. Posttranslationale Regulation

Für die korrekte Funktion von Autolysinen ist insbesondere deren zelluläre Positionierung wichtig. In *B. subtilis* sind die Mre Proteine für die richtige, zylindrische Formgebung der Zelle verantwortlich und bilden ein helikales Muster entlang der Längsachse der Zelle (Jones et al., 2001). In diesem Zusammenhang wurde gezeigt, dass MreBH mit der Endopeptidase LytE interagiert (Carballido-Lopez et al., 2006).

Gemäß dem postulierten Modell bilden MreBH, MreB und Mbl eine dreiteilige, helikale Struktur unterhalb der Cytoplasmamembran. Mbl ist dabei wenigstens teilweise an der Positionierung des Peptidoglykan Synthese Apparates verantwortlich. Gleichzeitig rekrutiert MreBH das Autolysin LytE im Cytoplasma und sogt für dessen Insertion am Ort der Zellwand-Synthese. Das neue Zellwand-Material liegt in ungestresster Form vor und LytE zeigt dort nur sehr geringe Aktivität. Dem „inside-to-outside" Modell folgend, wandert das neu-synthetisierte Peptidoglykan an das LytE gebunden ist nach außen, während sich die Zelle vergrößert. Im Zuge dieser Zellvergrößerung, wird das neue Peptidglykan gedehnt, LytE wird aktiv und hydrolysiert die entsprechenden Peptidbindungen, um die Spannung zu verringern.

Bei der postranlationalen Kontrolle von Autolysinen spielen auch folgende Modifikationen des Substrates eine wichtige Rolle: Änderung der Substrat Konformation (Koch *et al.*, 1985), kovalente Modifikationen (Clarke, 1993), Verteilung sekundärer Polymere (Rogers *et al.*, 1980, Fischer *et al.*, 1981) und die ionischen Verhältnisse der Umgebung (Cheung und Freese, 1985). Des Weiteren scheint der Energiezustand der Zelle eine wichtige regulatorische Rolle zu spielen. So führt der Einsatz depolarisierender Substanzen zu unkontrollierter Autolyse (Jolliffe *et al.*, 1981; Kemper *et al.*, 1993, Calamita *et al.*, 2001). Darüber hinaus wurde gezeigt, dass Wachstum bei niedrigem pH-Wert die Autolyse von Bakterien inhibiert (Goodell *et al.*, 1976). Protein-Protein Interaktionen sind ebenfalls als regulatorische Mittel denkbar. So wurde gezeigt, dass LytB die Aktivität von LytC beeinflusst (Lazarevic *et al.*, 1992).

9. Zwei-Komponenten Systeme (ZKS)

Das Leben in der mikrobiellen Welt ist durch kontinuierliche Interaktionen zwischen der bakteriellen Zelle und ihrer Umwelt gekennzeichnet. Variabilität und Anpassungsfähigkeit sind für Mikroorganismen in Habitaten mit wechselnden biotischen und abiotischen Faktoren unerlässlich. So müssen Bakterien in der Lage sein, auf verschiedenste Umwelt-Parameter, wie Osmolarität, pH-Wert, Temperatur und Konzentration von Nährstoffen sowie Schadstoffen zu reagieren. Dies ist Grundvorrausetzung für das Überleben in natürlichen Habitaten (Mascher *et al.*, 2006).

II. Einleitung

Die anpassungsfähigsten Mikroorganismen besitzen ein großes Reservoir an genetischen Informationen für Proteine und Stoffwechselwege, welche es ihnen ermöglichen auf die Variabilität ihrer Umwelt zu reagieren. Das Überleben von Bakterien in ihrer Umwelt setzt zum einen eine kontinuierliche Wahrnehmung der externen Bedingungen voraus und zum anderen die Fähigkeit auf plötzliche extrazelluläre Reize und cytoplasmatische Signale zu reagieren. Die Wahrnehmung dieser spezifischen Signale und deren Weiterleitung bzw. Umwandlung in die entsprechende transkriptionelle Antwort bzw. eine „Verhaltensänderung" nennt man Signal Transduktion (Fabret *et al.*, 1999). Es handelt sich dabei in der Regel um Oberflächen exponierte Signal Transduktions Systeme, üblicherweise aus einem Transmembranprotein bestehend, welches das Signal von der sensorischen Einheit in eine intrazelluläre Antwort kanalisiert. Zu diesen transmembranen Signal Systemen gehören Chemotaxis Rezeptoren, Anti-σ:σ Faktor Paare, Serin/Threonin Protein Kinasen und Histidin Protein Kinasen (Mascher *et al.*, 2006).

Die häufigste Art der Signal Transduktion findet man in Bakterien meist in Form der so genannten Zwei-Komponenten Systeme (Nixon *et al.*, 1989; Stock *et al.*, 1989; Parkinson und Kofoid, 1992; Stock *et al.*, 2000).

Die Grundlage dieser Systeme liegt in der Umwandlung eines Umweltreizes in eine chemische Einheit, vornehmlich eine Phosphoryl-Gruppe, welche zu Modifikationen der funktionellen Aktivität entsprechender Proteine führt (Fabret *et al.*, 1999). Zwei-Komponenten Systeme bestehen in der Regel aus einer membran-gebundenen Sensor-Histidin Kinase und einem Responseregulator (Hoch und Silhavy, 1995). Beide Proteine bestehen wenigstens aus 2 Domänen (Mascher *et al.*, 2006). Signal-Wahrnehmung und –Weitergabe sind Aufgaben der Sensor-Kinase des Systems. Die Sensor-Kinase besitzt eine N-terminale Input Domäne, welche den Stimulus durch Bindung oder Reaktion mit einem Signalmolekül bzw. durch Interaktion mit einem physikalischen Reiz, erkennt (Mascher *et al.*, 2006). Die Information wird durch intramolekulare Konformationsänderungen, welche in der Aktivierung der cytoplasmatischen Transmitter-Domäne resultieren, weitergegeben (Wolanin und Stock, 2003). Die Transmitter-Domäne ihrerseits aktiviert die N-terminale Empfänger-Domäne der zweiten Komponente des Systems, des Responseregulators (RR). Der Responseregulator setzt nun die Information in eine zelluläre Antwort um, vermittelt durch Protein-Protein bzw. Protein-DNA Interaktion seiner C-terminalen Effektor-Domäne (Mascher *et al.*, 2006). Der funktionelle Zustand dieser beiden Domänen wird durch 3 Phosphotransfer-Reaktionen bestimmt: (1) die Autophosphorylierung eines konservierten Histidin-Restes in der Transmitter-Domäne der Sensor-Kinase, (2) der Phosphotransfer auf einen konservierten Aspartat-Rest in der Empfänger-Domäne des Responseregulators, und (3) die Dephosphorylierung des Responseregulators, um das System in den Ausgangszustand zurückzubringen (Parkinson, 1993; Stock *et al.*, 1995). Die Phosphatase kann eine intrinsische Funktion des RR sein (Autophosphatase) oder Phosphoprotein Phosphatase Aktivität der Kinase. Darüber hinaus ist aber auch eine Vielzahl externer Phosphatasen bekannt (Perego *et al.*, 1994; Stock *et al.*, 1995; Jung und Altendorf, 1998; Perego, 1998). Einige Histidin-Kinasen (HK) zeigen eine signifikante Autophosphatase-Aktivität gegenüber der eigenen Histidin-Phosphat Gruppe. Darüber hinaus sind einige RR zum Rücktransfer von Phosphatgruppen auf die korrespondierende Kinase befähigt (Dutta und Inouye, 1996).

Mit Ausnahme einiger Spezies (z.B. *Mycoplasma*) weißen alle bisher sequenzierten bakteriellen Genome Gene für Zweikomponentensysteme auf. Typischerweise sind die Gene für HK und RR in einem Operon organisiert. In einigen Bakterien findet sich auch eine Orphan-Organisation von Zweikomponenten-Systemen wie z.B. in *Myxococcus xanthus*. Dort sind mehr als 50% der HK Orphans und durch mehrere Gene vom nächsten RR getrennt (Mascher *et al.*, 2006; Sogaard-Anderson, 2005). Generell kann man die verschiedenen HK in 3 Hauptgruppen einteilen (Abb. 4) (Mascher *et al.*, 2006). Die größte Gruppe umfasst dabei die periplasmatisch- bzw. extrazellulär-sensorischen HKs, deren extrazelluläre sensorische Domäne von wenigstens zwei Transmembran Helices eingerahmt wird (A). Die zweite Gruppe umfasst HKs deren sensorischer Mechanismus mit den Transmembran-Helices verbunden ist (B). Gemeinsamkeit dieser hoch diversen Gruppe von HKs ist das Vorhandensein von 2-20 Transmembran-Helices, welche an der Signal-Weitergabe beteiligt sind und die Abwesenheit einer extrazellulär-sensorischen Domäne. Diese Transmembran-Helices sind durch sehr kurze intra- bzw. extrazelluläre Linker miteinander verbunden. Das Fehlen der extrazellulären sensorischen Domäne legt nahe, dass diese HKs Membran assoziierte Signale wahrnehmen, wie z.B. Veränderungen der Membran an sich (Veränderungen des Turgors, mechanischer Stress) oder Signale, die durch integrale Membranproteine weitergegeben werden. Zu den Membran assoziierten Signalen gehören des Weiteren ionische bzw. elektrochemische Gradienten, Transportprozesse und das Vorhandensein von

Substanzen, die die Integrität der Zelloberfläche beeinflussen. Die meisten Quorum Sensoren fallen ebenfalls in diese Gruppe.

Die dritte und zweitgrößte Gruppe der sensorischen Kinasen, die cytoplasmatisch-sensorischen HKs beinhaltet entweder in der Membran verankerte oder lösliche Proteine (C). Diese Klasse der HKs detektiert in er Regel Veränderungen des metabolischen Status bzw. des Entwicklungsstatus der Zelle (Mascher et al., 2006).

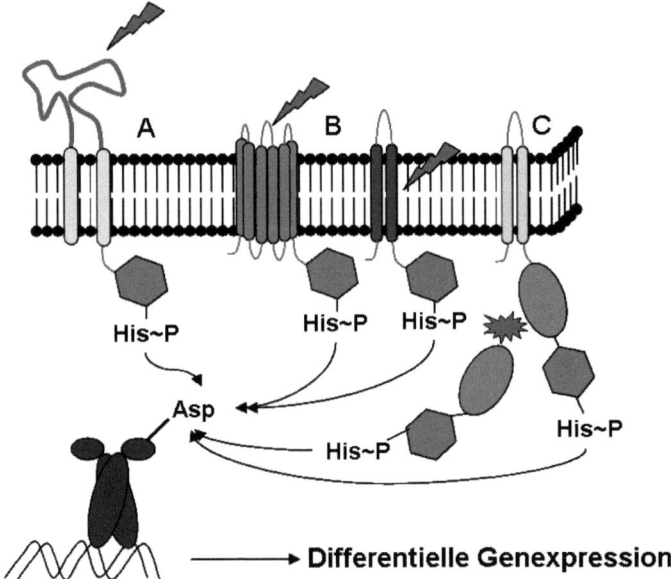

Abb. 4: Hauptgruppen von Zwei-Komponenten Systemen

Dargestellt sind die drei Grundtypen in die ZKS unterteilbar sind (A, B und C; Mascher et al., 2006).

9.1. Evolution der Zwei-Komponenten Systeme

In Bakterien mit einigen Dutzend Zwei-Komponenten Systemen, wie z.B. *E. coli* oder *B. subtilis*, liegt es nahe, dass die Mehrzahl dieser Systeme aus Gen-Duplikationen hervorgegangen ist. Die Systeme haben sich im Laufe der Evolution schließlich dahingehend verändert, dass sie die Fähigkeit erworben haben die verschiedensten Input-Signale wahrzunehmen und diese durch unterschiedliche Output Promotor Spezifitäten der RR umzusetzen (Hoch, 2000). In *B. subtilis* können z.B. Zwei-

II. Einleitung

Komponenten Familien, die aus einem einzigen Vorgänger Paar (HK und RR) entstanden sind, anhand der hohen Konservierung der Aminosäure-Sequenz in der Nähe des aktives Histidin-Restes der Kinase, des aktiven Zentrum des RR, der Struktur der Output-Domäne sowie der chromosomalen Anordnung identifiziert werden (Fabret *et al.*, 1999). So zeigt sich innerhalb einer Familie wie z.B. der OmpR-Familie mit 15 Mitgliedern, dass die verschiedenen Komponenten (Phosphotransfer-, ATP-, Output-Domäne und Regulator) hohe Sequenz-Homologien aufweisen, und dass die unterschiedlichen Spezifitäten nur durch den Austausch einzelner Aminosäuren entstanden sind. Einzige Ausnahme dieser Regel ist die Signal Input-Domäne, welche selbst innerhalb einzelner Familien in Größe und Struktur sehr heterogen ist. Obwohl viele dieser Domänen innerhalb der Membran lokalisiert sind, variiert die Anzahl ihrer Transmembran-Helices sehr stark. Selbst zwei sehr eng verwandte paraloge Kinasen zeigen nur sehr geringe Sequenz-Homologie innerhalb der periplasmatischen Abschnitte. Welcher Mechanismus führt zu dieser hohen Variabilität innerhalb der periplasmatischen Abschnitte der Input Domäne wohingegen der Rest der Kinase unverändert bleibt? Diese fehlende Konservierung erinnert an Proteine ohne strukturelle oder enzymatische Funktion. Vielleicht verhält es sich mit den periplasmatischen Domänen der Kinasen ähnlich, sie besitzen eher die Funktion die Kinase zu verankern und weniger eine spezielle Funktion (Hoch, 2000). Nur einige wenige wie z.B. jene von CitS, welche als Liganden-Rezeptor fungiert, besitzen spezielle Funktionen (Kaspar, 1999).

Einige HKs haben im Laufe der Evolution Sub-Domänen entwickelt, die eine sensorische Rolle spielen. Die gängigste dieser Sub-Domän ist die sogenannte PAS-Domäne, die Häm oder FAD bindet und als Sauerstoff- oder Redox-Sensor dient (Gong, 1998). PAS-Domänen sind relativ weit verbreitet und besitzen möglicherweise auch Aufgaben bei der Bindung für Liganden anderer Signal-Funktionen (Taylor und Zhulin, 1999). Darüber hinaus findet man in vielen HKs HAMP-, Typ P- und Duf5-Domänen, die direkt angrenzend an die Transmembran-Domäne ins Cytoplasma reichen und dort als Liganden-Rezeptoren fungieren (Hoch, 2000).

Obwohl der Mechanismus der Histidin-Kinase hochkonsviert ist, hat man eine Kinase entdeckt, in der das Histidin gegen ein Tyrosin ausgetauscht wurde (Wu *et al.*, 1999). Diese Kinase aus *Caulobacter crescentus* phosphoryliert den an der Zellzyklus-Kontrolle beteiligten RR CtrA (Goley *et al.*, 2007).

II. Einleitung

9.2. Zwei-Komponenten System in *B. subtilis*

Die Kenntnis der Genom-Sequenz erlaubte die Analyse von Anzahl und Art an Zwei-Komponenten Systemen in *B. subtilis* (Kunst *et al.*, 1997). Der Analyse lagen die Charakteristika der hochkonservierten ATP-Bindestelle sensorischer HKs, deren konserviertes Histidin-Motiv sowie die konservierte Struktur der phosphorylierten Aspartat Domäne der RRs (Parkinson *et al.*, 1992). Die Klassifizierung der HKs und RRs fand nicht auf Basis der Gesamt-Protein Homolgie statt, dazu sind z.b. die sensorischen Domänen der Kinasen zu divers, was wiederum die Vielzahl an Signalen reflektiert welche wahrgenommen werden können (Fabret, 1999). Kinasen werden anhand der hochkonservierten Region um den phosphorylierten Histidin-Rest charakterisiert. Aufgrund dessen lassen sich die Histidin-Motive in fünf homologe Klassen (I – IV) einteilen von denen zwei sehr eng verwandt sind (IIIA und IIIB). Die meisten RRs wurden aufgrund der Verwandtschaft ihrer Output-Domänen klassifiziert und mithilfe von Sequenzvergleichen mit RRs aus *E. coli* in verschiedene Familien ein- und den entsprechenden HKs zugeteilt (Fabret *et al.*, 1999).

Auf Grundlage dieser Kriterien wurden im *B. subtilis* Genom 36 HKs und 34 RRs gefunden. Sechs der identifizierten Kinasen sind Orphan-Kinasen, d.h. sie liegen nicht in direkter Nachbarschaft zu einem RR auf dem Chromosom. Fünf dieser Orphan-Kinasen KinA, KinB, KinC, KinD und KinE sind gemeinsam in einer Gruppe zusammengefasst und scheinen an der Weitergabe unterschiedlicher Signale in der Sporulation beteiligt zu sein (Jiang *et al.*, 2000). Die Kinasen, KinA und KinB, sind die wichtigsten Kinasen für den Phosphat Eintrag in das Phosphorelay welches die Sporulation initiiert (Trach und Hoch, 1993). KinA phosphoryliert den RR Spo0F welcher wiederum über die Phosphotransferase Spo0B eine Phosphatgruppe auf Spo0A überträgt. Deletiert man KinA sinkt die Sporulationsrate auf 5% ab (Jiang *et al.*, 2000). KinC wurde als Kinase identifiziert, die in der Lage ist mutierte Formen des SpoOA RR zu phosphorylieren und somit das Phosphorelay der Sporulation zu umgehen (Kobayashi *et al.*, 1995; Le Deaux und Grossman, 1995) und Spo0F und Spo0B überflüssig zu machen. Die Orphan Kinase KinD (YkvD) ist zur Phosphorylierung von Spo0F Mutanten befähigt, was eine Umgehung von KinA und KinB ermöglicht.

Einige der identifizierten ZKSs wurden bereits ausgiebig studiert, darunter die Systeme CheA-CheY (Chemotaxis) (Rosario und Ordal, 1996), PhoR-PhoP (Phosphat-Regulation) (Sun et al., 1996), ResE-ResD (Anaerobes Wachstum) (Nakano, 1996), ComP-ComA (Kompetenz) (Grossman, 1995), das salzinduzierte Systtem DegS-DegU (Prozesse der stationären Phase) (Mader et al., 2002, Steil et al., 2003) sowie LytS-LytT (evtl. Kontrolle der Autolyse) (Anantharaman und Aravind, 2003).

Da ZKSs hochkonserviert und ubiquitär innerhalb der *Bacteria* vertreten sind, sind diese Systeme besonders interessant bei der Entwicklung antimikrobieller Wirkstoffe (Barret und Hoch, 1998). Von großem Interesse ist in den letzten Jahren in diesem Zusammenhang das als essentiell identifizierte ZKSs YycG-YycF (Fabret und Hoch, 1998) gewesen.

10. Das YycFG Zwei-Komponenten System

Das YycFG Zwei-Komponenten System ist in grampositiven Mikroorganismen mit niedrigem GC-Gehalt, darunter auch einige wichtige Pathogene, hoch konserviert, weshalb es insbesondere für mögliche Anti-Infektionstherapien interessant ist (Stephenson und Hoch, 2004; Gilmore et al., 2005; Qin et al., 2006; Kitayama et al., 2007; Okada et al., 2007; Qin et al., 2007). In den meisten Spezies ist YycFG essentiell für das Wachstum (Fabret und Hoch, 1998; Martin et al., 1999; Wagner et al., 2002 Hancock und Perego, 2004). Dieser Umstand hängt vermutlich damit zusammen, dass dieses System an der Kontrolle des Peptidoglykan-Metabolismus (Howell et al., 2003; Ng et al., 2003; Dubrac und Msadek, 2004; Ng et al., 2005; Bisicchia et al., 2006; Liu et al., 2006; Ahn und Burne, 2007; Dubrac et al., 2007; Fukushima et al., 2008), der Zellteilung (Fabret und Hoch, 1998; Fukuchi et al., 2000; Howell et al., 2003; Fukushima et al., 2008), der Lipid Integrität (Martin et al., 1999; Mohedano et al., 2005; Ng et al., 2005; Bisicchia et al., 2006;), der Exopolysaccharid Biosynthese und Biofilm Bildung (Senadaheera et al., 2005; Shemesh et al., 2006; Ahn et al., 2007; Ahn et al., 2007; Dubrac et al., 2007;) sowie der Expression von Virulenz Faktoren (Kadioglu et al., 2003; Ng et al., 2005; Senadheera et al., 2005; Liu et al., 2006; Ahn et al., 2007; Dubrac et al., 2007) beteiligt ist. Besonders interessant ist dabei, dass dieses hoch konservierte System die unterschiedlichsten Gene in den

II. Einleitung

einzelnen Organismen reguliert, um die verschiedensten, wenn auch verwandten Vital-Funktionen zu koordinieren, die oben aufgeführt sind (Mohedano et al., 2005; Ng et al., 2005; Bisicchia et al., 2006; Dubrac et al., 2007). Das Signal welches vom YycFG ZKS wahrgenommen wird, ist dabei weitestgehend unbekannt. Es scheint jedoch der Fall zu sein, dass dieses System eines der wenigen ist welches sich im Austausch mit anderen Systemen befindet. So besteht z.b. eine physiologisch relevante Verbindung von YycFG mit dem im Falle der Phosphat Limitierung aktiven PhoPR ZKS aus B. subtilis (Howell et al., 2003; Howell et al., 2006).

Der Großteil der YycFG Systeme besteht aus der YycG HK und dem YycF RR, wenn gleich die Systeme in den unterschiedlichen Organismen teilweise anders benannt sind (Abb. 5-7). In den meisten Organismen wird die Nomenklatur aus B. subtilis verwendet, eine Ausnahme bilden hier einige Streptococcus Spezies in welchen das System VicRK genannt wurde. Die unterschiedliche Nomenklatur hat hier ihren Ursprung in strukturellen Unterschieden der HKs (Wagner et al., 2002; Ng et al., 2004; Szurmant et al., 2005; Szurmant et al., 2007). In B. subtilis, Staphylococcus aureus, und Enterococcus faecalis weißt die YycG Kinase eine große extrazelluläre Domäne zwischen den beiden Transmembran-Helices auf. In Streptococcus Spezies fehlt sowohl die extrazelluläre Domäne als auch der zweite Membrandurchgang, in Lactococcus lactis fehlt nur die extrazelluläre Domäne (Fabret und Hoch, 1998; Martin et al., 1999; Hancock und Perego, 2002; Wagner et al., 2002; Ng et al., 2004; Winkler und Hoch, 2008).

In den meisten bisher studierten Bakterien, kann das Gen, welches den YycF (VicR) RR kodiert nicht deletiert werden. Die Ausnahme bilden hier einige Stämme, die vermutlich Supressor-Mutationen aufweisen, die es ermöglichen das YycFG-System zu umgehen (Winkler und Hoch, 2008). Des Weiteren sind die Gene welche die Klasse der YycG HKs kodieren essentiell, wohingegen VicK in verschiedenen Streptococcus Spezies entbehrlich zu sein scheint (Echenique und Trombe, 2001; Wagner et al., 2002; Ng et al., 2003; Senadheera et al., 2005; Liu et al., 2006). Die Phosphorylierung des RR VicR scheint jedoch essentiell zu sein (Echenique und Trombe, 2001; Ng et al., 2003). Dies legt die Vermutung nahe, dass eine Verbindung bzw, funktionelle Zusammenarbeit mit anderen HKs besteht, oder dass die Phosphorylierung von VicR über kleine Phosphat-Donor Gruppen ermöglicht wird. Nichtsdestotrotz zeigen $\Delta vicK$-Stämme erhebliche Wachstumsnachteile, Einschränkungen in der Biofilm Bildung, Zell-Kettenbildung und verminderte Virulenz

(Kadioglu et al., 2003; Ng et al., 2003; Senadheera et al., 2005; Liu et al., 2006; Ahn und Burne, 2007; Ahn et al., 2007).

In *Streptococcus pneumoniae* wird die Transkription einiger Oberflächenproteine und Virulenzfaktoren von VicRK positiv reguliert (Ng et al., 2003; Mohedano et al., 2005; Ng et al., 2005). Unter diesen Gene ist nur eines essentiell, das *pcsB* Gen welches eine putative Peptidoglykan Hydrolase kodiert (Ng et al., 2003, Ng et al., 2004). Ein synthetischer, konstitutiv expremierter Promotor fusioniert mit *pcsB* hebt die Notwendigkeit der positiven Regulation durch VicRK auf und *vicR* kann deletiert werden (Ng et al., 2003). Allerdings bewirken schon die geringsten Schwankungen der Menge an PcsB Defekte in der Zellteilung und Virulenz und erhöhen die Stresssensitivität der Zellen (Ng et al., 2003; Ng et al., 2004). In der Literatur gibt es zwei weitere Beispiele in denen das YycFG (VicRK) System nicht essentiell zu sein scheint, wahrscheinlich ermöglicht durch ein oder mehrere Suppressor Mutationen (Friedman et al., 2006; Liu et al., 2006).

In allen Bakterien, die das YycFG (VicRK) ZKS besitzen, wird neben den Genen für HK und RR eine dritte Komponente synthetisiert, die in *B. subtilis* und den meisten anderen Grampositiven Spezies als YycJ und in *Streptococcus* Spezies als VicX bezeichnet wird. Darüber hinaus werden mit Ausnahme der Streptococcus Spezies die Gene *yycFG* und *yycJ* mit zwei weiteren cotranskribiert, die man als *yycH* und *yycI* bezeichnet (Wagner et al., 2002; Szurmant et al., 2005; Szurmant et al., 2006; Szurmant et al., 2007; Szurmant et al., 2008). Somit handelt es sich bei den Systemen eher um Drei- oder Vier-Komponenten Systeme (Ng et al., 2004; Szurmant et al., 2008). Die einzelnen Hilfsproteine sind allerdings unter den bisher getesteten Wachstumsbedingungen nicht essentiell. Das cytoplasmatische YycJ (VicX) Protein weißt eine vermeintliche Bindestelle für Metall-Ionen auf (Wagner et al., 2002), die Funktion ist allerdings ungeklärt. Die Proteine YycH und YycI sind membrangebunden, besitzen extrazelluläre Domänen und beeinflussen die Aktivität der YycG Kinase (Szurmant et al., 2007; Szurmant et al., 2008). Darüber hinaus scheinen die Transmembran-Helices der beiden Proteine eine wichtige Rolle bei der Kontrolle der YycG Kinase zu spielen.

Bei einer globaleren Betrachtung von ZKS Gram-positiver Bakterien zeigen sich parallelen zwischen YycFG (VicRK) und einem essentiellen ZKS in Grampositiven mit hohem GC-Gehalt, dem MtrAB System (Hoskisson und Hutchings, 2006). Dieses System findet man in den *Actinobacteria*, zu denen die industriell wichtigen

II. Einleitung

Streptomyces und die medizinisch relevanten *Mycobacteria* und *Corynebacteria* Spezies zählen. Das MtrAB System weißt ein Vielzahl von Parallelen zum YycFG (VicRK) System auf, so spielt es z.B. eine wichtige Rolle bei Zellteilung und Zellwandmetabolismus (Zahrt und Deretic, 2000; Moker *et al.*, 2004; Brocker und Bott, 2006; Cengelosi *et al.*, 2006; Hoskisson und Hutchings, 2006). Das MtrAB System reguliert ebenso wie YycFG ein unterschiedliches Gen-Repertoire in den verschiedenen Spezies, die es exprimieren. Als weitere Parallele lässt sich anführen, dass das MtrAB System immer mit einer dritten Komponente, dem LpqB Lipoprotein assoziiert ist, welches ebenso wie die Proteine YycHI die Aktivität der Kinase beeinflusst. (Hoskisson und Hutchings, 2006). Daraus lässt sich schließen, dass alle grampositiven Bakterien ein essentielles ZKS besitzen, welches sich verschiedener Hilfsproteine bedient und in seiner Funktion die Homöostasis der Oberfläche in Reaktion auf zelluläre Signale oder extrazelluläre Stress-Situationen gewährleistet.

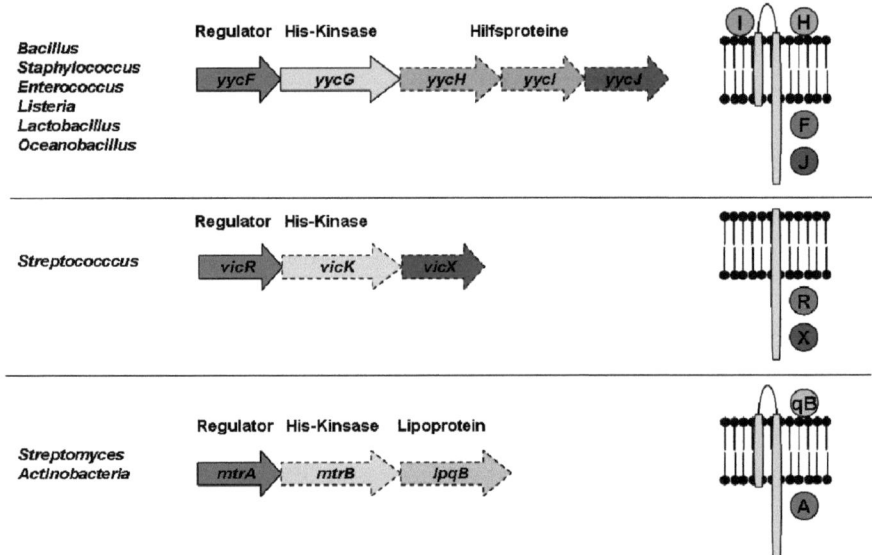

Abb. 5-7: Die Organisation des YycFG-System

Gezeigt ist die Operon Organisation der Gene der verwandten ZKS YycFG, VicRK und MtrAB und die Domänen Struktur der jeweiligen Histidin-Kinasen. Homologe Gene sind in der gleichen Farbe dargestellt, essentielle Gene mit durchgezogener Linie und nicht essentielle Gene mit gestrichelter Linie gekennzeichnet. Jeweils repräsentative Organismen sind genannt (Winkler und Hoch, 2008).

II. Einleitung

10.1. Das YycFG Regulon in *B. subtilis*

Das YycFG Regulon umfasst 11 Gene und scheint eine wichtige Rolle im Zellwandmetabolismus von *B. subtilis* zu spielen. Drei der identifizierten YycFG-abhängigen Gene, *lytE*, *yvcE* und *yocH* kodieren Autolysine. LytE und YvcE sind Mitglieder der DL-Endopeptidase Autolysin Familie II. YocH ist eine putative Amidase (Smith *et al.*, 2000). LytE und YvcE scheinen am Zellwandmetabolismus der lateralen Wand und an der Zell-Elongation beteiligt zu sein, so zeigen *yvcE* Mutanten eine verringerte Peptidoglykan Synthese-Rate bei gleich bleibender Zellwand Turnover-Rate. Deletiert man *lytE* zeigen die Zellen zwar eine normale Synthese-Rate, jedoch ist der Zellwand Turnover vermindert. Eine Doppelmutation resultiert in verminderter Zelllänge und sehr eingeschränkter lateral Wand-Synthese, des Weiteren treten vermehrt leere Zellen auf (Bisicchia *et al.*, 2006). Dies zeigt die Notwendigkeit eines Autolysins des Endopeptidase-Typs für die normale Zell Morphologie von *B. subtilis*.

Darüber hinaus unterliegt das Gen *ykvT* der Kontrolle des YycFG ZKS (Howell *et al.*, 2003, Bisicchia *et al.*, 2007). Das Protein YkvT weißt Homologie zu den Autolysinen SleB und CwlJ auf, die spezifisch an der Auskeimung während der Sporulation beteiligt sind (Smith *et al.*, 2000). Allerdings scheint das Protein nicht an der Sporulation beteiligt zu sein und wird vornehmlich während des vegetativen Wachstums exprimiert. Darüber hinaus zeigen Δ*ykvT* Mutanten keinen erkennbaren Phänotyp (Chirakkal *et al.*, 2002).

Zwei weitere YycFG-abhängige Gene sind *ydjM* und *yjeA*. YdjM ist ein sekretiertes Protein noch unbekannter Funktion, welches vornehmlich in der exponentiellen Wachstumsphase exprimiert wird. Der Phänotyp einer Δ*ydjM* Mutation lässt sich teilweise durch die Zugabe von 10 mM Mg^{2+} rückgängig machen, ein Phänomen dass man bei vielen Autolysin Mutanten findet (Caballido-Lopez *et al.*, 2006).

YjeA ist eine Peptidoglykan Deacetylase und wird von YycFG negativ reguliert (Bisicchia *et al.*, 2006). Setzt man die Aktivität von YycFG herab so zeigt sich, dass präparierte Zellwände aus diesen Zellen eine erhöhte Resistenz gegenüber Lysozym aufweisen, was vermutlich mit der Aktivität der YjeA Deacteylase zusammenhängt, betrachtet man Expressionsprofil und Lokalisation des Proteins sowie die bekannten Eigenschaften von Peptidoglykan Deacetylasen (Eymann *et al.*, 2004; Tjalsma und

II. Einleitung

van Dijl, 2005). Somit scheint YycFG indirekt in die Regulation der Autolysin-Aktivität einzugreifen, indem es die Expression von YjeA kontrolliert (Bisicchia et al., 2007). Ein weiteres Mitglied des YycFG Regulons, das *yoeB* Gen, welches durch eine Reihe von Peptidoglykan-Synthese Inhibitoren induziert wird (Salzberg und Helmann, 2007). YoeB wird vornehmlich in der stationären Phase exprimiert, konnte in der Zellwand lokalisiert werden (Salzberg und Helmann, 2007) und unterliegt einer negativen Kontrolle durch YycFG, dessen Aktivität in der stationären Phase absinkt. Deletiert man *yoeB* zeigt sich eine dramatisch gesteigerte Lyse Rate in Anwesenheit Zellwand aktiver Antibiotika. Dieser Umstand wird dadurch erklärt, dass YoeB die Aktivität einzelner Autolysine durch Protein – Protein Wechselwirkung moduliert (Salzberg und Helmann, 2007). Weiterhin wäre denkbar, dass YoeB durch Bindung an das Peptidoglykan indirekt Einfluss auf die Autolysin-Aktivität nimmt, dieser These scheint allerdings die geringe zelluläre Konzentration des YoeB Proteins (50 – 100 Moleküle/Zelle) zu widersprechen (Salzberg und Helmann, 2007).

Auch die beiden Operone *tagAB* und *tagDEF* unterliegen einer Regulation durch YycFG und kodieren die Komponenten des Teichon-Säuren Synthesewegs. Teichonsäuren scheinen eine Rolle bei der Regulation der Zellwandsynthese zu spielen (Liu *et al.*, 1998, Howell *et al.*, 2003).

Es wurde gezeigt, dass auch die Kontrolle des P1 Promotors des *ftsAZ* Gens einer positiven Kontrolle des YycFG ZKS unterliegt, so führt die Überproduktion von YycF zu einer Steigerung der Zellteilungs-Rate (Fukuchi *et al.*, 2000). Das *ftsAZ* Operon unterliegt der Kontrolle von drei Promotoren (P1 - P3), wobei die Promotoren P1 und P2 normale Zellteilung gewährleisten. Eine Deletion von P1 führt allerdings zur Zellverlängerungen (Fukuchi *et al.*, 2000).

Zusammenfassend lässt sich sagen, dass das YycFG ZKS eine wichtige Rolle im Zellwandmetabolismus von *B. subtilis* zu spielen scheint. Dass das YycFG System essentiell für das Wachstum von *B. subtilis* ist, lässt sich nicht darauf zurückführen, dass es ein essentielles Gen kontrolliert, jedes Mitglied des Regulons ist einzeln inaktivierbar. Es wird daher angenommen, dass die Unentbehrlichkeit dieses Systems polygenischer Natur ist (Bisicchia *et al.*, 2007).

II. Einleitung

10.2. Die Rolle von YycFG in *B. subtilis*

In Bakterien muss eine Vielzahl zellulärer Prozesse koordiniert werden um Wachstums- und Teilungsprozesse anzupassen und nachhaltig zu gewährleisten. Dazu müssen intrazelluläre Prozesse wie z.b. DNA-Synthese und Septum-Bildung mit extrazellulären Prozessen wie dem Abbau und der Re-Synthese von Peptidoglykan an der Teilungszone abgestimmt werden. Das YycFG ZKS scheint in diesem komplexen Prozess eine wichtige Rolle zu spielen (Fukuchi et al., 2000; Bisicchia et al., 2007). Der phosphorylierte RR YycF - PO_4 reguliert die Expression einiger autolytischer Enzyme positiv, welche unterschiedliche Bindungen im Peptidoglykan angreifen. Diese Enzyme bereiten vermutlich koordiniert mit der Bildung des Septum die Restrukturierung der Zellwand und die Zellteilung vor (Fukushime et al., 2008). Des Weiteren ist YycF – PO_4 ein Repressor für Gene deren Produkte autolytische Enzyme inhibieren (*yoeB* und *yjeA*). In schnell wachsenden Zellen ist eine hohe autolytische Aktivität notwendig um die Zellteilung zu gewährleisten, wohingegen eine Inhibition von Autolysinen bei langsamem oder stagnierendem Wachstum stattfinden muss (Bisicchia et al., 2007). Das Verhältnis von YycF – PO_4/YycF bestimmt somit die Balance zwischen Autolysin-Synthese und deren Inhibition. Das Verhältnis muss im Falle schnell wachsender Zellen hoch, im Falle langsam bzw. nicht-wachsender Zellen niedrig sein (Fukushima et al., 2008).

Die YycG Kinase scheint ein Vermittler zellulärer Signale zu sein, die den Status der bakteriellen Zelle wiedergeben. Diese Signale werden dabei möglicherweise durch die periplasmatische Domäne von YycG bzw. ihre internen PAS- und HAMP-Domänen und den Protein YycH und YycI wahrgenommen, mit denen die Kinase einen Transmembran-Komplex bildet (Szurmant et al., 2008). Die Art Signale ist bisher nicht bekannt. Die Lokalisierung von YycG in der Zelle lässt ebenfalls Schlüsse auf dessen Funktion zu. So ist die Kinase am Ort der Zellteilung, dort wo schließlich das Septum eingezogen wird lokalisiert und kann dort möglicherweise den Status von Septum-Bildung und Zellteilung interpretieren. Es wurde gezeigt, dass die Lokalisierung von YycG am Spetum sogar notwendig ist, um YycF zu phosphorylieren (Fukushima et al., 2008). Der Mechanismus, welcher der Lokalisierung von YycG zugrunde liegt, ist nicht geklärt. In diesem Zusammenhang wurde allerdings gezeigt, dass die Lokalisierung unabhängig von den beiden

II. Einleitung

Hilfsproteinen YycH und YycI ist. Möglicherweise interagiert die Kinase mit FtsZ, zumindest war es möglich YycG durch Immunoprecipitierung mit einem FtsZ-Antikörper in Zellextrakten nach Cross-linking nachzuweisen (Fukushima *et al.*, 2008). Die YycG Kinase ist somit möglicherweise ein Teil des Divisom-Komplexes (Errington *et al.*, 2003). Wenn YycG für die normale Ausbildung des Divisom-Komplexes notwendig wäre, würde dies die Unentbehrlichkeit für die Zelle erklären und die Kinase-Aktivität wäre dabei nicht der Hauptgrund (Fukushima *et al.*, 2008). Es ist allerdings möglich *yycG* zu deletieren, sofern man ein konstitutiv aktives YycF mit einer Punktmutation (D56H) überexprimiert (Fukuchi *et al.*, 2000).

Zusammenfassend lässt sich sagen, dass das YycFG ZKS die Zellteilung mit den notwendigen Umbauten der Zellwand koordiniert. In sich teilenden Zellen scheint YycG am Septum lokalisiert zu sein. Diese Aktivierung erhöht die Konzentration von YycF-PO_4 und fördert die Expression von Zellwand-remodellierenden Enzymen und Zellteilungs-Proteinen (FtsA, FtsZ, YocH, LytE, YvcE und YdjM) und unterdrückt die Expression von Proteinen welche die Re-Modellierung inhibieren (YoeB und YjeA). In Zellen, die sich nicht aktiv teilen, kann YycG nicht an das Septum binden, ist wenig aktiv und YycF liegt unphosphoryliert im Cytoplasma vor (Fukushima *et al.*, 2008).

III. Zielsetzung

Zu den wichtigsten abiotischen Faktoren, die das Wachstum von Bakterien bestimmen gehören Osmolarität und Temperatur der Umgebung. Im natürlichen Habitat des Gram-positiven Bodenbakteriums *B. subtilis* sind diese beiden Faktoren durch Umwelteinflüsse wie Tag- und Nachtwechsel, Wetteränderungen und jahreszeitliche Unterschiede ständigen Schwankungen unterworfen. Um Wachstum, oder zumindest ein Überleben der Zelle unter diesen widrigen Umständen zu gewährleisten muss das Bakterium auf diese Veränderungen möglichst zeitnah mit einer genetisch und physiologisch hoch integrierten Anpassungsreaktion antworten. In diesem Zusammenhang konnte durch DNA-Array Analysen gezeigt werden, dass die Transkription einer Vielzahl von Genen in *B. subtilis*, die im Zusammenhang mit dem Zellwandmetabolismus stehen durch hyperosmotische Bedingungen oder niedrige Wachstumstemperatur (15°C) beeinflusst werden (Steil *et al.*, 2003; Budde *et al.*, 2006). Dies deutet darauf hin, dass die Zellwand von *B. subtilis* als Reaktion auf diese beiden Stressfaktoren weit reichenden Modifikationen unterworfen wird, um die Zelle an die neuen Umwelt-Bedingungen anzupassen. Derartige Modifikationen des Peptidoglykans als Antwort auf erhöhte Osmolarität und niedrige Temperatur konnten zuvor bereits für andere Spezies gezeigt werden (Vijaranakul *et al*, 1995, Lopez *et al.*, 1998, Lopez *et al.*, 2000, Piuri *et al.*, 2005, Palomino *et al.*, 2008).

Im Rahmen der Analyse der oben erwähnten DNA Transkriptions-Profilierungsstudien, fiel das Augenmerk auf das *yocH* Gen. Die Transkription von *yocH* ist sowohl durch hohe Osmolarität, sowie durch eine niedrige Wachstumstemperatur deutlich induziert. Aus vorangegangenen Arbeiten war zudem bekannt, dass die Expression von *yocH* unter der Kontrolle des einzigen essentiellen Zwei-Komponenten Regulations-Systems von *B. subtilis* steht (Howell *et al.*, 2003; Dubrac *et al.*, 2008). Das YocH Protein ist als eine Zellwandhydrolase in Datenbanken annotiert, aber seine Funktion wurde bisher noch nicht durch biochemische Untersuchungen verifiziert.

Das Ziel der vorliegenden Arbeit war die genetische, funktionelle und physiologische Charakterisierung des *yocH* Gens und des von diesem Gen kodierten Proteins. Im Rahmen der vorliegenden Dissertation, sollten zunächst transkriptionelle Analysen des *yocH* Promotors Aufschluss über die Regulation des *yocH* Gens unter

III. Zielsetzung

hypersomotischen Bedingungen und bei adaptivem Wachstum bei 15°C geben. In diesem Zusammenhang sollten die Determinanten der osmotischen- und kälteinduzierten Transkription des *yocH* Gens identifiziert und insbesondere die Rolle des essentiellen Zwei-Komponenten Systems YycFG geklärt werden. Dieses System spielt eine wichtige Rolle bei der Koordination von Zellwand-Synthese und Zellteilung in *B. subtilis* und taxonomisch eng verwandten Spezies (Dubrac *et al.*, 2008). Darüber hinaus sollte das YocH Protein heterolog überexpremiert, gereinigt und biochemisch charakterisiert werden, um eine funktionelle Analyse dieses Proteins zu ermöglichen und die vermutete Peptidoglykan Hydrolase-Aktivität des YocH Proteins nachzuweisen. In diesem Zusammenhang sollte mithilfe einer YocH-GFP Protein-Fusion der Nachweis der Zellwand-Bindung des YocH Proteins erbracht werden. Von besonderem Interesse waren auch Studien zur Rolle des YocH Proteins für die Physiologie der *B. subtilis* Zelle. Hierbei sollten die Auswirkungen einer genomischen *yocH* Deletion auf das Wachstum, die Zellwand sowie die Morphologie der *B. subtilis* Zelle unter hyperosmotischen Bedingungen und bei niedriger Temperatur studiert werden.

Die in dieser Arbeit vorgelegten Daten zeigen, dass YocH in der Tat eine Zellwand - assoziierte Murein-Hydrolase ist, der nun eine wesentliche Rolle in der Anpassungsreaktion von *B. subtilis* an hyperosmotische Bedingungen oder niedrige Wachstumstemperatur (15°C) zugewiesen werden kann.

IV. Material und Methoden

1. Chemikalien und Materialien

Soweit nicht näher bezeichnet, wurden Chemikalien der Firmen Roche Molecular Biochemicals (Mannheim), Fluka (Neu-Ulm), Merck (Darmstadt), Roth (Karlsruhe), Serva (Heidelberg), Sigma (Deisenhofen), QIAGEN (Hilden) und Riedel-de-Haën (Seelze) verwendet. Verwendete Vollmedien wurden von bezogen, Restriktionsenzyme, wenn nicht näher erläutert, wurden von GE Healthcare (Freiburg) oder MBI Fermentas (Heidelberg).

2. Bakterienstämme, Plasmide und Oligonukleotide

Die in dieser Arbeit verwendeten Bakterienstämme sind in Tabelle 1 und 2, die Plasmide in Tabelle 3 und die Oligonukleotide in Tabelle 4 aufgeführt. Die Bezeichnungen der Genotypen entsprechen der von Bachmann (1972) vorgeschlagenen Nomenklatur.

2.1. Bakterienstämme

Tab. 2: *B. subtilis* Stämme
Aufgeführt und bezeichnet sind die in dieser Arbeit verwendeten *B. subtilis* Stämme. Es handelt sich hierbei um Derivate der *B. subtilis* Wildtyp Stämme 168 und JH642

Stamm		Referenz
168	*trpC2*	Kunst *et al.*, 1997
FSB1	Jh642 Δ(*yocH::neo*)1	Spiegelhalter und Bremer 1998
AH023	168 Δ(*yocH::neo*)1	Bisicchia *et al.*, 2007
SWV119	JH642 Δ(*abrB::tet*)1	Strauch *et al.*, 2007
TMSB1	168 (*treA::neo*)1 *amyE*::[Φ(*yocH$_{479}$'-treA*)1 *cat*]	diese Arbeit
TMSB2	168 *amyE*::[Φ(*yocH-gfp*)1 *cat*]	diese Arbeit
TMSB3	168 Δ(*treA::neo*)1	diese Arbeit

TMSB4	168 (treA::neo)1 amyE::(´treA cat)1	diese Arbeit
TMSB5	168 (treA::neo)1 amyE::[Φ(yycFG'-treA)1 cat]	diese Arbeit
TMSB6	168 (treA::neo)1 amyE::[Φ(yocH$_{379}$'-treA)1 cat]	diese Arbeit
TMSB7	168 (treA::neo)1 amyE::[Φ(yocH$_{312}$'-treA)1 cat]	diese Arbeit
TMSB8	168 (treA::neo)1 amyE::[Φ(yocH$_{254}$'-treA)1 cat]	diese Arbeit
TMSB9	168 (treA::neo)1 amyE::[Φ(yocH$_{179}$'-treA)1 cat]	diese Arbeit
TMSB10	168 (treA::neo)1 amyE::[Φ(yocH$_{401}$'-treA)1 cat]	diese Arbeit
TMSB11	168 (treA::neo)1 amyE::[Φ(yocH$_{296}$'-treA)1 cat]	diese Arbeit
TMSB12	168 (treA::neo)1 amyE::[Φ(yocH$_{234}$'-treA)1 cat]	diese Arbeit
TMSB13	168 (treA::neo)1 amyE::[Φ(yocH$_{176}$'-treA)1 cat]	diese Arbeit
TMSB14	168 (treA::neo)1 amyE::[Φ(yocH$_{101}$'-treA)1 cat]	diese Arbeit
TMSB15	168 Δ(abrB::tet) (treA::neo)1 amyE::[Φ(yocH$_{479}$'-treA)1 cat]	diese Arbeit
TMSB16	168 Δ(abrB::tet) (treA::neo)1 amyE::[Φ(yocH$_{312}$'-treA)1 cat]	diese Arbeit
TMSB17	168 Δ(abrB::tet) (treA::neo) amyE::[Φ(yocH$_{254}$'-treA)1 cat]	diese Arbeit
TMSB18	168 Δ(abrB::tet) (treA::neo) amyE::[Φ(yocH$_{179}$'-treA)1 cat]	diese Arbeit
TMSB19	168 Δ(abrB::tet) (treA::neo)1 amyE::[Φ(yocH$_{401}$'-treA)1 cat]	diese Arbeit
TMSB20	168 Δ(abrB::tet) (treA::neo)1 amyE::[Φ(yocH$_{296}$'-treA)1 cat]	diese Arbeit
TMSB21	168 Δ(abrB::tet) (treA::neo)1 amyE::[Φ(yocH$_{234}$'-treA)1 cat]	diese Arbeit
TMSB22	168 Δ(abrB::tet) (treA::neo)1 amyE::[Φ(yocH$_{176}$'-treA)1 cat]	diese Arbeit
TMSB23	168 Δ(abrB::tet) (treA::neo)1 amyE::[Φ(yocH$_{312}$'-treA)1 cat]	diese Arbeit
TMSB24	168 Δ(abrB::tet) (treA::neo)1 amyE::[Φ(yocH$_{101}$'-treA)1 cat]	diese Arbeit
TMSB1A1	168 (treA::neo)1 amyE::[Φ(yocH$_{479}$'-treA)2 cat]	diese Arbeit

TMSB1B1	168 (treA::neo)1 amyE::[Φ(yocH$_{479}$'-treA)3 cat]	diese Arbeit
TMSB25	168 Δ(yocH::neo)1 amyE::[Φ(yocH-gfp)1 cat]	diese Arbeit
TMSB26	168 (amyE::[Φ('gfp)1 cat]	diese Arbeit
TMSB27	168 Δ(treA::neo)Δ(abrB::tet) amyE::('treA cat)1	diese Arbeit

Tab. 3: *E. coli* Stämme
Aufgeführt und bezeichnet sind die in dieser Arbeit verwendeten *E. coli* Stämme

Stamm	Beschreibung	Referenz
DH5α	F$^-$ λ$^-$ E44 Δ(argF–lac) U169 φ80dlacΔ(lacZ)M15 hsdR17 recA1 endA1 gyr96 thi-1 relA1	Hanahan, 1983
BL21	F$^-$ gal met r$^-$m$^-$ hsdS(λD3)	Stratagene, Amsterdam

2.2. Plasmide

Tab. 4 Plasmide
Aufgeführt sind die in dieser Arbeit verwendeten Plasmide.

Plasmid	Beschreibung	Referenz
pJMB1	low copy Vektor; Cml^R (*B. subtilis*), Amp^R (*E. coli*); treA´; amyE front und back – Bereiche zum Einbringen von *treA*- Fusionen mit gewünschten Promotorfragmenten ins Genom von *B. subtilis* durch doppelt homologe Rekombination	Jebbar, unveröffentlicht
pRB373	*E.coli*- *B.subtilis*-Shuttle-Vektor Amp^R Cm^R	Brückner, 1992
pFBS78	pJMB1-Derivat gfp´; amyE front und back – Bereiche zum Einbringen von *gfp*- Fusionen mit gewünschten Promotorfragmenten ins Genom von *B. subtilis* durch doppelt homologe Rekombination	Spiegelhalter, unveröffentlicht
pTMS2	Derivat von pJMB1 trägt 479 bp großes Fragment aus *yocH*-Promotorregion fusioniert an promotorloses *treA*	diese Arbeit

IV. Material und Methoden

pTMS4	Derivat von pFSB78 enthält 1171 bp großes Fragment der *yocH*-Region fusioniert an promotorloses *gfp*	diese Arbeit
pTMS5	Derivat von pJMB1 trägt 399 bp großes Fragment aus *yycFG*-Promotorregion fusioniert an promotorloses *treA*	diese Arbeit
pTMS6	Derivat von pJMB1 trägt 374 bp großes Fragment aus *yocH*-Promotorregion fusioniert an promotorloses *treA*	diese Arbeit
pTMS7	Derivat von pJMB1 trägt 312 bp großes Fragment aus *yocH*-Promotorregion fusioniert an promotorloses *treA*	diese Arbeit
pTMS8	Derivat von pJMB1 trägt 254 bp großes Fragment aus *yocH*-Promotorregion fusioniert an promotorloses *treA*	diese Arbeit
pTMS9	Derivat von pJMB1 trägt 179 bp großes Fragment aus *yocH*-Promotorregion fusioniert an promotorloses *treA*	diese Arbeit
pTMS10	Derivat von pJMB1 trägt 401 bp großes Fragment aus *yocH*-Promotorregion fusioniert an promotorloses *treA*	diese Arbeit
pTMS11	Derivat von pJMB1 trägt 296 bp großes Fragment aus *yocH*-Promotorregion fusioniert an promotorloses *treA*	diese Arbeit
pTMS12	Derivat von pJMB1 trägt 234 bp großes Fragment aus *yocH*-Promotorregion fusioniert an promotorloses *treA*	diese Arbeit
pTMS13	Derivat von pJMB1 trägt 176 bp großes Fragment aus *yocH*-Promotorregion fusioniert an promotorloses *treA*	diese Arbeit
pTMS14	Derivat von pJMB1 trägt 101 bp großes Fragment aus *yocH*-Promotorregion fusioniert an promotorloses *treA*	diese Arbeit
pTMS15	Derivat von pASK-IBA3 trägt 789 bp großes Fragment des *yocH* Leserahmens. Es handelt sich hierbei um ein Expressionsplasmid.	diese Arbeit

2.3. Oligonukleotide

Tab. 5: Oligonukleotide
Aufgeführt sind die in dieser Arbeit verwendeten Oligonukleotide

Bezeichnung	Sequenz 5'-3'
yocH-treA Smal for	<u>GCGCCCGGG</u>GAAATGTCAGGAAAACAGCCCG
yocHtreASmalfor2	<u>GCGCCCGGG</u>CAGGCTTATGCAAAGATGCAAGAC
yocHtreASmalfor3	<u>GCGCCCGGG</u>CACATTTTATTTTCTCTGTTTCGCCTC
yocHtreASmalfor4	<u>GCGCCCGGG</u>CAAGGGTTCAGCAAGTCTTTCCATC
yocHtreASmalfor5	<u>GCGCCCGGG</u>GTTATTGATTTGACATTTACGTGTGTTACG
yocH-treA BamHI rev	<u>GCGGGATCC</u>CACCCTTTTGCACCGTAATTTC
yocHtreABamHIrev2	<u>GCGGGATCC</u>AGGACATAATCGTCTTCTTCATAAG
yycFG-treA Smal for	<u>GCGCCCGGG</u>GGGAGAACCGGCCCTGCGGCCGG
yycFG-treA BamHI rev	<u>GCGGGATCC</u>CGTGGGCACAGTGCACTTCATAGCC
PrimerEx1	CCCCAGAGCGTATCACCCTTTTGCACC
yocH-StrepForNeu	ATGGTAGGTCTCAAATGTCTGCAAAAGAAATTACGGTGCAAA
yocH Strep-tag rev	TTAATTGGTCTCTGCGCTGTTTAAGACTTTAACACTTACAGTTTTGACGCCCCAATTAGA
yocH-for-Bio[b]	GAAATGTCAGGAAAACAGCCCG
TreAfwd2	AGCACATCCCCCTGTAGCG
pJMB1rev2	AAAAAAGGTCTCAAGTGACTAAAGTAAACATTG
pASK-IBA forward	GTGAAATGAATAGTTCGAC
pASK_IBA reverse	CGCAGTAGCGGTAAACGGC

[a] Oligonukleotide, die am 5'-Ende durch Anhängen einer Erkennungssequenz für ein Restriktionsenzym modifiziert sind. Die jeweilige Erkennungssequenz ist durch Unterstreichen gekennzeichnet.
[b] Oligonukleotid, das am 5'-Ende biotinyliert ist.

3. Kulturmedien, Zusätze und Wachstumsbedingungen

3.1. Kulturmedien

3.1.1. Vollmedium

Als Vollmedium wurde standardmäßig Luria - Bertani (LB; Tabelle 5.1.) (Sambrook *et al*, 1989; Miller, 1992) verwendet. Zur Herstellung fester Medien wurde diesem 15 g/l Agar zugesetzt. Die eingewogenen Substanzen wurden mit destilliertem Wasser auf das entsprechende Volumen aufgefüllt und anschließend autoklaviert, nicht hitzebeständige Substanzen wurden nach Abkühlen auf 50 °C steril zugegeben.

3.1.2. Minimalmedien

Für *B. subtilis* wurde als Minimalmedium Spizizen´s Minimalmedium (SMM; Tabelle 5.2.) (Spizizen, 1958; Harwood and Cutting, 1990) verwendet. Diesem wurde aufgrund der Tryptophan-Auxotrophie des verwendeten *B. subtilis*-Stammes 168 (*trpC2*) und seiner Derivate 5 ml/l einer Tryptophan-Lösung (4mg/ml) sowie 25 ml/l einer Glucose-Lösung (20%; w/v) als Kohlenstoffquelle zugesetzt. Des Weiteren wurden 10 ml/l einer Spurenelement-Lösung (Harwood und Cutting, 1990) zugegeben. Zur Herstellung von Festmedien wurden 15 g/l Agar zugegeben. Zur Produktion rekombinanter Proteine in *E. coli* wurde Minimalmedium A (MMA; Tabelle 5.3.) (Miller, 1992) verwendet.

Tab. 6.1.:Vollmedium

Luria-Bertani Medium (LB)	
Trypton	10 g/l
Hefeextrakt	5 g/l
NaCl	10 g/l
H_2O	ad. 1 l

IV. Material und Methoden

Tab. 6.2.: Minimalmedium

Spizizen´s Minimalmedium (SMM)	
$(NH_4)_2SO_4$	2,0 g/l
KH2PO4	14,0 g/l
K_2HPO_4 x $3H_2O$	6,0 g/l
Natriumcitrat x $2H_2O$	1,0 g/l
$MgSO_4$ x $6H_2O$	0,2 g/l

Tab. 6.3.: Minimalmedium

Minimalmedium A (MMA)	
$(NH_4)_2SO_4$	1,0 g/l
KH_2PO_4	4,5 g/l
$(NH_4)_2SO_4$	1,0 g/l
Natriumcitrat x $2H_2O$	0,5 g/l

3.2. Zusätze, Spurenelemente und Antibiotika

Bei Bedarf wurden den jeweiligen Medien nach Abkühlung auf 50°C verschiedene Zusätze (Tabelle 6.1.), Spurenelemente (Tabelle 6.2.) und Antibiotika (Tabelle 6.3.) in entsprechenden Konzentrationen beigefügt. Die einzelnen Zusätze wurden sterilfiltriert.

Tab. 7.1.: Medienzusätze

Zusatz	Stammlösung	Endkonzentration
Glucose	20 %	0,5 % (SMM); 0,4% (MMA)
Tryptophan	4 mg/ml	0,02 mg/l (SMM)
Glycinbetain	1 M	1 mM (SMM)
Spurenelmente	100 x	1 x (SMM)
Casaminosäuren	20 %	0,4% (MMA)
Thiamin	1 mg/ml	1 mg/l (MMA)
$MgSO_4$	1 M	1 mM (MMA)

IV. Material und Methoden

Tab. 7.2.: Medienzusätze

Spurenelemente-Lösung (100x) für SMM	
$CaCl_2$	0,55 g/l
$FeCl_3 \times 6H_2O$	1,35 g/l
$MnCl_2 \times 4H_2O$	0,10 g/l
$ZnCl_2$	0,17 g/l
$CuCl_2 \times 2H_2O$	0,05 g/l
$CoCl_2 \times 6\,H_2O$	0,06 g/l
$Na_2MoO_4 \times 2H_2O$	0,06 g/l

Tab. 7.3.: Antibiotika

Substanz	Stammlösung	Endkonzentration E. coli	Endkonzentration B. subtilis	Lösungsmittel
Ampicillin	100 mg/ml	100 µg/ml	-	Wasser
Chloramphenicol	30 mg/ml	-	5 µg/ml	96% Ethanol
Kanamycin	50 mg/ml	-	5 µg/ml	Wasser
Tetracyclin	5 mg/ml	-	15 µg/ml	96% Ethanol

3.4. Wachstumsbedingungen und allgemein mikrobiologische Techniken

3.4.1. Wachstumsbedingungen

Kulturen wurden in der Regel bei 37°C, 15°C oder bei 14°C gezogen. Kleine Volumina bis 10 ml wurden in Reagenzgläsern auf Rollern, größere Volumina ab 20 ml in Erlenmeyerkolben im Wasserbad bzw. im Luftschüttler bei 220 rpm inkubiert.
Die Inkubation bei 15°C erfolgte ausschließlich in kühlbaren Wasserbädern. Beachtet wurde, dass das Kulturvolumen 1/5 des Fassungsvermögens des entsprechenden Erlenmeyer-Kolbens nicht überschritt. Sämtliche Kulturen wurden auf eine OD_{578} von 0,1 beimpft. Beachtet wurde dabei, dass die verwandte Vorkultur eine OD_{578} von 0,5 nicht überschritt. Erfolgte das Wachstum bei 15°C wurde der üblichen Vorkultur eine

weitere angeschlossen, die bei 37°C bis zu einer OD_{578} von 0,5 inkubiert wurde, mit dieser wurde die Hauptkultur beimpft.

Festmedien wurden zunächst 1-2 Minuten bei 42°C im Wärmeschrank vorgewärmt bzw. getrocknet und schließlich mit einer ausgeglühten Impföse bzw. einer sterilen Pipette beimpft. Die beimpften Platten wurden anschließend über Nacht bei 37°C im Brutschrank inkubiert.

3.4.2. Bestimmung der Zelldichte

Die Zelldichte wurde mit einem Spektralphotometer (Ultraspec®2000, Pharmacia, Freiburg) bei einer Wellenlänge von 578 nm als optische Dichte bestimmt. Zellsuspensionen ab einer OD_{578} von 0,4 wurden mit dem entsprechenden, sterilen Wachstumsmedium verdünnt. Eine auf diese Weise ermittelte OD_{578} von 1 entspricht einer Gesamtzellzahl von ungefähr $1 \cdot 10^9$ Zellen/ml (Sambrook *et al.*, 1989).

3.4.3. Sterilisation

Medien und hitzestabile Lösungen wurden bei 121°C und 1 bar Überdruck für 30 min autoklaviert. Hitzeempfindliche Substanzen hingegen wurden sterilfiltriert (Sterilfilter mit 0,2 µm Porengröße, Roth). Die Sterilisation von Glaswaren erfolgte bei 180°C für mindestens 3 h.

4. Molekularbiologische und genetische Methoden

4.1. Präparation, Reinigung und Konzentrationsbestimmung von Nukleinsäuren

Im Folgenden ist die Präparation, Reinigung und weitere Behandlung von Nukleinsäuren von Nukleinsäuren beschrieben.

4.1.1. Präparation chromosomaler DNA aus *B.subtilis*

Genomische DNA aus *B. subtilis* wurde nach Anleitung des Herstellers zur Präparation genomischer DNA gewonnen und erfolgte unter Verwendung von tip-20 QIAGEN-Säulen (QIAGEN, Düsseldorf), wie vom Hersteller beschrieben. Hierzu wurden 10 ml eine über Nacht Flüssigkultur herangezogen.

4.1.2. Präparation von Plasmid-DNA aus *E.coli*

Zur Präparation von Plasmid DNA aus *E. coli* wurde ein entsprechendes Volumen LB-Medium beimpft und über Nacht bei 37 °C und 220 rpm inkubiert. Die Präparation erfolgte nach Vorschrift der Firma QIAGEN für Plasmidmini- bzw. Midipärparationen aus *E. coli*.

4.1.3. Reinigung von DNA

Die Reinigung von DNA erfolgte nach Protokollen der Firmen QIAGEN bzw. Promega. So wurden Plasmide deren Größe 3 kb überschritt über Säulchen der Firma Promega gereinigt. Fragmente mit geringerer Größe wurden nach Vorschrift der Firma Qiagen zu Reinigung von Nukleinsäuren behandelt. Zur Reinigung über Promegasäulchen wurde der zu reinigenden DNA 1 ml Resinlösung zugesetzt. Zur Herstellung von 100 ml Resinlösung wurden 66,84 g Guanidinhydrochlorid in 33,3 ml Merlin III- Puffer (122,7 g/l Kaliumacetat; 71,4 ml/l Essigsäure) gelöst und auf 100 ml aufgefüllt, wobei der pH-Wert mittels 10 M NaOH auf 5,5 eingestellt wurde. Die so erhaltene Lösung wurde zunächst von Schwebstoffen durch Filtration befreit und anschließend mit 2 g Diatomeenerde (Celite) versetzt. Das Resin-DNA-Gemisch wurde für 15 min unter gelegentlichem Invertieren inkubiert, wodurch der Nukleinsäure die Adsorption an die Diatomenerde ermöglich wurde. Über die entsprechenden Filtersäulchen (Promega) wurde die Diatomenerde abgetrennt. Nach Waschen mit 4 ml Isopropanol (80%; v/v) und anschließender Zentrifugation zum Entfernen der Isopropanolreste wurden 40 µl steriles, destilliertes Wasser auf die Säule gegeben und es erfolgte eine Inkubation für 30 min bei 37 °C, zur Elution der DNA. Um das gesamte Eluat zu gewinnen, wurde für 1 min bei 14000 rpm zentrifugiert. Das erhaltene Eluat mit der zu reinigenden DNA wurde bis zur weiteren Verwendung bei -20°C aufbewahrt. Die Reinigung von DNA-Fragmenten aus Agarosegelen erfolgte ausschließlich nach entsprechender Vorschrift der Firma Qiagen (Abschnitt 4.3.2.).

4.1.4. Bestimmung der Konzentration von Nukleinsäuren

Die Bestimmung von Konzentration und Reinheit von DNA sowie RNA erfolgte mithilfe eines UV/VIS-Spektralphotometers (NanoDrop® ND-1000, PEQLAB Biotechnologie GmbH, Erlangen) bei einer Wellenlänge von 260 nm für DNA und 320 nm für RNA in Form der Extinktion E_{260} bzw. E_{320}. Zu beachten ist dabei der Quotient aus E_{260} und E_{280} (E_{260}/E_{280}), der Rückschlüsse auf die Reinheit der Nukleinsäure zulässt. So handelt es sich bei einem Faktor (E_{260}/E_{280}) von ca. 2 um saubere Nukleinsäuren. Die Bestimmung erfolgte nach Vorschrift des Herstellers unter Verwendung der entsprechenden Software.

4.2. Klonierungstechniken

4.2.1. DNA-Restriktion

Die Restriktion von Plasmid- bzw. linearer DNA erfolgte in Gesamtvolumina von 20-80 µl. Die Auswahl des Puffers, der Menge an Enzymeinheiten, der Reaktionstemperatur und –zeit erfolgte nach Angaben bzw. Empfehlungen des Herstellers (MBI Fermentas, St. Leon-Rot; GE Healthcare, München) befolgt. Die Kontrolle der Restriktion erfolgte anschließend über Auftrennung der Fragmente mittels Agarosegelelektrophorese.

4.2.2. Agarosegelelektrophorese

Die Auftrennung von DNA-Fragmenten erfolgte unter Verwendung von 1 %igen Agarosegelen für 1-2 h bei 100-130 V in TAE-Puffer (Sambrook *et al.*, 1989). Als Größenstandard diente *BstE*II geschnittene λ-Phagen DNA (MBI Fermentas, St. Leon-Rot). Gefärbt wurden die Gele in einer Ethidumbromidlösung (1 µg/ml) für ca.

20 min und anschließend unter UV-Durchlicht mit einer Wellenlänge von 302 nm mit Hilfe eines Videosystems (Intas, Göttingen) dokumentiert.

4.2.3. Isolierung von DNA-Fragmenten aus Agarosegelen

Zur Isolierung von DNA-Fragmenten wurden diese in einem 1 %igen Agarosegel aus low-melting Agarose (peQGold, PEQLAB Biotechnologie GmbH, Erlangen) aufgetrennt. Das Gel wurde anschließend in Ethidiumbromidlösung gefärbt und die entsprechende Bande wurde schließlich unter UV-Licht ausgeschnitten. Das so erhaltene Gelstück wurde schließlich zur Aufreinigung der Fragmente nach Vorschrift der Firma QIGAEN weiterverarbeitet. Der Aufreinigung schloss sich ein weiteres Agarosegel zur Kontrolle an.

4.2.4. Ligation

Ligationen erfolgten mit etwa 100 ng Vektor-DNA und einem drei- bis fünffachen Überschuss des zu inserierenden DNA-Fragments, wobei Vektor- und Insert-DNA zuvor mit den entsprechenden Restriktionsendonukleasen geschnitten und anschließend gereinigt worden waren. Ligationen erfolgten in einem Gesamt-Reaktionsvolumen von 10 µl nach Vorschrift der Firma Roche. Die Inkubation erfolgte über Nacht bei 16°C im Wasserbad.

4.3. Transformation

4.3.1. Transformation von *E. coli*

Für die Transformation elektrokompetenter *E. coli*-Zellen, die gemäß Ausubel *et al.* Hergestellt wurden (Ausubel *et al.*, 1994), wurden 0,5 µl der Plasmid-DNA bzw. 3 µl eines Ligationsansatzes verwendet. Beides wurde zuvor für mindestens 20 min dialysiert, um störende Salze zu entfernen. 40 µl elektrokompetente Zellen wurden auf Eis aufgetaut, mit der entsprechenden DNA vermischt und in eine gekühlten Elektroporationsküvette mit 1 mm Spaltbreite (Peqlab, Erlangen) überführt. Danach erfolgte umgehend die Elektroporation mithilfe eines Gene Pulser Xcell (Bio-Rad,

München) mit einem Puls von 1,8 kV, 200 Ω und 25 µF. Der Ansatz wurde umgehend mit 1 ml 37°C warmem LB-Medium gemischt, für 1 h bei 37°C schüttelnd inkubiert und auf Selektivagarplatten ausplattiert und über Nacht bei 37°C inkubiert. Zur Kontrolle der erhaltenen Transformanden wurde die Plasmid-DNA isoliert und per Restriktionsanalyse (4.2.1.) und/oder Sequenzierung (4.4.2.) überprüft.

4.3.2. Transformation von B. subtilis

Im Gegensatz zu E. coli wird B. subtilis beim Übergang vom exponentiellen Wachstum zur stationären Phase auf natürliche Weise kompetent (Dubnau, 1991). Die doppelsträngige DNA wird an die Zellmembran gebunden und nach Degradierung durch membrangebundene Nukleasen als Einzelstrang in die Zelle aufgenommen. Dies wird bei der Herstellung von kompetenten B. subtilis Zellen ausgenutzt. Gemäß der Zweistufenmethode (Klein et al., 1992) wurde der zu transformierende B. subtilis Stamm auf einer LB-Platte ausgestrichen und über Nacht bei 37 °C inkubiert. Mit einer Kolonie von dieser Platte wurde eine 2 ml Vorkultur in HS-Medium (Tab. 8.2.) inokuliert und über Nacht bei 37°C im Roller inkubiert. 20 ml vorgewärmtes LS-Medium (Tab. 8.3.) wurde mit 1 ml dieser Übernachtkultur angeimpft und für 3 h bis zu einer OD_{578} von 0,5 inkubiert (100 Upm, 30 °C). Dann wurde 1 ml dieser Kultur in ein steriles 2 ml Reaktionsgefäß überführt, welches die zu transformierende DNA enthielt, und leicht schüttelnd inkubiert (2 h, 37 °C). Während dieser Zeit waren die Zellen in der Lage, die Fremd-DNA aufzunehmen. Der Transformationsansatz wurde auf LB-Agarplatten mit entsprechendem Antibiotikazusatz ausplattiert und über Nacht bei 37 °C inkubiert (Harwood und Cutting, 1990). Zu beachten ist, dass die DNA-Lösung sterilfiltriert werden muss, sofern man chromosomale DNA eines *Bacillus*-Stammes zur Transformation verwendet. Dies ist notwendig, um mögliche Sporen zu eliminieren, die während der DNA Präparation nicht aufgeschlossen werden konnten. Die einzelnen Medien sind in Tabelle 7.1. bis 7.3 aufgeführt.

Tab. 8.1.: 10x S-Base

10x S-Base	
$(NH_4)_2SO_4$	20 g
$K_2HPO_4 \times 3H_2O$	140 g
KH_2PO_4	60 g
Natriumcitrat x $3H_2O$	10 g
H_2O	ad. 1 L

Die Lösung wurde autoklaviert.

Tab. 8.2.: HS-Medium

HS-Medium	
10x S-Base	100 ml/l
Glucose, 20% (w/v)	25 ml/l
Hefeextrakt, 10% (w/v)	10 m/l
Casaminosäuren, 2% (w/v)	10 ml/l
Arginin, 8%; Histidin 0,4% (w/v)	100 ml/l
Tryptophan, 4 mg/ml	10 ml/l

Das Medium sowie die Einzelkomponenten wurden sterilfiltriert.

Tab. 8.3.: LS-Medium

LS-Medium	
10x S-Base	10 ml/l
Glucose, 20% (w/v)	25 m/l
Hefeextrakt, 10% (w/v)	10 m/l
Casaminosäuren, 2% (w/v)	5 ml/l
$MgCl_2$, 1M	2,5 ml/l
Tryptophan, 4 mg/ml	1 ml/l

Das Medium sowie die Einzelkomponenten wurden sterilfiltriert.

4.4. Polymerase-Kettenreaktion und Bestimmung der Nukleotidsequenz

4.4.1. Polymerase-Kettenreaktion (PCR)

Zur Amplifikation von DNA-Fragmenten wurde die PCR (Polymerase Chain Reaction)-Technik nach Standardprotokollen (White, 1993) in einem T3 Thermocycler (Biometra, Göttingen) durchgeführt. Dazu wurde zum einen die Taq-Polymerase (Eppendorf, Hamburg) als auch die DyNAzyme-Ext Polymerase (Finnzyme) nach Herstellerangaben eingesetzt. Die verwendeten Oligonukleotide sind in Tab. 3 aufgeführt.

4.4.2. Bestimmung der Nukleotidsequenz

DNA-Sequenzanalysen wurden für gewöhnlich bei MWG-Biotech (Martiensried) druchgeführt. Selbst durchgeführte Sequenzanalysen wurden nach der Dideoxy-Kettenabbruchmethode (Sanger *et al.* 1977) unter Verwendung des CycleReader Auto DNA Seuqencing Kits (MBI Fermentas, St. Leon-Rot) nach den Angaben des Herstellers durchgeführt. Die am 5'-Ende mit einem Fluoreszenzfarbstoff (IRD800) wurden von der Firma MWG bezogen. Gelelektrophorese und Detektion der Reaktionsprodukte erfolgten mit einem Li-COR DNA-Sequencer Modell 4000 (MWG, Ebersberg). Die Gele wurden nach Angaben des Herstellers (Biozym) aus Sequagel complete ultra pure hergestellt. Zum Einlesen des Gellaufes und zur anschließenden halbautomatischen Ermittlung der Sequenz wurde die Base-ImageIR^{TM}-Software (MWG) verwendet.

5. Konstruktion von Plasmiden und Bakterienstämmen

5.1. Konstruktion von Plasmiden

5.1.1. Verwendete Vektoren (Rezipienten)

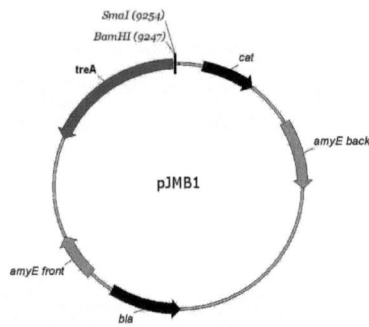

Abb. 8: Schematische Darstellung des Plasmids pJMB1

Schematisch dargestellt ist der Vektor pJMB1. Gekennzeichnet sind die Antibiotika-Resistenzkassetten gegen Ampicillin (*bla*) und Chloramphenicol (*cat*), die Restriktionsschnitstellen zum Einbringen des Inserts (*Sma*I und *Bam*HI), das promotorlose Reportergen *treA*, sowie die Sequenzen, die zur Rekombination ins B. subtilis Genom dienen (*amyE* front und back).

5.1.2. Konstruktion der Plasmide pTMS5 bis pTMS14

pTMS5: Unter Verwendung der Primer „yycFG-treA SmaI for" und „yycFG-treA BamHI rev" (Tab. 4) wurde ein 399 bp großes Fragment des Promotor-Bereiches des *yycFG*-Operons mittels PCR amplifiziert. Mithilfe der Primer wurde gleichzeitig eine *Sma*I- bzw. *Bam*HI-Schnitstelle erzeugt.

Das erhaltene DNA-Fragment wurde anschließend mit *Sma*I und *Bam*HI verdaut und mit dem, mithilfe der gleichen Restriktionsendonukleasen behandelten Vektors pJMB1 ligiert. Das so erhaltene Plasmid wurde pTMS5 genannt.

IV. Material und Methoden

pTMS6: Unter Verwendung der Primer „yocHtreASmalfor2" und „yocH-treA BamHI rev" (Tab. 4) wurde ein 374 bp großes Fragment des Promotor-Bereiches von *yocH* mittels PCR amplifiziert. Mithilfe der Primer wurde gleichzeitig eine *Sma*I- bzw. *Bam*HI-Schnitstelle erzeugt. Das erhaltene DNA-Fragment wurde anschließend mit *Sma*I und *Bam*HI verdaut und mit dem, mithilfe der gleichen Restriktionsendonukleasen behandelten Vektors pJMB1 ligiert. Das so erhaltene Plasmid wurde pTMS6 genannt (Abb. 2; stellvertretend für die Plasmide pTMS6 bis pTMS14)

pTMS7: Unter Verwendung der Primer „yocHtreASmalfor3" und „yocH-treA BamHI rev" (Tab. 4) wurde ein 312 bp großes Fragment des Promotor-Bereiches von *yocH* mittels PCR amplifiziert. Mithilfe der Primer wurde gleichzeitig eine *Sma*I- bzw. *Bam*HI-Schnitstelle erzeugt. Das erhaltene DNA-Fragment wurde anschließend mit *Sma*I und *Bam*HI verdaut und mit dem, mithilfe der gleichen Restriktionsendonukleasen behandelten Vektors pJMB1 ligiert. Das so erhaltene Plasmid wurde pTMS7 genannt.

pTMS8: Unter Verwendung der Primer „yocHtreASmalfor4" und „yocH-treA BamHI rev" (Tab. 4) wurde ein 254 bp großes Fragment des Promotor-Bereiches von *yocH* mittels PCR amplifiziert. Mithilfe der Primer wurde gleichzeitig eine *Sma*I- bzw. *Bam*HI-Schnitstelle erzeugt. Das erhaltene DNA-Fragment wurde anschließend mit *Sma*I und *Bam*HI verdaut und mit dem, mithilfe der gleichen Restriktionsendonukleasen behandelten Vektors pJMB1 ligiert. Das so erhaltene Plasmid wurde pTMS8 genannt.

pTMS9: Unter Verwendung der Primer yocHtreASmalfor5 und „yocH-treA BamHI rev" (Tab. 4) wurde ein 179 bp großes Fragment des Promotor-Bereiches von *yocH* mittels PCR amplifiziert. Mithilfe der Primer wurde gleichzeitig eine *Sma*I- bzw. *Bam*HI-Schnitstelle erzeugt. Das erhaltene DNA-Fragment wurde anschließend mit *Sma*I und *Bam*HI verdaut und mit dem, mithilfe der gleichen Restriktionsendonukleasen behandelten Vektors pJMB1 ligiert. Das so erhaltene Plasmid wurde pTMS9 genannt.

IV. Material und Methoden

pTMS10: Unter Verwendung der Primer „yocH-treA SmaI for" und „yocHtreABamHIrev2" (Tab. 4) wurde ein 401 bp großes Fragment des Promotor-Bereiches von *yocH* mittels PCR amplifiziert. Mithilfe der Primer wurde gleichzeitig eine *Sma*I- bzw. *Bam*HI-Schnitstelle erzeugt. Das erhaltene DNA-Fragment wurde anschließend mit *Sma*I und *Bam*HI verdaut und mit dem, mithilfe der gleichen Restriktionsendonukleasen behandelten Vektors pJMB1 ligiert. Das so erhaltene Plasmid wurde pTMS10 genannt.

pTMS11: Unter Verwendung der Primer „yocHtreASmaIfor2" und „yocHtreABamHIrev2" (Tab. 4) wurde ein 296 bp großes Fragment des Promotor-Bereiches von *yocH* mittels PCR amplifiziert. Mithilfe der Primer wurde gleichzeitig eine *Sma*I- bzw. *Bam*HI-Schnitstelle erzeugt. Das erhaltene DNA-Fragment wurde anschließend mit *Sma*I und *Bam*HI verdaut und mit dem, mithilfe der gleichen Restriktionsendonukleasen behandelten Vektors pJMB1 ligiert. Das so erhaltene Plasmid wurde pTMS11 genannt.

pTMS12: Unter Verwendung der Primer „yocHtreASmaIfor3" und „yocHtreABamHIrev2" (Tab. 4) wurde ein 234 bp großes Fragment des Promotor-Bereiches von *yocH* mittels PCR amplifiziert. Mithilfe der Primer wurde gleichzeitig eine *Sma*I- bzw. *Bam*HI-Schnitstelle erzeugt. Das erhaltene DNA-Fragment wurde anschließend mit *Sma*I und *Bam*HI verdaut und mit dem, mithilfe der gleichen Restriktionsendonukleasen behandelten Vektors pJMB1 ligiert. Das so erhaltene Plasmid wurde pTMS12 genannt.

pTMS13: Unter Verwendung der Primer „yocHtreASmaIfor4" und „yocHtreABamHIrev2" (Tab. 4) wurde ein 176 bp großes Fragment des Promotor-Bereiches von *yocH* mittels PCR amplifiziert. Mithilfe der Primer wurde gleichzeitig eine *Sma*I- bzw. *Bam*HI-Schnitstelle erzeugt. Das erhaltene DNA-Fragment wurde anschließend mit *Sma*I und *Bam*HI verdaut und mit dem, mithilfe der gleichen Restriktionsendonukleasen behandelten Vektors pJMB1 ligiert. Das so erhaltene Plasmid wurde pTMS13 genannt.

IV. Material und Methoden

pTMS14: Unter Verwendung der Primer „yocHtreASmaIfor5" und „yocHtreABamHIrev2" (Tab. 4) wurde ein 101 bp großes Fragment des Promotor-Bereiches von *yocH* mittels PCR amplifiziert. Mithilfe der Primer wurde gleichzeitig eine *Sma*I- bzw. *Bam*HI-Schnitstelle erzeugt. Das erhaltene DNA-Fragment wurde anschließend mit *Sma*I und *Bam*HI verdaut und mit dem, mithilfe der gleichen Restriktionsendonukleasen behandelten Vektors pJMB1 ligiert. Das so erhaltene Plasmid wurde pTMS14 genannt.

pTMS15: Unter Verwendung der Primer „yocH-StrepForNeu" und „yocH Strep-tag rev" (Tab. 4) wurde ein 789 bp großes Fragment des *yocH* Leserahmens mittels PCR amplifiziert. Mithilfe der Primer wurden die Erkennungssequenzen für die Restriktionsendonuklease *Bsa*I eingeführt. Das PCR Fragment sowie der Vektor pASK-IBA3 wurden mit *Bsa*I verdaut und anschließend ligiert.

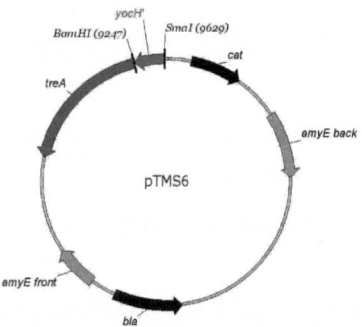

Abb. 9: Schematische Darstellung des Plasmids pTMS6

Schematisch dargestellt ist der Vektor pTMS6. Gekennzeichnet sind die Antibiotika-Resistenzkassetten gegen Ampicillin (*bla*) und Chloramphenicol (*cat*), die Restriktionsschnitstellen zum Einbringen des Inserts (*Sma*I und *Bam*HI), das promotorlose Reportergen *treA*, sowie die Sequenzen, die zur Rekombination ins *B. subtilis* Genom dienen (*amyE* front und back). In rot dargestellt ein 374 bp umfassendes Fragment aus dem Promotorbereich des *yocH* Gens.

5.2. Konstruktion von *B. subtilis* Bakterienstämmen

Kompetente *B. subtilis* Zellen sind in der Lage DNA aus ihrer Umgebung aufzunehmen. Handelt es sich dabei um Fragmente mit DNA-Sequenzen, die homolog zu Sequenzen im Chromosom sind, kann es zwischen aufgenommener und chromosomaler DNA zur Rekombination kommen. Wird ein zirkuläres Plasmid aufgenommen, das nicht zur Replikation befähigt ist, so kann dieses über ein einfaches Rekombinationsereignis, die sog. „Campbell-Typ-Integration" in das Genom von *B. subtilis* integrieren. In diesem Fall muss zum Erhalt der integrierten Sequenz ein ständiger Selektionsdruck aufrechterhalten werden (Campbell, 1962; Niaudet und Ehrlich, 1982).

Im Falle der Aufnahme eines linearisierten Plasmids, setzt die Integration dieses zwei Rekombinationsereignisse voraus. In diesem Fall wird die zwischen den Rekombinationsstellen gelegene chromosomale DNA-Sequenz gegen das entsprechende, auf dem Plasmid gelegene DNA-Fragment ausgetauscht (Niaudet und Ehrlich, 1982). In diesem Fall ist ein ständiger Selektionsdruck zum Erhalt der Integration nicht notwendig.

5.2.1. Konstruktion des Stammes TMSB1

Zur Konstruktion des Stammes TMSB1 (168 (*treA::neo*)1 *amyE*::[Φ(*yocH$_{479}$'-treA*)1 *cat*]) wurde das mit *Xho*I und *Pst*I linearisierte Plasmid pTMS2 in kompetente Zellen des Stammes TMSB3 (168 Δ(*treA::neo*)1) transformiert. Rekombinanten wurden über Chloramphenicol haltige LB-Agarplatten selektiert.

5.2.2. Konstruktion des Stammes TMSB2

Zur Konstruktion des Stammes TMSB2 (168 *amyE*::[Φ(*yocH-gfp*)1 *cat*) wurden kompetente Zellen des Wildtyp Stammes *B. subtilis* 168 mit dem mittels *Cla*I und *Pst*I linearisierten Plasmid pTMS4 transformiert. Rekombinanten wurden über Chloramphenicol haltige LB-Agarplatten selektiert.

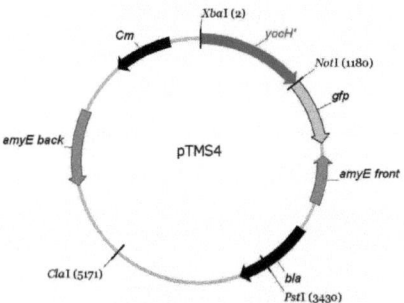

Abb. 10: Schematische Darstellung des Plasmids pTMS4

Schematisch dargestellt ist der Vektor pTMS4. Gekennzeichnet sind die Antibiotika-Resistenzkassetten gegen Ampicillin (*bla*) und Chloramphenicol (*cm*), die Restriktionsschnitstellen zum Einbringen des Inserts (*Xba*I und *Not*I), das promotorlose Gen *gfp*, sowie die Sequenzen, die zur Rekombination ins *B. subtilis* Genom dienen (*amyE* front und back). In rot dargestellt ist ein 1171 bp umfassendes Fragment aus der *yocH* Region, das den gesamtem offenen Leserahmen, ausgenommen des Stopcodons und den regulatorischen Bereich umfasst.

5.2.3. Konstruktion des Stammes TMSB3

Zur Konstruktion des Stammes TMSB3 (168 Δ(*treA::neo*)1) wurden kompetente Zellen des Wildtyp Stammes *B. subtilis* 168 mit genomischer DNA des Stammes FSB1 (168 Δ(*treA::neo*)1) transfomiert. Dabei wurde darauf geachtet, dass die eingesetzte DNA steril und damit frei von Sporen war. Transformanden wurden über Kanamycin haltige LB-Agarplatten selektiert.

5.2.4. Konstruktion des Stammes TMSB4

Zur Konstruktion des Stammes TMSB4 (168 (*treA::neo*)1 *amyE*::(´*treA cat*)1) wurde das mit *Xho*I und *Pst*I linearisierte Plasmid pJMB1 in kompetente Zellen des Stammes TMSB3 transformiert. Tranformanden wurden über Chloramphenicol haltige LB-Agarplatten selektiert.

5.2.5. Konstruktion des Stammes TMSB5

Zur Konstruktion des Stammes TMSB5 (168 (treA::neo)1 amyE::[Φ(yycFG'-treA)1 cat]) wurde das mit XhoI und PstI linearisierte Plasmid pTMS5 in kompetente Zellen des Stammes TMSB3 transformiert. Tranformanden wurden über Chloramphenicol haltige LB-Agarplatten selektiert.

5.2.6. Konstruktion des Stammes TMSB6

Zur Konstruktion des Stammes TMSB6 (168 (treA::neo)1 amyE::[Φ(yocH$_{374}$'-treA)1 cat]) wurde das mit XhoI und PstI linearisierte Plasmid pTMS6 in kompetente Zellen des Stammes TMSB3 transformiert. Tranformanden wurden über Chloramphenicol haltige LB-Agarplatten selektiert.

5.2.7. Konstruktion des Stammes TMSB7

Zur Konstruktion des Stammes TMSB7 (168 (treA::neo)1 amyE::[Φ(yocH$_{312}$'-treA)1 cat]) wurde das mit XhoI und PstI linearisierte Plasmid pTMS7 in kompetente Zellen des Stammes TMSB3 transformiert. Tranformanden wurden über Chloramphenicol haltige LB-Agarplatten selektiert.

5.2.8. Konstruktion des Stammes TMSB8

Zur Konstruktion des Stammes TMSB8 (168 (treA::neo)1 amyE::[Φ(yocH$_{254}$'-treA)1 cat]) wurde das mit XhoI und PstI linearisierte Plasmid pTMS8 in kompetente Zellen des Stammes TMSB3 transformiert. Tranformanden wurden über Chloramphenicol haltige LB-Agarplatten selektiert.

5.2.9. Konstruktion des Stammes TMSB9

Zur Konstruktion des Stammes TMSB9 (168 (treA::neo)1 amyE::[Φ(yocH$_{179}$'-treA)1 cat]) wurde das mit XhoI und PstI linearisierte Plasmid pTMS9 in kompetente Zellen des Stammes TMSB3 transformiert. Tranformanden wurden über Chloramphenicol haltige LB-Agarplatten selektiert.

5.2.10. Konstruktion des Stammes TMSB10

Zur Konstruktion des Stammes TMSB10 (168 (treA::neo)1 amyE::[Φ(yocH$_{401}$'-treA)1 cat]) wurde das mit XhoI und PstI linearisierte Plasmid pTMS10 in kompetente Zellen des Stammes TMSB3 transformiert. Tranformanden wurden über Chloramphenicol haltige LB-Agarplatten selektiert.

5.2.11. Konstruktion des Stammes TMSB11

Zur Konstruktion des Stammes TMSB11 (168 (treA::neo)1 amyE::[Φ(yocH$_{296}$'-treA)1 cat]) wurde das mit XhoI und PstI linearisierte Plasmid pTMS11 in kompetente Zellen des Stammes TMSB3 transformiert. Tranformanden wurden über Chloramphenicol haltige LB-Agarplatten selektiert.

5.2.12. Konstruktion des Stammes TMSB12

Zur Konstruktion des Stammes TMSB12 (168 (treA::neo)1 amyE::[Φ(yocH$_{234}$'-treA)1 cat]) wurde das mit XhoI und PstI linearisierte Plasmid pTMS12 in kompetente Zellen des Stammes TMSB3 transformiert. Tranformanden wurden über Chloramphenicol haltige LB-Agarplatten selektiert.

5.2.13. Konstruktion des Stammes TMSB13

Zur Konstruktion des Stammes TMSB13 (168 (treA::neo)1 amyE::[Φ(yocH$_{176}$'-treA)1 cat]) wurde das mit XhoI und PstI linearisierte Plasmid pTMS13 in kompetente Zellen des Stammes TMSB3 transformiert. Tranformanden wurden über Chloramphenicol haltige LB-Agarplatten selektiert.

IV. Material und Methoden

5.2.14. Konstruktion des Stammes TMSB14

Zur Konstruktion des Stammes TMSB14 (168 (treA::neo)1 amyE::[Φ(yocH$_{101}$'-treA)1 cat]) wurde das mit XhoI und PstI linearisierte Plasmid pTMS14 in kompetente Zellen des Stammes TMSB3 transformiert. Tranformanden wurden über Chloramphenicol haltige LB-Agarplatten selektiert.

5.2.15. Konstruktion der Stämme TMSB15 bis TMSB25

Zur Konstruktion der Stämme TMSB15 bis TMSB25 wurden jeweils kompetente Zellen der Stämme TMSB1 und TMSB6 bis TMSB14 mit genomischer DNA des Stammes SWV119 (JH642 Δ(abrB::tet)1) (Tab. 2.) transformiert. Transformanden wurden über Chloramphenicol und Tetracyclin haltige LB-Agarplatten selektioniert.

5.3. Überprüfung der konstruierten *B. subtilis* Stämme

Die Plasmide pFSB78 und pJMB1 tragen beide ein 534 bp Fragment des 5'- Endes („amyE back") und 768 bp Fragment des 3'- Endes („amyE front") des amyE-Gens von B. subtilis. Um die Integration des jeweiligen Konstruktes in das chromosomale amyE-Gen von B. subtilis zu überprüfen, wurde der AmyE-Phänotyp mittels Amylase-Aktivitätstest (Cutting und Vander Horn, 1990) ermittelt, da die Integrierung der jeweiligen Konstrukte das amyE Gen zerstört. Hierzu wurde eine Kolonie des jeweiligen Stammes auf einer LB-Agarplatte mit 1% Stärke ausgestrichen und diese über Nacht bei 37°C inkubiert. Zum Stärkenachweis wurde die Agar-Platte am Folgetag mit Grams Iodlösung (0,5% [w/v] Iod, 1% [w/v] Kaliumiodid in destilliertem Wasser) überschichtet und anschließend der Bakterienrasen abgetragen. Bei vorhandener Stärke färbt sich der Agar dunkelblau. Die Amylase von AmyE$^+$-Stämmen hydrolysiert die vorhandene Stärke, so dass keine Farbreaktion auftrat, wohingegen AmyE$^-$-Stämme aufgrund fehlender Amylaseaktivität nicht in der Lage waren die Stärke zu hydrolysieren, es zeigt sich eine Farbreaktion.

6. Biochemische Methoden

6.1. Bestimmung der TreA-Aktivität

Mithilfe verschiedener *treA*-Reportergenfusionen und deren Derivaten wurde eine Charakterisierung der Regulation des Gens *yocH* in Abhängigkeit der Osmolarität bzw. Temperatur möglich. Das Genprodukt des Reportergens *treA* kodiert in *B. subtilis* eine salztolerante Phosho-α-(1,1)-Glucosidase (TreA) (Gotsche und Dahl, 1996; Schöck *et al.*, 1996).
Zur Charakterisierung der Promotoreigenschaften des *yocH* Gens wurden verschiedene Experimente durchgeführt: zum einen ein sog. „osmotisches Upshock"-Experiment, Experimente bei verschiedenen NaCl-Konzentrationen bei 37°C, Experimente bei verschiedenen Temperaturen sowie Experimente bei denen die Entwicklung der TreA-Aktivität über den Wachstumsverlauf verfolgt wurde.

6.1.1. Entwicklung der TreA-Aktivität in Abhängigkeit der Osmolarität

Um die TreA-Aktivität in Abhängigkeit der Osmolarität zu verfolgen, wurden zunächst Vorkulturen der jeweiligen TreA-Fusionsstämme in SMM über Nacht bei 37°C und 200 rpm bis zu einer OD_{578} von 1 im Wasserbad inkubiert. Die jeweiligen Hauptkulturen wurden mithilfe der Vorkultur auf eine OD_{578} von 0,1 angeimpft. Insbesondere war darauf zu achten, dass bei Berechnung der jeweiligen NaCl-Konzentration der Hauptkulturen, der Verdünnungseffekt durch das Animpfen mit der entsprechenden Vorkultur welche kein NaCl enthielt, berücksichtigt wurde. Die Inkubation erfolgte in SMM sowohl bei 37°C als auch bei 15°C im Wasserbad bei 220 rpm bis zu einer OD_{578} von 0,8 – 1,0.
Schließlich wurden für den Enyzm-Test Aliquots von je 1,5 ml entnommen, bei 14000 rpm für 2 min zentrifugiert, der Überstand verworfen und das Pellet in flüssigem Stickstoff schockgefroren und bei -20°C gelagert.

IV. Material und Methoden

6.1.2. Entwicklung der TreA-Aktivität in Abhängigkeit der Temperatur

Um die TreA-Aktivität in Abhängigkeit der Osmolarität zu verfolgen, wurden Kulturen analog zu vorheriger Beschreibung (6.1.1.) angeimpft, Die Hauptkulturen wurden anschließend in SMM bei verschiedenen Temperaturen zwischen 15°C und 37°C bei 220 rpm im Wasserbad bis zu einer OD_{578} von 0,8 - 1,0 inkubiert, Im Falle der 15°C-Kultur ist zu beachten, dass mithilfe der Vorkultur eine Zwischenkultur auf eine OD_{578} von 0,1 angeimpft wurde, welche bei 37°C und 220 rpm im Wasserbad bis zu einer OD_{578} von 0,5 inkubiert wurde. Mithilfe dieser Zwischenkultur wurde die jeweilige 15°C-Hauptkultur beimpft. Die Probennahme erfolgte wie zuvor erläutert (6.1.1.).

6.1.3. Entwicklung der TreA-Aktivität über Wachstumsverlauf

Hierzu wurden Kulturen analog zu vorheriger Beschreibung (6.1.1.) angeimpft und bei 37°C sowie 15°C und 220 rpm im Wasserbad inkubiert. In definierten Zeitabständen wurden Aliquots definierten Volumens (0,5 ml-2 ml) entnommen, in oben beschriebener Weise verarbeitet und die OD_{578} zum Zeitpunkt der Entnahme bestimmt. Die Kulturen wurden bis zum Eingang in die stationäre Phase inkubiert. Dieses Experiment wurde bei 37°C sowohl mit 0,0 M als auch bei 0,4 M NaCl durchgeführt.

6.1.4. Enzymatischer Test

Die eingelagerten Pellets der *treA*-Fusionsstämme wurden zunächst in 500 µl Z-Puffer (Gotsche und Dahl, 1996; Helfert et al., 1995) mit Lysozym (1 mg/ml) resuspendiert. Dabei ist zu beachten, dass der Z-Puffer dahingehend modifiziert war, dass dieser kein ß-Mercaptoethanol enthielt. Es folgte eine Inkubation für 10 min bei 37°C in einem Eppendorf-Thermomixer. Zelltrümmer wurden anschließend bei 14000 rpm abzentrifugiert. 400 µl des klaren Überstands wurden mit 400 µl Z-Puffer (ohne Lysozym) versetzt und die Reaktion mit 200 µl pNPG-Lösung (para-Nitrophenyl-α-D-Glucopyranosid; 4 mg/ml in 10 mM Kaliumphosphatpuffer pH 7,5) gestartet. Die Reaktionsansätze wurden schließlich bei 28°C im Wasserbad inkubiert, bis eine

schwache Gelbfärbung auftrat, längstens allerdings 3 h. Durch Zugabe von 500 µl Na$_2$CO$_3$-Lösung (1 M) wurde die TreA-Enzym Reaktion abgestoppt, die Lösung in eine Küvette überführt und die Extinktion bei 420 nm (E$_{420}$) photometrisch ermittelt. Die Reaktionsdauer wurde exakt notiert.
Die TreA-Enzymaktivität A$_{TreA}$ ergibt sich wie folgt (Gotsche und Dahl, 1995; Helfert et al., 1995):

$$A_{treA} = \frac{E_{420}}{OD_{578} \times V \times t \times VF \times 1} \times 1500$$

Dabei ist:

A$_{treA}$: die spezifische TreA-Enzymaktivität in nmol umgesetztes pNPG pro min und mg TreA-Protein [nmol x min^{-1} x mg^{-1}]
E$_{420}$: Extinktion des Spaltproduktes p - Nitrophenol bei 420 nm
OD$_{578}$: optische Dichte der Bakteriensuspension bei 578 nm
V: abzentrifugiertes Zelkulturvolumen in ml
t: Reaktionszeit in min
VF: Verdünungsfaktor

Der Faktor 1500 [µmol x mg^{-1} x ml] berücksichtigt den Extinktionskoeffizient von p - Nitrophenol (ε_{405}= 18300 M^{-1} x cm^{-1}) die Schichtdicke der Küvette von 1 cm sowie das Reaktionsvolumen von 1,5 ml. Es wird dabei davon ausgegangen, dass eine OD$_{578}$ von 1 einer Proteinkonzentration von 1 mg /ml entspricht. Dem Verdünungsfaktor VF liegt das Volumen des eingesetzten Zelllysats zugrunde, demnach ist VF bei Einsatz von 400 µl Zelllysats mit 0,8 einzuberechnen.

7. Proteinchemische Methoden

7.1. Produktion und Reinigung rekombinanten Proteins

Nach Klonierung des Zielgens in einen geeigneten Expressionsvektor unter Kontrolle eines induzierbaren Promotors erfolgte die Produktion des Proteins in E. coli (BL21).

Die erfolgreiche Induktion bzw. Produktion des Proteins wurde über SDS-Page überprüft. Die Reinigung des mit einem *Strep*-Tactin Affinitäts-Marker (*Strep*-Tag II) versehen Proteins erfolgte mittels Affinitätschromatographie basierend auf der Bindung von *Strep*-Tag II Fusionsproteinen an Streptavidin bzw. *Strep*-Tactin Agarosesäulenmaterial.

7.1.1. Heterologe Produktion in *E. coli*

Für die heterologe Produktion von Protein wurde der *E. coli* Stamm BL21 verwendet. Der Stamm wurde zunächst frisch mit dem entsprechenden Expressionsvektor transformiert und über Nacht auf einer Agarplatte mit dem entsprechenden Selektionsmarker kultiviert. Mithilfe dieser Agarplatte wurde eine Vorkultur des entsprechenden Expressionsmediums (MMA) beimpft und über Nacht bei 37°C und 220 rpm inkubiert. Mittels dieser Vorkultur wurde eine Hauptkultur auf eine OD_{578} von 0,1 angeimpft und bis zum Erreichen einer OD_{578} von 0,5 - 0,7 bei 37°C und 220 rpm im Wasserbad bzw. rührend im Brutraum inkubiert. Hierbei ist zu beachten, dass Kulturvolumina von 0,2 l bis 5 l verwendet wurden. Nach Erreichen dieser OD_{578} wurde die Produktion des entsprechenden rekombinanten Proteins durch Zugabe von 0,1 – 0,2 mM Anhydrotetrazyklin (AHT) induziert. Der konstruierte Expressions-Vektor trägt das *yocH* Gen unter Kontrolle eines durch AHT induzierbaren *tet*-Promotors. Die Kultur wurde anschließend für weitere 2 h inkubiert längstens aber bis zu einer merklichen Wachstumsverlangsamung. Anschließend fand die Zellernte durch Zentrifugation bei 5000 rpm und 4°C statt. Das Pellet wurde bei -20°C gelagert. Als Kontrolle der erfolgreichen Induktion und Produktion des rekombinanten Proteins erfolgten Probennahmen vor und nach Induktion in entsprechenden Zeitabständen. Die Aliquots zur Produktionskontrolle wurden abzentrifugiert und die Pellets unter Berücksichtigung der jeweiligen OD_{578} in SDS-Probenpuffer aufgenommen. Die Analyse erfolgte mittels SDS-Page.

7.1.2. Reinigung rekombinanten Proteins

Das pASK-IBA3 Derivat pTMS15 welches den *yocH* Leserahmen trägt, treibt die cytoplasmatische Überproduktion des rekombinanten YocH Proteins in *E. coli* an.

IV. Material und Methoden

Das Protein verbleibt aufgrund des fehlenden Signalpeptids im Cytoplasma. Zur Reinigung des Proteins wurde das gefrorene Zellpellet der Überproduktion zunächst auf Eis aufgetaut und anschließend in einem Tris-HCl Puffer (1M, pH 7,5) resuspendiert. Der Aufschluss erfolgte mit der sogenannten "French Press" (French® Pressure Cell Press; American Instrument Company, Division of Travenol Laboratories inc., Silver Spring, Maryland 20910). Diese bietet die Möglichkeit, größere Volumina an Zellsuspension (20 ml in Druckzelle 40 K) innerhalb kurzer Zeit aufzuschließen. Das Prinzip des Aufschlusses beruht darauf, dass sich zunächst ein hoher Druck in der Druckzelle, in der sich die Zellsuspension befindet, aufbaut. An diesen passen sich die Zellen an. Durch das Öffnen des Auslaufventils wird der Außendruck für die ausströmenden Zellen schlagartig erniedrigt, sodass sie durch den nun zu hohen Innendruck platzen. Der Pumpendruck wurde mit ca. 1000 Pa angelegt. Das Auslassventil wurde stoßweise geöffnet und die ausströmenden, lysierten Zellen gesammelt. Der Vorgang wurde 6- bis 8-mal durchgeführt, um eine möglichst vollständige Lyse der Zellen zu erreichen.

Das Lysat wurde anschließend einer Ultrazentrifugation (1h, 100 000 x g, 4°C) unterzogen, um Zelltrümmer und Membrananteile abzutrennen. Der proteinhaltige Überstand wurde filtriert (0,45 µM Porengröße) und schließlich auf eine Strep-Tactin-Sepharose Säule (IBA, Göttingen) aufgetragen, welche zuvor mit 5 Säulenvolumen Puffer L (Tab. 8) equilibriert worden war. Anschließend erfolgte ein Waschschritt mit 10-12 Säulenvolumen Puffer L, um ungebundenes Protein von der Säule zu entfernen. Das gebundene, rekombinante Protein wurde schließlich mit 3 Säulenvolumen Puffer E (Tabelle 8) eluiert und über einen Fraktionssammler in einzelnen Fraktionen (3 ml) aufgefangen. Die einzelnen Fraktionen wurden mithilfe eines UV/VIS-Spektralphotometers (NanoDrop® ND-1000, PEQLAB Biotechnologie GmbH, Erlangen) und SDS-Polyacrylamidgelelektrophorese auf ihren jeweiligen Proteingehalt bzw. Reinheit überprüft. Das gereinigte Protein wurde bei 4°C bzw. bei -80°C gelagert.

Zum Regenerieren der Säule wurde zunächst mit 7 Säulenvolumen Puffer R (Tab. 8) und anschließend mit 40 Säulenvolumen Puffer L (Tab. 8) gewaschen. Durchgeführt wurde diese Affinitätschromatographie mit der Anlage ÄKTAbasic der Firma GE Healthcare Europe (München). Diese Anlage wird über die Unicorn-Software von GE Healthcare Europe (München) gesteuert. Alle verwendeten Puffer wurden vor ihrer Verwendung filtriert, um störende Partikel zu entfernen.

IV. Material und Methoden

Tab. 9: Puffer zur Protein-Reinigung

Puffer	Zusammensetzung
L	100 mM Tris-HCl pH 8,0
	150 mM NaCl
E	100 mM Tris-HCl pH 8,0
	150 mM NaCl
	2,5 mM Desthiobiotin
R	100 mM Tris-HCl pH 8,0
	150 mM NaCl
	2,5 mM HABA (4-Hydroxyazobenzen-2-Carboxy-Säure) (Sigma-Aldrich Chemie GmbH, Steinheim)

7.2. SDS-Polyacrylamidgelelektrophorese (SDS-PAGE)

Die SDS-Polyacrylamidgelelektrophorese (SDS-PAGE) nach Laemmli diente zur qualitativen Proteinanalyse und zur Reinheitskontrolle der gereinigten Proteine (Laemmli, 1970). Bei dieser Methode lagern sich stöchiometrisch zwei SDS-Moleküle pro Aminosäure eines Proteins an. Durch die Anlagerung werden die Proteine denaturiert und in eine negativ geladene SDS-Micelle eingebettet. Das Maskieren der Proteineigenladung durch die negative Gesamtladung der SDS-Moleküle und die Proportionalität zwischen Proteinkettenlänge und Ladung ermöglicht eine effektive Trennung eines Proteingemisches durch Wanderung der negativ geladenen Proteine zur Anode. Das Sammelgel wies einen pH-Wert von 6,8 und das Trenngel pH 8,8 auf. Zum Gießen der Gele wurden die angegebenen Lösungen verwendet, die Zusammensetzung variierte allerdings je nach gewünschtem Vernetzungsgrad der Gele (Tab. 9). Angegeben ist die Zusammensetzung für ein 5% Sammel- und ein 12% Trenngel. Diese Kombination ist zur Auftrennung von Proteinen der Größen 12 kDa bis 60 kDa geeignet und konnte somit für den überwiegenden Teil der hergestellten Proteine benutzt werden. Als Elektrophoresekammern wurde das *BioRad* Mini-Protean 3 Electrophoresis System benutzt.

IV. Material und Methoden

Die zur Elektrophorese verwendeten Stromstärken lagen bei 20 mA/Gel (Sammelgel) und 30 mA/Gel (Trenngel). Als Elektrophoresepuffer diente Tris-Glycin-SDS Puffer (25mM Tris, 192 mM Glycin, 0,1 % SDS, pH 8,3) Um im Proteingel den beobachteten Banden ein Molekulargewicht zuordnen zu können, wurde stets ein Größenstandard mit aufgetragen. Hierfür wurde die PageRuler™ Unstained Protein Ladder bzw. die Spectra™ Multicolor Broad Range Protein Ladder (Fermentas, St. Leon-Rot) verwendet.

Tab. 10: Zusammensetzung von SDS-Polyacrylamidgelen

Stammlösung	Trenngel (12%)	Sammelgel (5%)
1,5 M Tris/HCl pH 8,8; 13,8 mM SDS	2,5 ml	-
0,5 M Tris/HCl pH 6,8; 13,8 mM SDS	-	2,5 ml
Acrylamid (40%ig)	3,0 ml	0,9 ml
TEMED (100%ig)	10 µl	20 µl
APS (10%ig)	25 µl	40 µl
dH_2O	4,5 ml	6,5 ml

7.2.1. Probenvorbereitung

Den entsprechenden Proteinlösungen wurde 1 Teil 2x SDS-Probenpuffer (62,5 mM Tris/HCl pH 6,8; 4% (w/v) SDS; 4% (w/v) 2-Mercaptoethanol, 17,4% (w/v) Glycerin und 0,002% (w/v) Bromphenolblau) beigefügt. Die Proben wurden anschließend für 10 min auf 95°C erhitzt und auf Eis abgekühlt. Im Probenpuffer enthaltenes β-Mercaptoethanol führte zur Spaltung aller Disuldfidbrücken zwischen Cysteinen.

7.3. „Lytic Dot Assay"

Um eine mögliche Peptidoglykan-Hydrolase Aktivität des gereinigtem YocH Proteins nachweisen zu können, wurde der so genannte „Lytic Dot Assay" verwendet. Hierzu wurde ein natives Polyacrylamid-Gel (12%; 50mM Tris-HCl; pH 7,5) verwendet, in das entweder gereinigtes Peptidoglykan aus *B. subtilis* (BioChemika [Fluka], Deisenhofen) oder autoklavierte *B. subtilis* Zellen als Substrat eingebracht wurden.

Die Zellen wurden zu diesem Zweck in SMM bei 37°C und 220 rpm bis zu einer OD_{578} von 0,8 bis 1,0 inkubiert, anschließend pelletiert und autoklaviert.
Für den eigentlichen Assay wurde gereinigtes YocH Protein in verschiedenen Konzentrationen auf die Oberfläche des Gels aufgetropft. Das Gel wurde auf Whatman-Papier aufgebracht, das in einem Puffer-Film (Tris-HCl; 50mM; pH 7.5) lag, um ein Austrocknen des Gels zu verhindern. Die Inkubation erfolgte über Nacht bei 37°C in einem geschlossenen Gefäß.
Abschließend wurde das Gel in einer Methylenblau-Lösung (0,01% w/v, in 0,01% w/v KOH) gefärbt. Durch Entfärben mit Wasser werden mögliche helle Lyse Zonen sichtbar an denen das entsprechende Substrat (Peptidoglykan) durch das YocH Protein hydrolysiert worden war. Zonen an denen das Peptidoglykan intakt geblieben war, waren dunkelblau gefärbt.

7.4 DNA-Affinitäts-Aufreinigung: „Magnetic Beads"

Um Proteine zu isolieren die an eine bestimmte DNA-Region binden, wurde die Methode der DNA-Affinitäts Aufreinigung (Gabrielsen et al., 1989) mit Hilfe von magnetischen Beads durchgeführt. Hierzu wurde ein 479 bp großes Fragment der *yocH* Promotorregion mittels PCR mit Hilfe der Primer „yocH-for-Bio" und „yocH-treA BamHI rev" amplifiziert. Dabei ist zu beachten, dass der Primer yocH-for-Bio am 5'-Ende biotinyliert ist. Die 5'-Modifizierung der amplifizierten DNA-Fragmente erlaubte deren Kopplung an Streptavidin umhüllte magnetische Kügelchen, Strepavidin M-PVA magnetic beads (Chemagen, Biopolymer-Technologie, Baesweiler). Ein spezielles Gestell das so genannte MagnaRack^{TM} (Invitrogen, Karlsruhe) diente zur Abtrennung der verschiedenen Puffer (Tab. 10). Die entsprechenden Probengefäße wurden in das MagnaRack^{TM} eingestellt und die darin befindlichen permanenten Magneten bewirkten eine Bindung der magnetischen Beads an die Gefäßwand, so dass der Überstand an Puffer abgenommen werden konnte.
Zur Fixierung der DNA-Fragmente wurde zunächst eine adäquate Menge magnetischer Kügelchen im DNA-Bindepuffer A resuspendiert. Nach Zugabe einer entsprechenden Menge biotinylierter DNA erfolgte die Fixierung der Fragmente für 30 min schüttelnd bei RT, der Überstand wurde verworfen. Anschließend wurden die magnetischen Beads in Protein-Bindepuffer B resuspendiert und mit Zelllysat von *B.*

subtilis für 30 min bei RT schüttelnd inkubiert. Danach wurden die Kügelchen dreimal mit Puffer B gewaschen, um lose gebunden Proteine zu entfernen. Gebundene Proteine wurden im Anschluss mit Hilfe von Elutionspuffer C eluiert (30 min, RT, Schüttler).

Tab. 11: Puffer-Lösungen zur DNA-Affinitäts-Aufreinigung

Zusammensetzung der Puffer		
DNA-Bindepuffer A	Protein-Bindepuffer B	Elutionspuffer C
Tris-HCl ; 50 mM; pH 7,5	Tris-HCl ; 20 mM ; pH 8	Tris-HCl ; 20 mM ; pH 8
EDTA ; 0,5 mM	EDTA; 1 mM	EDTA; 1 mM
NaCl ; 0,75 mM	Glycerin; 10%	Glycerin; 10%
	DTT; 1 mM	DTT; 1 mM
	NaCl; 100 mM	NaCl; 1 M
	Triton X-100; 0,05%	Triton X-100; 0,05%

7.5 Konzentration von Proteinen

Mit Hilfe von Vivaspin 500 Röhrchen der Firma Vivascience, wurden Proteinlösungen ankonzentriert. Hierzu wurden 100 µl der Proteinlösung in die Röhrchen gegeben und diese für 10 min bei 4°C und 13000 rpm zentrifugiert. Durch Membranfilter in den Röhrchen werden Proteine bei der Zentrifugation zurückgehalten, während das Lösungsmittel passieren konnte. Dadurch war es möglich die Protein-Lösung zu konzentrieren.

7.6. NanoLC- MS

Die massenspektrometrischen Analysen der gewünschten isolierten Proteinen wurden mittels NanoLC-MS (Ultraflex; Bruker, Bremen) mit freundlicher Unterstützung von Herrn Jörg Kahnt (MPI für terrestrische Mikrobiologie, Marburg) durchgeführt. Hierzu wurden die Fragmente aus der SDS-PAGE ausgeschnitten, entfärbt und umgepuffert. Nach einer kurzen Trockenphase wurde ein Protease-Verdau mit einer Trypsinlösung [Trypsin (Promega), 50% Acetonitril, 20mM

NH_4HCO_3, H_2O] durchgeführt. Abschließend wurde die Probe auf die NanoLC SpeedVac (Dionex GmbH, Idstein) gegeben und die Peptidfragmente anschließend massenspektrometrisch analysiert. Die Auswertung der Spektren erfolgte durch die vom Hersteller mitgelieferte Software.

8. Mikroskopische Methoden

8.1. Phasenkontrast- und Fluoreszenz-Mikroskopie

Zu Zwecken der Phasenkontrast- und Fluoreszenz-Mikroskopie wurden die entsprechenden *B. subtilis* Stämme unter verschiedenen Bedingungen kultiviert. Ein Aliquot der jeweiligen Zellsuspension mit einer OD_{578} von etwa 0,5 wurde auf Objektträger aufgebracht, die zuvor mit 1%iger Agarose beschichtet wurden, um die Zellen zu immobilisieren. Die eigentliche Mikroskopie erfolgte mit einem Eclipse 50i Mikroskop (Nikon, Düsseldorf) bei einer 1000fachen Vergrößerung (Okular 10x; Objektiv Plan Apo 100x/1,40 Oil Ph3 DM ∞/0,17 WD 0,13). Die Dokumentation erfolgte mit einer am Mikroskop installierten Digitalkamera DS-5Mc (Nikon, Düsseldorf), die Auswertung mit der entsprechenden Kamera-Software NIS-Elements D (Nikon, Düsseldorf).

Die Fluoreszenz-Aufnahmen wurden unter Ausschluss des normalen Durchlichtes sowie unter Verwendung der entsprechenden Fluoreszenz-Filter durchgeführt: GFP (CF-L Epi-Fl Filter Block GFP-L; Ex 460-500/DM505/BA510), DAPI (DAPI ET-Filter Set D350/50x).

8.2. Imunogold-Markierung und Elektronenmikroskopie

Elektronenmikroskopische Aufnahmen von Ultradünnschnitten wurden im Laboratorium für Zellbiologie am Fachbereich Biologie der Philipps-Universität Marburg bei Prof. Dr. Maier von Frau Marianne Johannsen angefertigt. Dazu wurden Zellen des *B. subtilis* Wildtypstammes 168 sowie der *yocH*-Mutante AH023 in SMM Medium kultiviert. Die beiden Stämme wurden in SMM und SMM mit 1,2 M NaCl bei 37°C angezogen, sowie in SMM bei 14°C und 15°C und in SMM mit 0,4 M NaCl bei 15°C. Die einzelnen Kulturen wurden bei den entsprechenden

IV. Material und Methoden

Wachstumstemperaturen im Wasserbad bei 220 rpm bis zu einer OD_{578} von 1,0 inkubiert. Darüber hinaus wurde eine Kultur des *B. subtilis* Wildtystammes 168 in SMM bei 14 °C unter Zugabe von 1 mM Glycinbetain angezogen. Ein Teil dieser Kultur wurde während der exponentiellen Phase bei einer OD_{578} von 1,5 geerntet, der andere während der Absterbephase bei einer OD_{578} von etwa 2,0. Die so kultivierten Zellen wurden mit moderater Umdrehungszahl pelletiert, das Pellet wurde anschließend in Sörensen-Puffer (Sörensen A: 9,078 g KH_2PO_4; Sörensen B: 11,0876 g Na_2PO_4; 380 ml A und 620 ergeben einen pH-Wert von 7,0) aufgenommen. Die Zellen wurden direkt nach der Zellernte mit 4% Glutaraldehyd für 2-4 h fixiert. Im Anschluss erfolgt die Nachfixierung in einer 1%igen Osmiumtretroxid-Lösung (1% OsO_4 in Sörensen-Puffer). Nach jedem Fixierungsschritt wurden die Zellen dreimal mit Sörensen-Puffer gewaschen. Die fixierten Zellen wurden mit Ethanol verschiedener Volumenanteile entwässert und anschließend in einem speziellen Epon-Gemisch eingebettet. Die eingebetteten Zellen wurden schließlich mit einem Ultracut Mikrotom (Reichert-Jung) in 80-100 nm Schichten geschnitten, die einzelnen Schnitte wurden auf Kupfer-Netzen aufgebracht.

Für die Immunogold-Markierung wurden die Zellen lediglich mit 1% Glutaraldehyd fixiert, es erfolgte keine Osmiumtetroxid-Fixierung. Im Anschluss an die bereits erwähnte Entwässerung wurden die Zellen in Lowicryl-Harz eingebettet und wie beschrieben geschnitten. Die Schnitte wurden zunächst mit einem Anti-GFP (Ziege) Antikörper (Rockland, Gilbertsville) inkubiert und im Anschluss mit einem Goldmarkierten Anti-Ziege Antikörper. Die verschiedenen Aufnahmen entstanden schließlich an einem Phillips EM301 Elektronenmikroskop.

V. Ergebnisse

1. Bioinformatische Analyse des *yocH* Gens aus *B. subtilis*

1.1. Der offene Leserahmen des Gens *yocH* und dessen benachbarte Gene

Grundlage dieser Arbeit waren DNA Microarray-Studien, die der Identifizierung der Gene dienten, deren Transkription durch hohe Salinität bzw. adaptives Wachstum bei 15°C beeinflusst wird. So konnten beim Wachstum unter hyperosmotischen Bedingungen (1,2M NaCl) 123 Gene identifiziert werden deren Transkription induziert wird und 101 Gene deren Transkription reprimiert wird (Steil *et al.*, 2003). Unter Bedingungen des adaptiven Wachstums bei 15°C wurden 279 Gene identifiziert, deren Transkription induziert wird und 301 Gene bei denen eine Repression stattfindet (Budde *et al.*, 2006). Das Gen *yocH* zeigte bei diesen Studien unter beiden Bedingungen eine deutliche Induktion auf transkriptioneller Ebene, Der offene Leserahmen des *yocH* Gens umfasst 861 bp und kodiert für ein Prä-Protein mit 287 Aminosäuren und einer Molekularmasse von 30029,20 g/mol (ca. 30 kDa). Der Isoelektrische Punkt liegt laut Berechnungen bei einem pH-Wert von 8,37. Im Genom liegen direkt angrenzend an das *yocH* Gen die Gene *yocI* in gleicher Orientierung und das Operon *yocFG* (*desKR*) in umgekehrter Orientierung.

Ausgehend von Datenbankanalysen (http://genolist.pasteur.fr/SubtiList/) zeigt das YocH Protein Ähnlichkeit zu zellwandbindenden Proteinen. Mit der YocH Protein-Sequenz wurde ein „Blast" durchgeführt und auf Grundlage dessen ein „Gene Ortholog Neighborhood" Alignment erstellt, wobei die Ergebnisse nach absteigender Sequenz-Übereinstimmung dargestellt werden. Bei den orthologen Genen aus *Bacillus amyloliquefaciens*, *Bacillus licheniformis* und *Bacillus pumilus* zeigt sich die höchste Übereinstimmung im Vergleich mit dem *yocH* Gen aus *B. subtilis*. Danach folgen Gene von Vertretern des Genus *Listeria*, *Oceanobacillus*, *Carnobacteria* und *Lactobacillus* sowie Orthologe aus weiteren Vertretern des Genus *Bacillus*. Ein weiterer interessanter Befund, ist das Auftauchen zweier Phagen Sequenzen mit Homologie zum *yocH* Gen. Dies lässt möglicherweise Schlüsse auf die Evolution und Verbreitung des *yocH* Gens zu. Es handelt sich hier bei um den lytischen *Bacillus thuringiensis* Bakteriophagen 0305phi8-36 (Serwer *et al.*, 2007) und den virulenten Bakteriophagen P100, der ein breites Wirtsspektrum zeigt und die Mehrzahl an *Listeria monocytogenes* Stämmen abtöten kann und damit z.B. für die Lebensmittel-Industrie interessant ist (Carlton *et al.*, 2005).

Das „Neighborhood Alignment" zeigt darüber hinaus, dass sich stromabwärts des *yocH* Leserahmens in den vier verglichenen Genomen stets das Gen *yocI* (recQ) befindet welches eine ATP-abhängige DNA-Helikase kodiert. Das *yocFG* (*desKR*) Operon, sowie das Gen *des* finden sich nur im Genom von *B. subtilis* in direkter Nachbarschaft zu *yocH*. Das *desKR* Operon (ursprünglich *yocFG*) kodiert ein temperatursensorisches Zwei-Komponenten System (Aguilar *et al.*; 2001), welches die Transkription des Gens *des* reguliert. Das Gen *des* kodiert die Membran-Phospholipid Desaturase Des welche für die Synthese von ungesättigten Fettsäuren bei niedrigen Temperaturen verantwortlich ist (Aguilar *et al.*, 2001). Der Einbau von Lipiden mit ungesättigten Fettsäuren in die Membran erhöht deren Fluidität und verhindert damit ein „Einfrieren" der Membran. Da Gene aus Effizienz-Gründen oftmals in funktionellen Clustern vorliegen, lässt dieser Befund möglicherweise Spekulationen bezüglich der Funktion des *yocH* Gens zu, so wird das *yocH* Gen bei niedrigen Temperaturen induziert und übernimmt unter diesen Bedingungen offenbar wichtige Aufgaben. Durchgeführt wurde die Analyse mithilfe der Website des „Doe Joint Genome Institute" (http://img.jgi.doe.gov/cgi-bin/pub/main.cgi). Das Ergebnis ist in Abbildung 11 gezeigt.

V. Ergebnisse

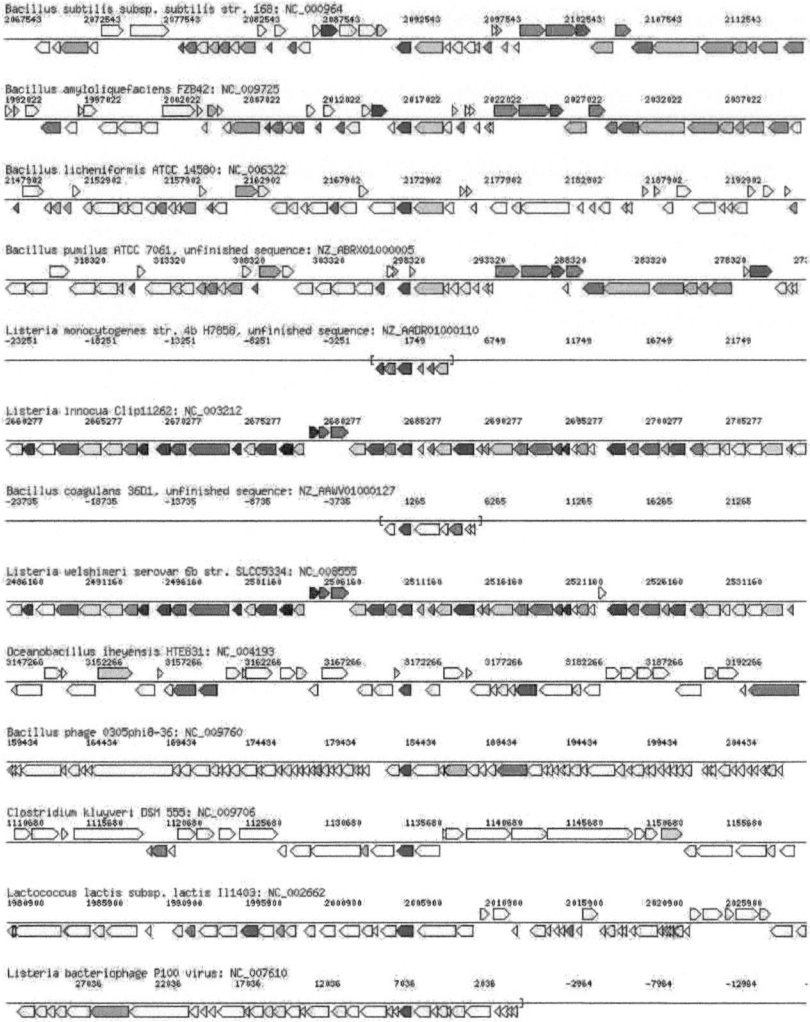

Abb. 11: „Neighborhood-Alingnment" des *yocH* Gens und orthologer Gene anderer Spezies

Dargestellt ist das „Neighborhood Alignment" des *yocH* Gens das mithilfe der Internetpräsenz des „Doe Joint Genome Institute" (http://img.jgi.doe.gov/cgi-bin/pub/main.cgi) erstellt wurde. Das *yocH* Gen ist jeweils rot gefärbt.

1.2. YocH orthologe Proteine sind im Genus *Bacillus* weit verbreitet

Um sich einen Überblick über die Verbreitung YocH orthologer Proteine in anderen Spezies zu verschaffen, wurde das „Search Tool for the Retrieval of Interacting Genes/Proteins" STRING (http://string.embl.de/) herangezogen (von Mering *et al.*, 2005, von Mering *et al.*, 2007). STRING ist eine Datenbank in der bekannte und vorhergesagte Protein-Protein Interaktionen zusammengestellt sind. Die Datenbank beinhaltet zum einen direkte (physikalische) und zum anderen indirekte (funktionelle) Interaktionen verschiedener Gene und Proteine. Es werden zum einen experimentelle Daten herangezogen, Sequenzanalysen und Genomvergleiche sowie bereits veröffentliche Kenntnisse.

Führt man mit STRING eine Analyse auf Grundlage der YocH Protein-Sequenz durch, ergeben sich als direkte bzw. indirekte Interaktionspartner die Proteine YycF, YycG, YycH, YocI (RecQ), YkvT und TagA bzw. deren Gene. Dabei ist bekannt, dass es sich bei YycF, YycG und YycH um Komponenten des einzig essentiellen Zweikomponentensystems aus *B. subtilis* handelt (Howell *et al.*, 2003; Bisicchia *et al.*, 2007). Das Gen *yocI* (*recQ*) wird wie bereits erwähnt (1.1.) aufgeführt, da es direkt an den offenen Leserahmen von *yocH* angrenzt, wobei es sich hierbei nicht um ein Operon handelt (Seibert, 2004). Die Gene *ykvT* und *tagA* gehören wie *yocH* zum YycFG-Regulon und unterliegen dessen direkter Kontrolle auf transkriptioneller Ebene (Bisicchia *et al.*, 2007).

Mithilfe von STRING ist es anschließend möglich sich anzeigen zulassen, in welchen der 373 Spezies der Datenbank das Protein YocH sowie die aufgeführten Interaktionspartner im Genom zu finden sind und wie hoch die Homologie ist. Das Ergebnis ist grafisch dargestellt (Abb. 12) und zeigt, dass homologe Proteine von YocH in allen aufgeführten Vertretern des Genus Bacillus vertreten und konserviert sind. Darüber hinaus finden sich YocH homologe Proteine in einer Vielzahl von Vertretern des Phylums *Firmicutes* wie z.B. in den Genera *Lactobacillus, Listeria* und *Clostridium* und wenn auch mit deutlich geringerer Homologie, in einer Reihe von Vertretern der Klasse der *Gammaproteobacteria*.

Auf Grundlage dieser Übersicht würde schließlich ein Alignment der YocH homologen Proteine aus *B. subtilis*, *B. amyloliquefaciens*, *B. licheniformis* und *B.*

pumilus erstellt. Dieses zeigt, dass das YocH Protein in diesen Species hoch konserviert ist (Abb. 13).

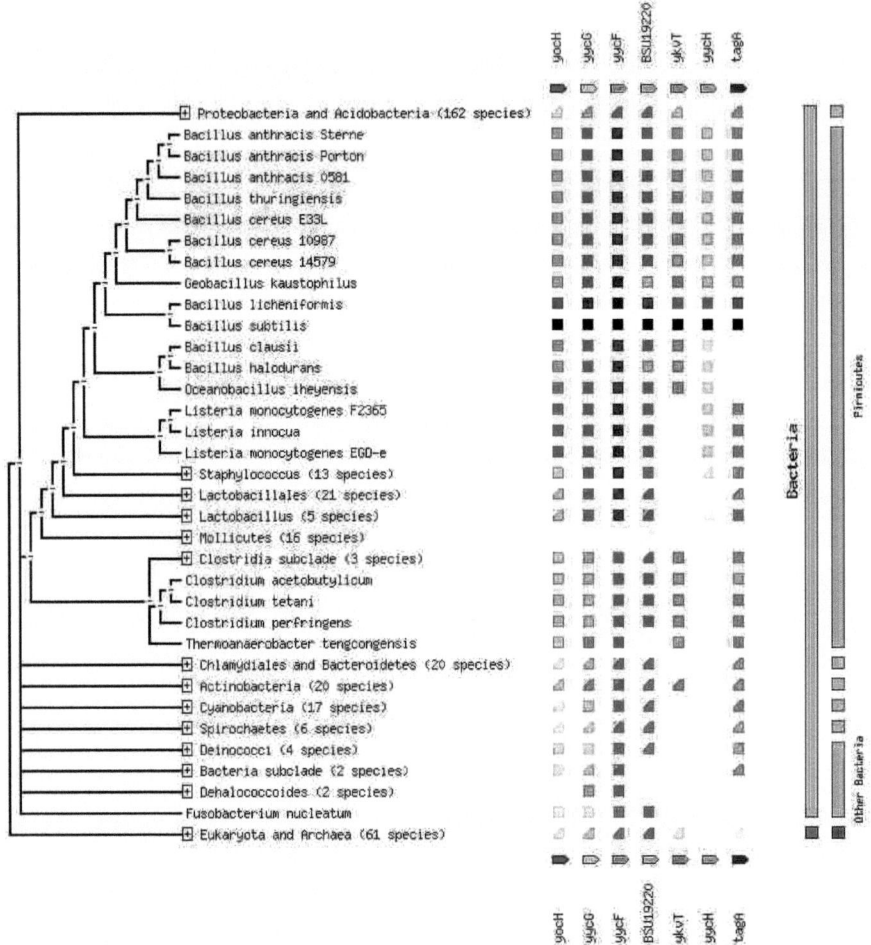

Abb. 12: Präsenz des *yocH* Gens in bakteriellen Genomen

Dargestellt ist die Verbreitung des *yocH* Gens sowie der damit verknüpften Gene innerhalb der *Bacteria*. Die Übersicht wurde mithilfe des "Search Tool for the Retrieval of Interacting Genes/Proteins" STRING (http://string.embl.de/) erstellt. Je intensiver (dunkler) die Färbung, desto höher die Sequenzübereinstimmung der orthologen Gene.

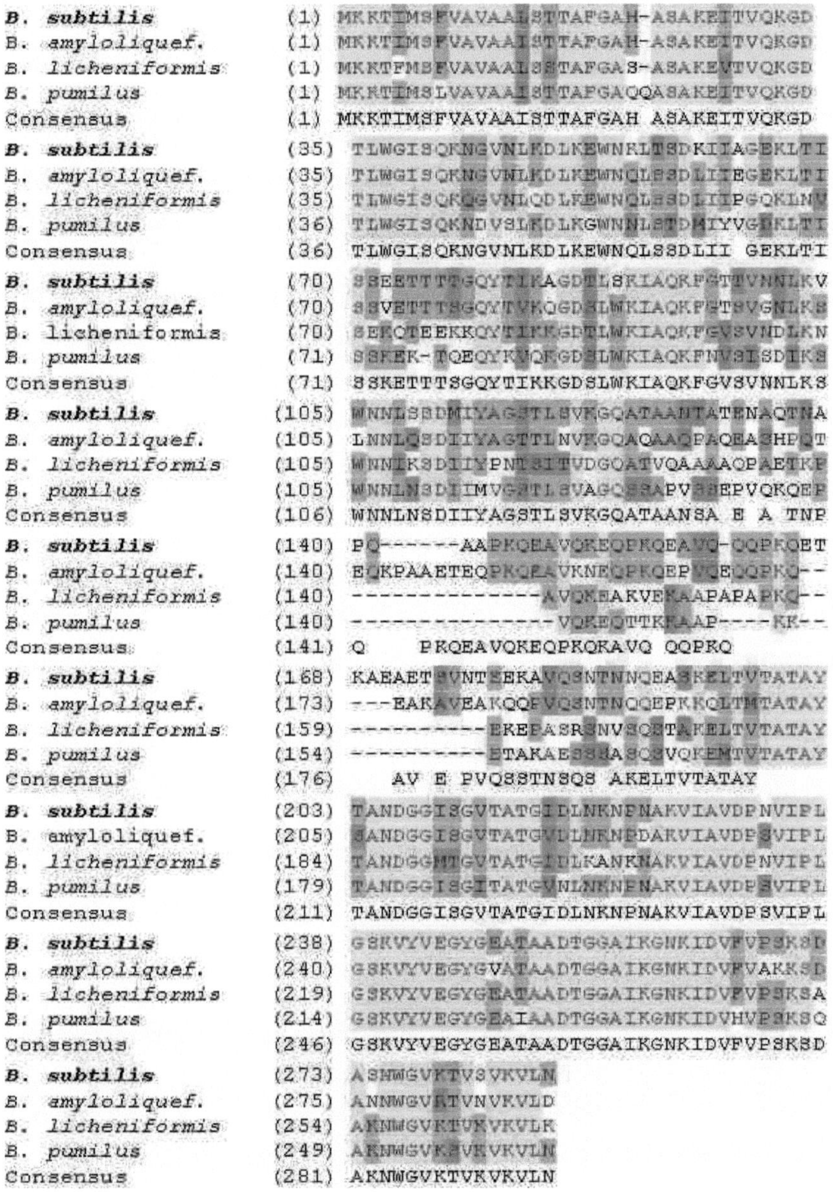

V. Ergebnisse

```
B. subtilis       (1)   MKKTIMSFVAVAAISTTAFGAH-ASAKEITVQKGD
B. amyloliquef.   (1)   MKKTIMSFVAVAAISTTAFGAH-ASAKEITVQKGD
B. licheniformis  (1)   MKKTFMSFVAVAALSSTAFGAS-ASAKEVTVQKGD
B. pumilus        (1)   MKKRTIMSLVAVAAISTTAFGAQQASAKEITVQKGD
Consensus         (1)   MKKTIMSFVAVAAISTTAFGAH ASAKEITVQKGD

B. subtilis       (35)  TLWGISQKNGVNLKDLKEWNRLTSDKIIAGEKLTI
B. amyloliquef.   (35)  TLWGISQKNGVNLKDLKEWNQLSSDLIIEGEKLTI
B. licheniformis  (35)  TLWGISQKQGVNLQDLKEWNQLSSDLIIPGQKLNV
B. pumilus        (36)  TLWGISQKNDVSLKDLKGWNNNLSTDMIYVGEKLTI
Consensus         (36)  TLWGISQKNGVNLKDLKEWNQLSSDLII GEKLTI

B. subtilis       (70)  SSEETTTTSGQYTIKAGDELSRIAQKFSTTVNNLKV
B. amyloliquef.   (70)  SSVETTTSGQYTVKQGDSLWKIAQKFPTSVGNLKS
B. licheniformis  (70)  SEKQTEEKKQYTIKKGDTLWKIAQKFGVSVNDLKN
B. pumilus        (71)  SSKEK-TQEQYKVQKGDSLWKIAQKFNVSISDIKS
Consensus         (71)  SSKETTTSGQYTIKKGDSLWKIAQKFGVSVNNLKS

B. subtilis       (105) WNNLSSDMIYAGSTLSVKGQATAANTATENAQTNA
B. amyloliquef.   (105) LNNLQSDIIYAGTTLNVKGQAQAAQPAQEASHPQT
B. licheniformis  (105) WNNIKSDIIYPNTSITVDGOATVQAAAAQPAETKP
B. pumilus        (105) WNNLNSDIIMVGSTLSVAGQESAPVSSEPVQKQEP
Consensus         (106) WNNLNSDIIYAGSTLSVKGQATAANSA E A TNP

B. subtilis       (140) PQ------AAPKQEAVQKEQPKQEAVQ-QQPKQET
B. amyloliquef.   (140) EQKPAAETEQPKQEAVKNEQPKQEPVQEQQPKQ--
B. licheniformis  (140) ---------------AVQKEAKVEKAAPAPAPKQ--
B. pumilus        (140) --------------VQKEQTTKRAAP----KK--
Consensus         (141) Q      PKQEAVQKEQPKQEAVQ QQPKQ

B. subtilis       (168) KAEAETSVNTSEKAVQSNTNNQEASKELTVTATAY
B. amyloliquef.   (173) ---EARAVEAKQQFVQSNTNQQEPKKQLTMTATAY
B. licheniformis  (159) ----------EKEPASRSNVSQSTAKELTVTATAY
B. pumilus        (154) ----------ETAKAESSHASQSVQKEMTVTATAY
Consensus         (176)           AV E PVQSSTNSQS AKELTVTATAY

B. subtilis       (203) TANDGGISGVTATGIDLNKNPNAKVIAVDPNVIPL
B. amyloliquef.   (205) SANDGGISGVTATGVDLNKNPDARVIAVDPSVIPL
B. licheniformis  (184) TANDGGMTGVTATGIDLKANKNARVIAVDPNVIPL
B. pumilus        (179) TANDGGISGITATGVNLNKNPNAKVIAVDPSVIPL
Consensus         (211) TANDGGISGVTATGIDLNKNPNAKVIAVDPSVIPL

B. subtilis       (238) GSKVYVEGYGEATAADTGGAIKGNKIDVFVPSKSD
B. amyloliquef.   (240) GSKVYVEGYGVATAADTGGAIKGNKIDVFVAKKSD
B. licheniformis  (219) GSKVYVEGYGEATAADTGGAIKGNKIDVFVPSKSA
B. pumilus        (214) GSKVYVEGYGEAIAADTGGAIKGNKIDVHVPSKSQ
Consensus         (246) GSKVYVEGYGEATAADTGGAIKGNKIDVFVPSKSD

B. subtilis       (273) ASNWGVKTVSVKVLN
B. amyloliquef.   (275) ANNWGVRTVNVKVLD
B. licheniformis  (254) AKNWGVKTVKVKVLR
B. pumilus        (249) AKNWGVKSVKVKVLN
Consensus         (281) AKNWGVKTVKVKVLN
```

Abb. 13: Alignment der YocH Proteinssequenz zwischen eng verwandten *Bacilli*

Gezeigt ist ein Alignment des YocH Proteins aus *B. subtilis* mit orthologen Proteinen aus *B. amyloliquefaciens*, *B. licheniformis* und *B. pumilus*.

V. Ergebnisse

1.3. Das YocH Protein weißt zwei N-terminale LysM-Domänen auf

Eine Reihe bakterieller, sekretierter Proteine werden in der Zellhülle der Produzenten zurückgehalten, indem sie nicht-kovalent an das Peptidoglykan binden. Für diese Zellwand-Bindung sind spezifische Domänen der jeweiligen Proteine verantwortlich, am prominentesten die so genannte LysM-Domäne (Lysin Motif; Pfam PF01476). Datenbankanalysen zeigen, dass es mehr als 4000 pro- und eukaryotische Proteine gibt, die eine oder mehrere LysM-Domänen aufweisen (Buist *et al.*, 2008) Die Domäne umfasst dabei ca. 40 Aminosäuren und findet sich vor allem in Proteinen bzw. Enzymen, die am Abbau und der Restrukturierung des Peptidoglykans beteiligt sind (Buist *et al.*, 2008). Sequenzvergleiche mithilfe der „Conserved Domain Database" (CDD; http://www.ncbi.nlm.nih.gov/Structure/cdd/cdd.shtml) des „National Centre for Biotechnology Information" (NCBI) zeigen, dass YocH zwei N-terminale LysM-Domänen aufweißt (Abb. 14 C). Die Konsensus-Sequenz für die LysM-Domäne (cd00118) der CDD wurde mithilfe des Moduls AlignX der Vector NTI Software (Informax, Invitrogen GmbH, Karlsruhe) mit den vorhergesagten LysM-Domänen (YocH-LysM1 und YocH-LysM2) des YocH Proteins verglichen (Abb. 14). Dabei zeigte sich eine Übereinstimmung von 39,1% (YocH-LysM1) bzw. 45,5% (YocH-LysM2) der LysM-Domänen von YocH im Vergleich mit der Konsensus-Sequenz der CDD. Darüber hinaus wurde die Sequenz der LysM-Domäne der membrangebundenen lytischen Transglycosylase D (MltD) aus *E. coli* mit den LysM-Domänen des YocH Proteins verglichen.

A)

```
CD00118-LysM    (  3) --YTVKKGDTLSSIAQRYGISVEELLKLNGLSDPDNLQVGQKLKIP
YocH-LysM1      ( 26) KEITVQKGDTLWGISQKNGVNLKDLKEWNKLTS-DKIIAGEKLTIS
YocH-LysM2      ( 80) --YTIKAGDTLSKIAQKFGTTVNNLKVWNNLSS-DMIYAGSTLSVK
Consensus            YTVKKGDTLS IAQKFGISV DLK WN LSS D I AG KLSI
```

B)

```
MltD-LysM       (  3)ITYRVRKGDSLSSIAKRHGVNIKDVMRWNSDTAN-LQPGDKLTLFVK
YocH-LysM1      ( 26)KEITVQKGDTLWGISQKNGVNLKDLKEWNKLTSDKIIAGEKLTIS--
YocH-LysM2      ( 80)--YTIKAGDTLSKIAQKFGTTVNNLKVWNNLSSDMIYAGSTLSVK--
Consensus            --YTVKKGDTLS IAQK GVNIKDLK WN LTSD I AGDKLTI
```

V. Ergebnisse

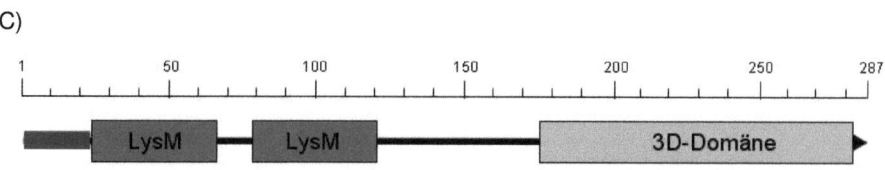

Abb. 14: Alignment der LysM-Domänen des YocH Proteins

Gezeigt ist ein Alignment der beiden N-terminalen LysM-Domänen (LysM1 und LysM2) des YocH Proteins aus *B. subtilis* mit der Consensus-Sequenz für die LysM-Domäne der „Conserved Domain Database" (CD00118-LysM) sowie mit der LysM-Domäne des MltD-Proteins (MltD-LYsM) aus *E. coli* (A und B). Darüber hinaus ist eine schematische Abbildung der Domänen-Architektur des YocH-Proteins gezeigt (C), mit dem N-terminalen Signalpeptid (dunkelblau), den beiden LysM-Domänen (rot) und der 3D-Domäne (hellblau).

1.4. Das YocH Protein wird sekretiert

Mithilfe des SignalP Algorithmus (http://www.cbs.dtu.dk/services/SignalP/) konnte ermittelt werden, dass YocH ein N-terminales Signalpeptid besitzt. Dieses Signalpeptid ist vom Sec-Typ und findet sich bei sekretierten Proteinen, welche über die Sec-abhängige Sekretions-Maschinerie durch die Cytoplasmamembran geschleust werden (Tjalsma *et al.*, 2000). Signalpeptide des Sec-Typs haben eine durchschnittliche Länge von 28 Aminosäuren und zwei bis drei positiv geladene Lysin- oder Arginin-Reste in der N-terminalen Domäne (N). Die hydrophobe Domäne (H) hat eine durchschnittliche Länge von 19 Aminosäuren und oftmals einen Glycin-Rest in der Mitte. Die C-Domäne (C) trägt die Zielsequenz (Konsensus: A-S-A) für die Typ I Signalase (SPase I). Laut Vorhersage des Programmes SignalP erfolgt die Restriktion des Signalpeptids mit größter Wahrscheinlichkeit vor Position 25 oder 26, dennoch liegt in Position -1 bis -3 von dort eine Erkennungssequenz für die SPase I mit der Sequenz A-H-A, so dass anzunehmen ist, dass die Aminosäure in Position 24 (Tjalsma *et al.*, 2000) die erste des reifen Proteins ist (Abb. 15). Durch Proteom Analysen konnte das *B. subtilis* Zellwand-Proteom, sowie das Sekretom definiert werden (Tjalsma *et al.*, 2004). Dabei konnte neben den Proteinen LytD, WapA, YvcE und YwtD auch das YocH Protein im extrazellulären Proteom identifiziert werden, was die vorangegangene Computeranalyse bestätigt. Das Signalpeptid des YocH Proteins ist nachfolgend dargestellt (Abb 10). Zellwand-assoziierte Proteine müssen zwangsläufig aus der Zelle heraus transportiert werden, um zu ihrem Bestimmungs-Ort zu gelanden, so dass es sich bei Zellwand-Hydrolasen immer um sekretierte Proteine handeln muss. Hierbei ist es im Übrigen kein Widerspruch, dass sich das YocH Protein im Sekretom und nicht etwa im Zellwand-Proteom von *B. subtilis* findet (Tjalsma *et al.*, 2004). Zellwand-Hydrolasen sind nicht zwangsläufig permanent an ihr Substrat gebunden und es gibt eine Reihe von Zellwand-Hydrolasen, die ebenfalls nichts im Zellwand-Proteom aber im Sekretom identifiziert werden konnten (Tjalsma *et al.*, 2004).

Abb. 15: Die Sequenz des vorhergesagten YocH-Signalpeptids

Dargestellt ist die Sequenz des YocH-Signalpeptid. Unterstrichen ist die Erkennungssequenz der SPase I. Die Schnittstelle ist durch einen Pfeil gekennzeichnet. Serin ist damit die N-terminale Aminosäure des reifen Proteins (Tjalsma *et al.*, 2000; Tjalsma *et al.*, 2004).

1.5. Der C-Terminus des YocH Proteins zeigt Homologie zum MltA Protein aus *E. coli*

Globale Sequenzvergleiche der YocH Proteinsequenz mithilfe der „Conserved Domain Database" (CDD; http://www.ncbi.nlm.nih.gov/Structure/cdd/cdd.shtml) des „National Centre for Biotechnology Information" (NCBI) zeigen, dass der C-terminale Bereich des YocH Proteins Ähnlichkeit zu Domänen der 3D-Superfamilie (cl01439) aufweißt (Abb. 14 C; Abb. 16). Die relativ kurze 3D-Domäne ist durch drei konservierte Aspartat-Reste gekennzeichnet und erhielt daher ihren Namen. Es wurde gezeigt, dass diese Domäne Teil der katalytischen, doppelten-ψ β–Fass Domäne der membrangebundenen lytischen Transglycosylase MltA aus *E. coli* ist (van Straaten *et al.*, 2005; van Straaten *et al.*, 2007). In diesem Zusammenhang sei erwähnt, dass es sich bei lytischen Transglycosylasen (LTs) um bakterielle Muramidasen handelt, die das Peptidoglykan während des Zellwand-Turnovers schneiden, die Zellteilung erleichtern und die Zellwand lokal öffnen, ohne deren Integrität zu stören. Dabei hydrolysieren diese Enzyme die β-1,4-glykosidische Bindung zwischen der N-acetylmuraminsäure (MurNAc) und N-acetylglucosamin

(GlcNAc), den beiden Zuckern welche die Glykanstränge des Peptidoglykans bilden (Abb. 5). Einhergehend mit der Hydrolyse dieser Bindung, katalysieren LTs eine intramolekulare Transglykosylierung, die in der Bildung von Muropeptiden mit einem nicht-reduzierenden 1,6-anhydromuraminsäure Rest terminieren. Da das pH-Optimum der MltA-Aktivität bei 4,0 – 4,5 liegt, ist anzunehmen, dass einer der Aspartat-Reste als katalytische Säure/Base dient. Das MltA Protein aus *E. coli* besteht vornehmlich aus β-Faltblättern. Diese bilden zusammen zwei Dömänen, von denen die größere die 3D-Domäne enthält. Die 3D-Struktur von MltA unterscheidet sich trotz der großen Übereinstimmung auf Sequenzebene deutlich von der Struktur anderer lytischer Transglycosylasen, die eine Lysozym-ähnliche α-helikale Struktur aufweisen. Vergleicht man die Sequenz des kurzen C-terminalen Abschnittes von MltA, der die 3D-Domäne beinhaltet mit dem C-Terminus des YocH Proteins aus *B. subtilis* und der orthologen YocH Proteine aus *B. amyloliquefaciens*, *B. pumilus* und *B. licheniformis*, zeigen sich deutliche Übereinstimmungen. Es wurden ebenfalls lytische Transglycosylasen bzw. MltA-Homologe verschiedener Gram-negativer und Gram-positiver Organismen in das Alignment einbezogen. Dies zeigt, dass diese Proteinfamilie eine hohe Konservierung des C-Terminus aufweist, dort insbesondere in der Region, welche die 3D-Domäne trägt (Abb. 16). Das gezeigte Alignment vergleicht verschiedene MltA-ähnliche Proteine aus Gram-negativen Organismen mit orthologen Proteinen aus Gram-positiven Mikroorganismen, die man auch der Familie der Rpf/Sps-Proteine (resuscitation-promoting factor/stationary phase survival) zuordnet (Ravagnani *et al.*, 2005; Eiamphungporn und Helman, 2008). *B. subtilis* besitzt mit YocH, YabE, YuiC und YorM, vier Rfp/Sps-Proteine (Eiamphungporn und Helmann, 2008), wobei YabE die höchste Sequenzüberstimmung mit YocH bei globalen Blast-Analysen zeigt. Es konnte gezeigt werden, dass diese Proteine in der Lage sind bakterielle Zellen, die sich im Ruhezustand befinden (non-growth state) wieder „aufzuwecken" und das Zellwachstum wieder zu stimulieren (Keep *et al.*, 2006), wobei Sps-Proteine eine wichtige Rolle beim Überleben bakterieller Zellen während der stationären Phase spielen. Mithilfe des „Swiss Model" Algorithmus (Arnold *et al.*, 2006; http://swissmodel.expasy.org/) war eine automatisierte Protein-Struktur Modellierung des YocH Proteins auf Basis eines Homologie-Vergleiches möglich (Daten nicht gezeigt). Hierzu wurde der im Alignment gezeigte C-terminale Bereich des YocH-Proteins, der Homologie zur 3D-Domäne zeigt, auf Basis der existierenden MltA-

Struktur (PDB: 2ae0X) modelliert. Die modellierte Struktur des C-terminalen Bereichs von YocH konnte mit der MltA-Struktur überlagert werden. Dabei zeigt sich, dass die Aminosäuren, welche eine wichtige Rolle beim postulierten Reaktionsmechanismus des MltA Proteins spielen, auch im Modell des YocH C-Terminus zu finden sind. So wird angenommen, dass ein Aspartat-Rest an Position 308 (Asp-308) des reifen MltA Proteins als katalytische Säure/Base fungiert und dessen Orientierung durch einen Threonin-Rest an Position 99 (Thr-99) stabilisiert wird. Vergleicht man dies mit der Sequenz des reifen YocH-Proteins zeigt sich hierbei eine Übereinstimmung mit Asp-242 und Thr-54.

V. Ergebnisse

```
                            *          *
E. coli              ( 1)ASVASDRSIIPPGTTLLAEVPLLDNNGKFNGQ--YELRLMVA
P. aeruginosa        ( 1)YSVAIDRKVIPLGSLMWLSTTRPDDGS-------AVVRPVAA
S. typhi             ( 1)ASVASDRSIIPPGTTLLAEVPLLDNNGKFSGQ--YELRLMVA
S. typhimurium       ( 1)ASVASDRSIIPPGTTLLAEVPLLDNNGKFSGQ--YELRLMVA
S. flexneri          ( 1)ASVASDRSIIPPGTTLLAEVPLLDNNGKFNGQ--YELRLMVA
H. ducreyi           ( 1)ASVASDKNLVPSGSVLLVEMPLIDHHGNWTGK--HEMRLMVA
M. loti              ( 1)RSVAVDRLLHTFGTPFYIDAPTLTAFE---KR--PFRRLMIA
V. cholerae          ( 1)ASVAGDRSILPMGTPILAEVPLLNADGTWSGA--HQLRLLIV
B. suis              ( 1)RSMAVDRLLHTFGTPFYVSAPTLCAFG---GE--PFARLMIA
B. subtilis YocH     ( 1)KVIAVDPNVIPLGSKVYVEGYGEATAA---------------
B. subtilis YabE     ( 1)KVIAVDPNVIPLGSKVHVEGYGYAIAA---------------
B. anthracis         ( 1)-------KVIPLGSKVWVEGYGEAIAG---------------
B. halodurans        ( 1)KVIAVDPNVIPLGSRVHVEGYGTAIAG---------------
O. iheyensis         ( 1)KIIAVDPSVIPLGTKVHVEGYGEAIAG---------------
L. monocytogenes     ( 1)KVIAVDPRIIPLGSKVWVEGYGEAIAG---------------
L. innocua           ( 1)KVIAVDPNVIPLGSKVWVEGYGEAIAG---------------
C. perfringens       ( 1)STIAVDPSVIPLGSKVYIPGYGYAIAS---------------
C. acetobutylicum    ( 1)RVIAVDPSVIKLGTRVYLQFPDNKRYQTKNGQRYDLNGWYTA
Consensus            ( 1)KSIAVDR VIPLGSKVYVEGP    AG          R M A

                         * *      *
E. coli              (41)LDVGGAIKG-QHFDIYQGIGPEAGHRAGWYNHYGRVWVL-
P. aeruginosa        (36)QDTGGAIVGEVRADLFWGTGDAAGELAGHMKQPGRLWLL-
S. typhi             (41)LDVGGAIKG-QHFDIYQGIGPDAGHRAGWYNHYGRVWVL-
S. typhimurium       (41)LDVGGAIKG-QHFDIYQGIGPDAGHRAGWYNHYGRVWVL-
S. flexneri          (41)LDVGGAIKG-QHFDIYQGIGPEAGHRAGWYNHYGRVWVL-
H. ducreyi           (41)LDVGGAVKG-QHFDLYQGIGERAGHQAGLMKHYGRVWVL-
M. loti              (38)QDTGSAITGPARGDLFAGSGDAAGEIAGVVRNAADFYAL-
V. cholerae          (41)LDTGGAVKQ-NHLDLYHGMGPRAGLEAGHYKHFGRVWKL-
B. suis              (38)QDTGTAIVGPARGDLFTGSGDEADKIAGGIKDEADFYVL-
B. subtilis YocH     (28)-DTGGAIKG-NKIDVFVPSKSDASNWG---VKTVSVKVLN
B. subtilis YabE     (28)-DTGSAIKG-NKIDVFFPEKSSAYRWG---NKTVKIKILN
B. anthracis         (21)-DTGSAIKG-NRIDVLMGSKSKAMNWG---RQTVKVKIL-
B. halodurans        (28)-DTGGAIVG-NKIDVHMPSTAEAQRWG---RKTVKVTILD
O. iheyensis         (28)-DTGGNIVG-NRIDVHVPSRSDAYAWG---VRTVKVTILD
L. monocytogenes     (28)-DTGGAIKG-NIVDVYFPNESQCYSWG---RRMVTVKVLN
L. innocua           (28)-DTGGVIKG-NIVDVYFPNESQCYSWG---RRMVTVKVLN
C. perfringens       (28)-DTGGVIKG-NIIDLYMNSHDECISWG---RRQVTLHIV-
C. acetobutylicum    (43)HDTGGAIKG-NHIDLF------------------------
Consensus            (43) DTGGAIKG N IDLY G G EA   AG    R GRVWVL
```

Abb. 16: Alignment des C-Terminus des YocH Proteins mit der katalytischen Domäne verschiedener lytischer Transglycosylasen

Gezeigt ist ein Alignment der C-terminalen Region des YocH Proteins mit der Region des MltA Proteins aus *E. coli*, welche die katalytische 3D-Domäne trägt, die typisch für lytische Transglycosylasen ist. Daneben sind einer Reihe weiterer Vertreter der Familie lytischer Transglycosylasen und MltA-homologer Proteine aufgeführt. Die roten Sterne geben jeweils konservierte Aminosäuren an, hierunter auch die drei Aspartatreste (D), die die 3D-Domäne bilden.

1.6. Die Organisation des *yocH* Promotors

Der Startpunkt der *yocH* Transkription wurde durch eine Primer-Extension Analyse bestimmt (Seibert, 2003). Dabei ergab sich unter allen getesteten Bedingungen, Wachstum bei 37°C in SMM und SMM mit 0,4 M NaCl, sowie in SMM bei 15°C der gleiche Transkriptions-Start. Die putativen -35 und -10 Regionen zeigen hierbei eine Übereinstimmung mit der Konsensussequenz σ^A-abhängiger Promotoren. Die –10 und –35 Boxen sind 16 bp voneinander entfernt, ein TG-Motiv befindet sich an der Position –16 (Abb. 17), was man in vielen *B. subtilis* Promotorsequenzen findet. Dies stellt ein wichtiges Element für die erfolgreiche Initiation der Transkription dar (Helman, 1995).

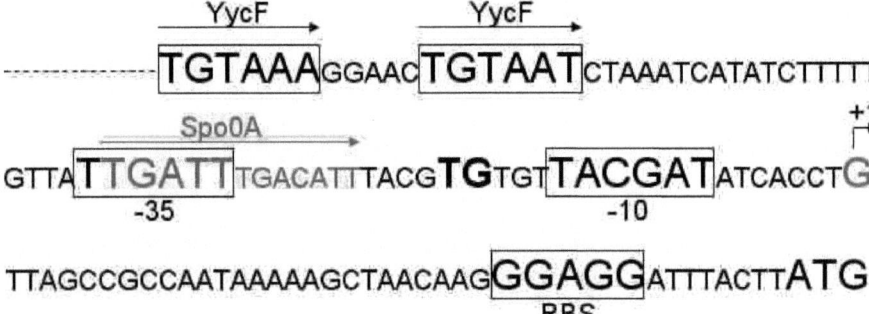

Abb. 17: Die Organisation des Promotors des *yocH* Gens

Schematisch dargestellt, ist die Organisation des *yocH* Promotors, wobei die einzelnen Promotor-Elemente, die für die Regulation wichtig sind, hervorgehoben bzw. mit einem Pfeil und/oder einer Box versehen wurden: Ribosomenbindestelle (RBS), YycF-Bindestelle (YycF; Regulator des Zwei-Komponenten Systems YycFG), Spo0A-Bindestelle (Spo0A; Transkriptions-Regulator), Transkriptionsstart (+1), Promotor (-10 und -35) und TG-Motiv (TG; konserviert bei SigmA-abhängigen Promotoren)

2. Lokalisierung des *yocH*-Genproduktes mit Hilfe des *gfp*-Fusionsstammes TMSB2

Die bereits erwähnten Datenbankanalysen und bioinformatischen Betrachtungen weisen darauf hin, dass das YocH Protein mithilfe seiner beiden N-terminalen LysM-Domänen an das Peptidoglykan bindet. Um dieser Zellwandbindung bzw. der Lokalisierung des YocH Proteins in bzw. auf der Zelle auf den Grund zu gehen wurde der Stamm TMSB2 (168 (*amyE*::[Φ(*yocH-gfp*)1 cat])) kontrsuiert. Dieser trägt eine translationelle Fusion des promotorlosen Gens *gfp* C-terminal an den gesamten offenen Leserahmens des *yocH* Gens (ohne Stopcodon) inklusive dessen regulatorischer Promotor-Region fusioniert und in den *amyE*-Lokus des Genoms integriert. Der Stamm TMSB2 expremiert damit ein YocH-GFP Fusionsprotein, unter Kontrolle des *yocH* eigenen Promotors.

Der Stamm TMSB2 wurde zur Lokalisierung des YocH-GFP Fusionsproteins unter verschiedenen Wachstumsbedingungen angezogen bei denen der *yocH*-Promotor induziert wird. Hierzu wurden zunächst Vorkulturen dieses Stammes über Nacht bei 37°C und 220 rpm im Wasserbad bis zu einer OD_{578} von 1,0 inkubiert. Mithilfe der Vorkulturen wurden schließlich jeweils 20 ml SMM und SMM mit erhöhter Osmolarität (0,4 M NaCl bzw. 1,2 M NaCl) beimpft. Die entsprechenden Kulturen wurden bei 14°C, 15°C und 37°C inkubiert, gegebenenfalls unter Zugabe von 1 mM Glycin Betain. Die Kulturen wurden bis zum Erreichen einer frühen bzw. mittleren, exponentiellen Wachstumsphase (OD_{578} 0,5 – 0,8) inkubiert, es wurden schließlich Aliquots entnommen und fluoreszenzmikroskopisch untersucht. Als Kontrolle diente der Stamm TMSB26 (168 *amyE*::[Φ(*gfp*)1 *cat*]), der ein promotorloses *gfp* Gen trägt und bei keiner Wachstumsbedingung eine Fluoreszenz zeigte.

2.1. Das YocH-GFP Fusionsprotein komplementiert den Phänotyp der *yocH*-Mutante unter hyperosmotischen Bedingungen bei 37°C

Um auszuschließen, dass es sich bei den im Folgenden gezeigten Beobachtungen bzw. Ergebnissen um Artefakte handelt, sollte überprüft werden ob das YocH-GFP Fusionsprotein funktionell ist. Hierzu wurde das Fusions-Konstrukt in die *yocH*-Mutante (AH023) eingebracht und damit der Stamm TMSB25 (168 Δ(*yocH::neo*)1 *amyE*::[Φ(*yocH-gfp*)1 *cat*]) konstruiert. Dieser Stamm wurde neben dem Wildtypstamm 168 und der *yocH*-Mutante AH023 in SMM mit 1,2 M NaCl bei 37 °C und 220 rpm im Wasserbad herangezogen. Die Haupkulturen wurden mit Vorkulturen einer OD_{578} von 1,0 auf eine OD_{578} von 0,1 beimpft und anschließend für 16 Stunden inkubiert.

Es zeigt sich deutlich, dass der Stamm TMSB25 nach 16 Stunden eine ähnliche Zelldichte erreicht wie der Wildtyp, wohingegen die *yocH*-Mutante wie zuvor gezeigt einen deutlichen Wachstumsnachteil unter diesen Bedingungen zeigte (Abb. 18). Das YocH-GFP Fusionsprotein ist demnach in der Lage den Phänotyp der *yocH*-Mutante funktionell zu komplemetieren und damit den Wachstumsnachteil auszugleichen. Demnach ist das YocH-GFP Fusionsprotein funktionell, wird korrekt sekretiert, gefaltet auf der Zelloberfläche bzw. in der Zellwand lokalisiert. Eine Komplementation bei 15 °C war allerdings nicht möglich (Daten nicht gezeigt).

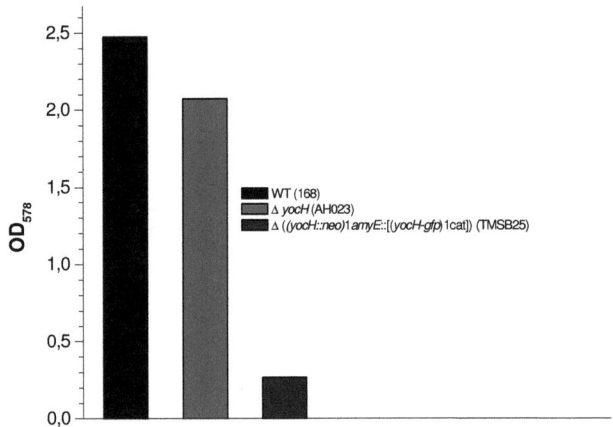

Abb. 18: Das YocH-GFP Fusionsprotein gleicht den Wachstumsnachteil des *yocH*-Deletionsstammes TMSB25 bei erhöhter Osmolarität aus

Dargestellt ist die optische Dichte OD_{578} der drei *B. subtilis* Stämme 168, AH023 (168 Δ(*yocH::neo*)1) und TMSB25 (168 Δ(*yocH::neo*)1 *amyE*::[Φ(*yocH-gfp*)1 cat]) nach 16 Stunden Wachstum in SMM mit 1,2 M NaCl bei 37 °C. Der Stamm TMSB25 exprimiert ein YocH-GFP Fusionsprotein unter Kontrolle des natürlichen *yocH*-Promotors.

2.2. Das YocH Protein ist in Zellwand und Septum von *B. subtilis* lokalisiert

Die unter den verschiedenen Wachstumsbedingungen herangezogenen Zellen des Stammes TMSB2 wurden mithilfe von Phasenkontrast- bzw. Fluoreszenz-Mikroskopie analysiert und die Ergebnisse mittels einer Digitalkamera dokumentiert. Das YocH-GFP Fusionsprotein, das unter transkritptioneller Kontrolle des hoch aktiven *yocH*-Promotors steht, wird angesichts der sehr hellen Fluoreszenz offenbar äußerst stark expremiert. Dieser Umstand macht zwar auf der einen Seite die Betrachtung der Zellen einfacher, die Lokalisierung des YocH-GFP Fusionsproteins wird aber angesichts der starken Fluoreszenz erschwert, da die einzelnen Zellen oftmals gänzlich zu fluoreszieren scheinen. Bei der direkten Betrachtung der Zellen im Mikroskop lässt eine deutlich stärkere Fluoreszens der Zellhülle (Zellwand) und des Septums bei sich teilenden Zellen erkennen. Durch die Dokumentation mit der Digitalkamera, ging jedoch dieser Kontrast teilweise verloren, was die Nachbearbeitung der Aufnahmen notwendig machte. Hierzu wurde die Software "Hygens Essential" zur Dekonvolution (Scientific Volume Imaging) zur Hilfe genommen. Diese ermöglicht die Optimierung der Bildqualität und insbesondere eine Verbesserung der Auflösung von lichtmikroskopischen Fluoreszenzaufnahmen, indem mittels mathematischer Modelle die durch den Abbildungsprozess (Lichtweg, Objektiv, Detektionssystem usw.) hervorgerufenen Verzerrungen herausgerechnet werden. Die bearbeiteten Aufnahmen zeigen einen deutliche Lokalisierung des YocH-GFP Fusionsprotein in der Zellhülle bzw. Zellwand und im Septum sich teilender Zellen. Dabei scheint das YocH-GFP Fusionsprotein gleichmäßig über die gesamte Zellhülle, die Zellpole und die laterale Zellwand verteilt zu sein. Es zeigen sich bei der Lokalisierung keine signifikanten Unterschiede bei den verschiedenen Wachstumsbedingungen (Abb. 19 und Abb. 20). Ein interessanter Effekt zeigt sich auch bei der Zugabe von Glycin Betain beim Wachstum des Stammes TMSB2 bei 14°C in SMM (Abb. 21). Wie schon bereits gezeigt, bilden sich unter diesen Bedingungen lange Zellketten. Auch unter diesen Wachstumsparametern ist das YocH-GFP Fusions Protein über die gesamte Zellhülle verteilt und es zeigt sich auch hier, dass es sich nicht um lange Einzel-Zellen handelt sondern um Zellketten, da die einzelnen, abteilenden Septen deutlich fluoreszierend erkennbar sind. Darüber hinaus zeigt sich, dass sich in den im Phasenkontrast blass und kontrastarm erscheinenden Zellen in der Absterbephase keine Fluoreszenz des YocH-GFP Fusionsproteins zeigt (Abb. 22).

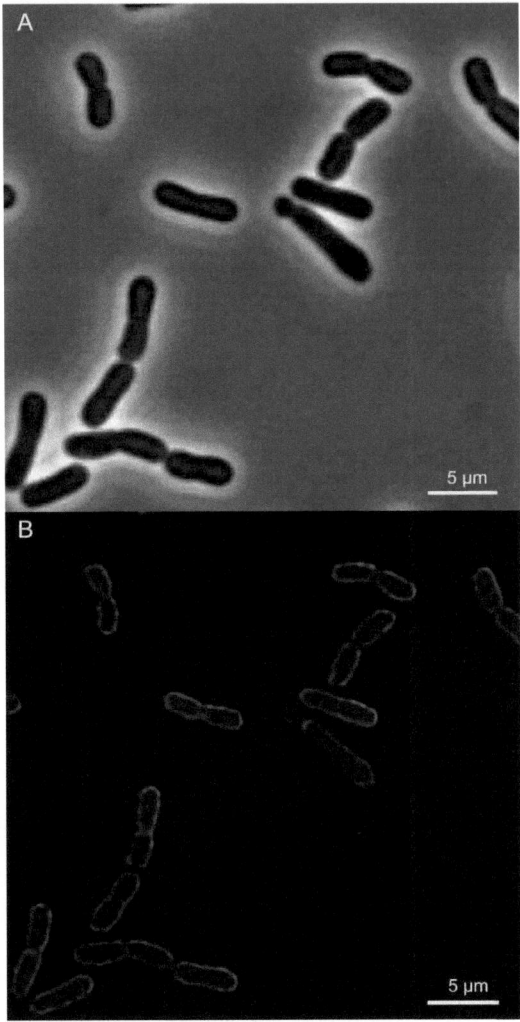

Abb. 19: Lokalisation des YocH-GFP Fusionsproteins bei 14 °C

Gezeigt ist eine Phasenkontratsaufnahme (A) und eine Fluoreszenzaufnahme (B) des *B. subtilis* Stammes TMSB2, der ein YocH-GFP Fusionsprotein expremiert. Die Zellen wurden hierzu bei 14 °C in SMM kultiviert

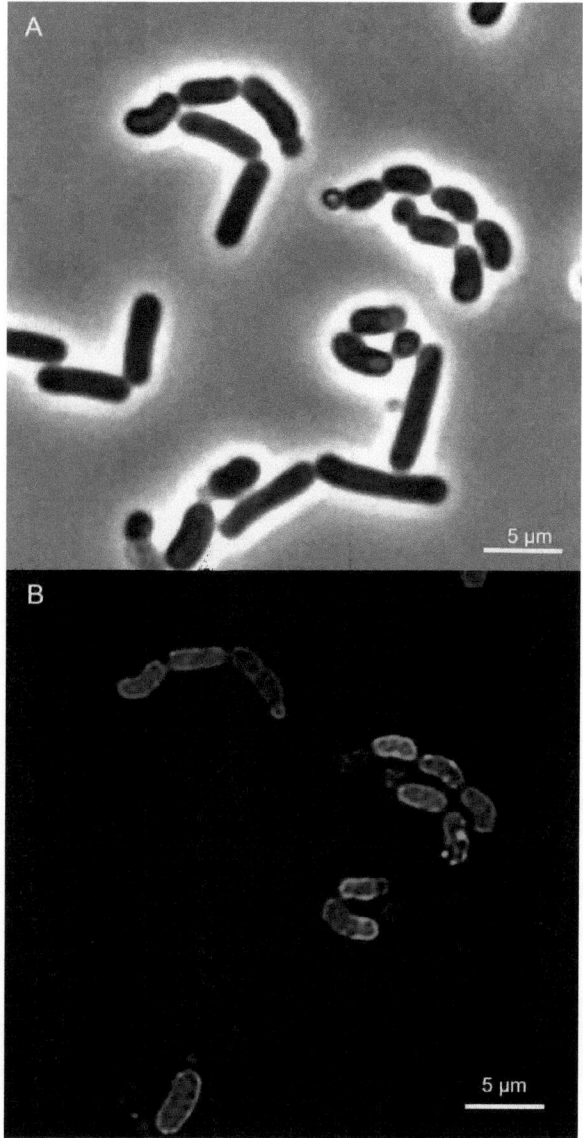

Abb. 20: Lokalisierung des YocH-GFP Fusionsproteins bei 37 °C

Gezeigt sind eine Phasenkontratsaufnahme (A) und eine Fluoreszenzaufnahme (B) des *B. subtilis* Stammes TMSB2, der ein YocH-GFP Fusionsprotein expremiert. Die Zellen wurden hierzu bei 37 °C in SMM mit 1,2 M NaCl kultiviert.

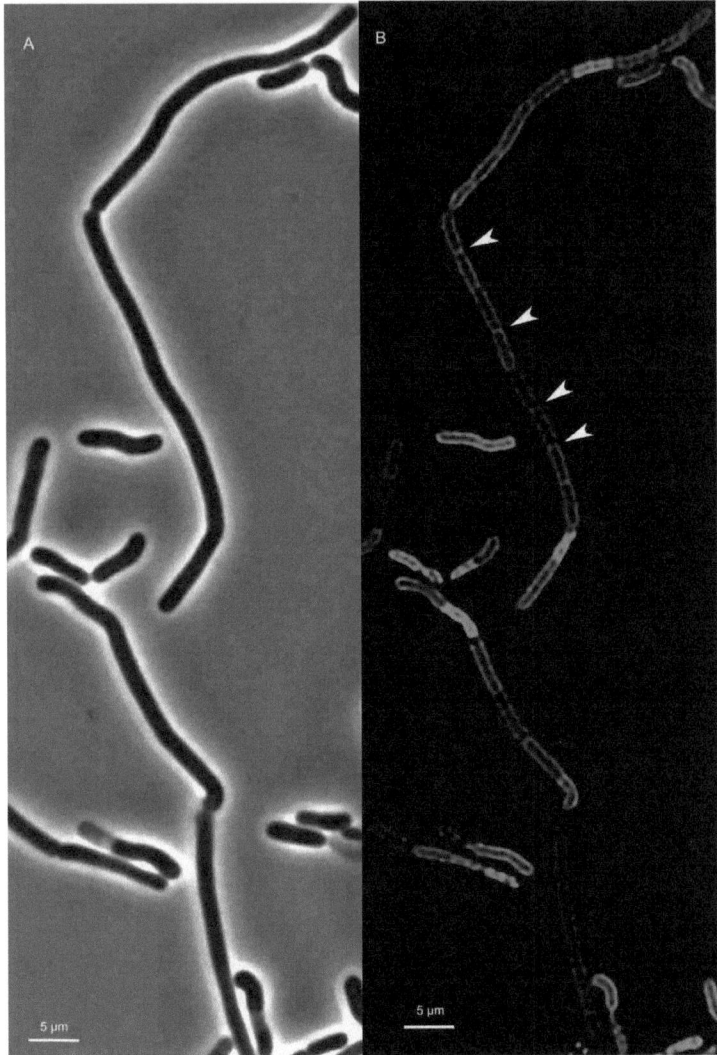

Abb. 21: Lokalisation des YocH-GFP Fusionsproteins bei 14°C unter Zugabe von Glycin Betain

Gezeigt sind eine Phasenkontratsaufnahme (A) und eine Fluoreszenzaufnahme (B) des *B. subtilis* Stammes TMSB2, der ein YocH-GFP Fusionsprotein expremiert. Die Zellen wurden hierzu bis zu einer mittleren, exponentiellen Wachstumsphase in SMM bei 14°C mit 1 mM Glycin Betain inkubiert.

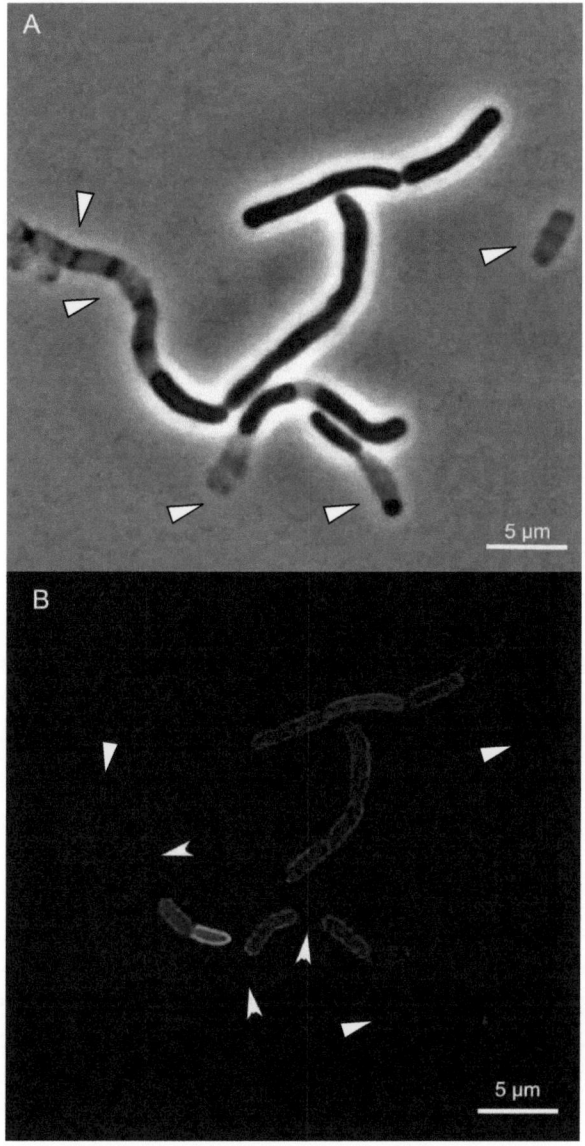

V. Ergebnisse

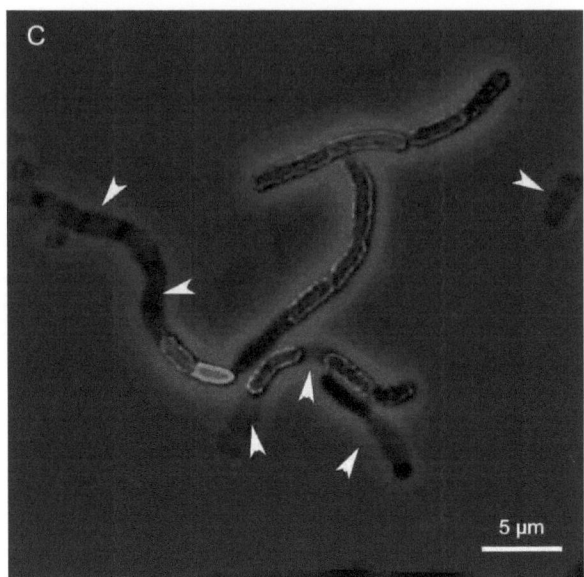

Abb. 22: Lokalisation des YocH-GFP Fusionsproteins bei 14°C unter Zugabe von Glycin Betain

Gezeigt ist eine Phasenkontrastaufnahme (A), eine Fluoreszenzaufnahme (B) und eine Überlagerung beider Aufnahmen (C) des *B. subtilis* Stammes TMSB2, der ein YocH-GFP Fusionsprotein expremiert. Die Zellen wurden hierzu bis zum Ende der exponentiellen Wachstumsphase bei 14°C in SMM mit 1 mM Glycin Betain kultiviert.

2.2.1 Anti-GFP Immuno-Gold Markierung bestätigt die Lokalisierung des YocH-GFP Fusionsproteins

Um einen weiteren Nachweis der Lokalisierung des YocH-GFP Fusionsproteins zu erbringen, wurde die Methode der Immuno-Gold Elektronenmikroskopie eingesetzt. Hierzu wurde der Stamm TMSB2 in SMM mit 0,4 M NaCl bei 15°C bis zu einer OD_{578} von 1,0 inkubiert. Von den geernteten Zellen wurden Ultradünnschnitte angefertigt und diese einer Behandlung mit einem Anti-GFP Antikörper (Ziege) und schließlich einem Goldpartikel markierten Anti-Ziege Antikörper unterzogen. Dieses Verfahren erlaubt die direkte Lokalisierung des YocH-GFP Fusionsprotein.

Die Elektronenmikroskopischen Aufnahmen der Ultradünnschnitte zeigen deutlich, dass das YocH-GFP Fusionsprotein in der Zellwand und am Septum des *B. subtilis*

Stammes TMSB2 lokalisiert ist. Damit lassen sich die zuvor gewonnen Ergebnisse der Fluoreszenz Mikroskopie bestätigen (Abb. 23).

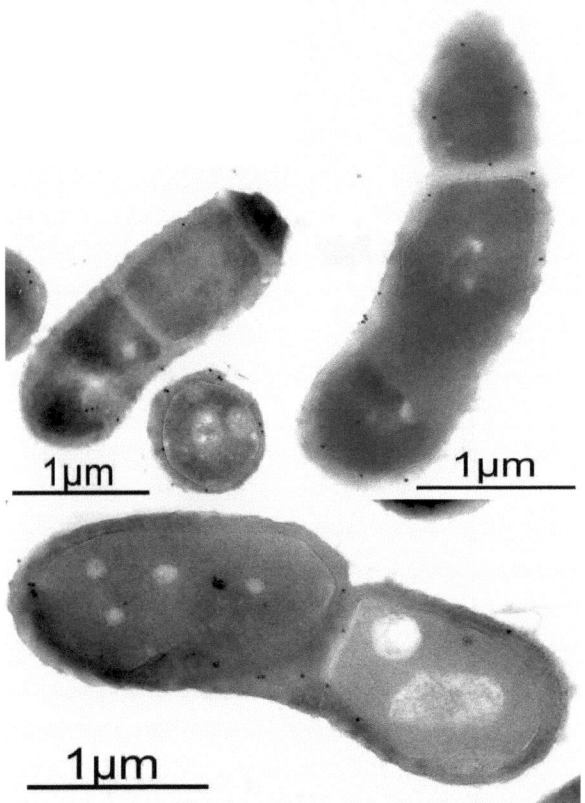

Abb. 23: Das YocH-GFP Fusionsprotein ist in Zellwand und Septum lokalisiert

Dargestellt sind elektronenmikroskopische Aufnahmen von Ultradünnschnitten des Stammes TMSB2, der das YocH-GFP Fusionsprotein unter Kontrolle des Wildtyp *yocH*-Promotors expremiert. Bei den schwarzen Punkten handelt es sich um Goldpartikel, gekoppelt an einen Antikörper, der einen Anti-GFP Antikörper erkennt, welcher wiederum das YocH-GFP Protein bindet.

3. Das YocH Protein ist eine Peptidoglykan-Hydrolase und in der Lage Zellwandmaterial abzubauen

Zur funktionellen Charakterisierung wurde das YocH Protein zunächst heterolog in *E. coli* überexpremiert und anschließend gereinigt (Abb. 24). Die Abbildung zeigt deutlich die erfolgreiche Produktion des YocH Proteins und die anschließende Aufreinigung des rekombinanten Proteins (Abb. 24; Spur 2 und 3). Die Produktion des rekombinanten YocH Proteins erfolgte durch Zugabe von AHT, einer Substanz die zur Induktion des *tet*-Promotors des Expressions-Systems führt, dessen Kontrolle der *yocH* Leserahmen unterliegt. Das rekombinante YocH Protein trägt am C-terminalen Ende ein über einen „Linker" fusionierten *Strep*-Tag II Affinitäts-Marker mithilfe dessen die Reinigung des Proteins über *Strep*-Tactin Agarose-Material möglich war.

Das gereinigte Protein wurde schließlich auf seine hydrolytischen Eigenschaften gegenüber Zellwandmaterial getestet. Hierzu wurde ein natives Polyacrylamid-Gel mit autoklavierten *B. subtilis* Zellen bzw. mit gereinigtem Peptidoglykan versetzt. Das rekombinante, gereinigte YocH Protein wurde nun tropfenweise auf die Oberfläche des Gels aufgebracht. Das so präparierte Gel wurde in einem dünnen Pufferfilm üN bei 37°C inkubiert und schließlich mit einer Methylenblau-Lösung für mehrere Stunden gefärbt und schließlich in Wasser wieder entfärbt. Intaktes Zellwandmaterial bleibt tiefblau gefärbt, wohingegen sich Zonen der Peptidoglykan Hydrolyse entfärben lassen. Es zeigt sich deutlich anhand der hellen Lyse-Zone, dass das YocH Protein zur Hydrolyse von Zellwandmaterial bzw. Peptidoglykan befähigt ist, wohingegen die Puffer-Kontrolle keinerlei Effekt zeigt (Abb 25). Daraus lässt sich eindeutig schließen, dass es sich beim YocH Protein um ein Autolysin bzw. eine Peptidoglykan-Hydrolase handelt.

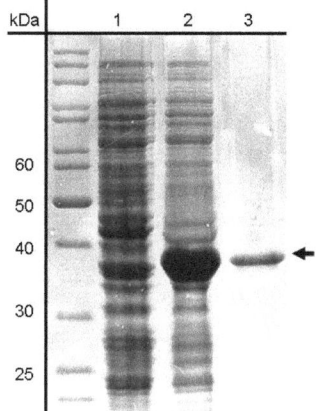

Abb. 24: Die Überexpression und Reinigung des rekombinanten YocH Proteins

Das *yocH*-Gen aus *B. subtilis* wurde ein *E. coli* BL21 exprimiert, das produzierte YocH-Protein aus dem Zellextrakt mit Hilfe von Affinitätschromatographie gereinigt, in einem SDS-Polyacrylamidgel elektrophoretisch aufgetrennt und mit Coomassie Brilliant Blau gefärbt. Spur 1 zeigt Rohextrakt vor Induktion mit AHT, Spur 2 Rohextrakt induzierter *E. coli*-Zellen, In Spur 4 wurden schließlich 5 µg des gereinigten YocH-Proteins aufgetragen.

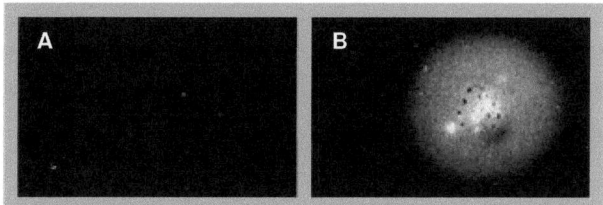

Abb. 25: Das YocH-Protein ist eine Zellwandhydrolase

Autoklavierte *B. subtilis* 168 Wildtyp Zellen wurden in ein natives Polyacrylamidgel einberacht, bis sich eine deutliche Trübung einstellte (ca. 0,5%ig). Auf das Gel wurde schließlich gereinigtes YocH Protein (100 µg) aufgetropft (B). Nach dem die Proteinlösung ins Gel einzogen war, wurde dieses in einem sehr dünnen Film aus Tris-Puffer (50 mM; pH 7,0) über Nacht bei 37 °C inkubiert. Als Kontrolle diente der entsprechende Puffer ohne YocH Protein (A).

4. Charakterisierung und Quantifizierung der *yocH*-Expression mit Hilfe des *treA*-Fusions-Stammes TMSB1

Zur genaueren Charakterisierung und Bestätigung der durch Micro-Array Analysen erhaltenen Daten zur *yocH*-Expression, wurden detaillierte Analysen des *yocH* Promotors mithilfe tranksriptioneller Reportergen-Fusionen durchgeführt. Hierzu wurden verschiedene DNA-Fragmente aus dem Promotor-Bereich von *yocH* mittels PCR amplifiziert und mithilfe molekularbiologischer Methoden mit dem Reportergen *treA* fusioniert. Das Gen *treA* kodiert dabei die salztolerante Phospho-α(1,1)-glucosidase TreA. Diese ist in *B. subtilis* für gewöhnlich für die Hydrolyse von Trehalose-6-Phosphat zu Glucose und Glucose-6-Phosphat verantwortlich. Darüber hinaus ist das Enzym in der Lage das künstliche Substrat p-Nitrophenyl-α-D-glucopyranosid (PNPG) zu spalten. Diese enzymatische Reaktion kann dabei in einem einfachen colorimetrischen Enzym-Assay analog dem β-Galaktosidase Test verfolgt werden. Bei der Spaltung dieses Substrates entsteht ein Chromophor der im Test eine gelbe Färbung hervorruft und photometrisch quantifiziert werden kann (Schöck *et al.*, 1996).

Experimentell wurden zum einen die Auswirkungen erhöhter Salzkonzentration bei 37°C untersucht, darüber hinaus der Einfluss adaptiven Kältewachstums und die Addition von Wachstum in der Kälte und erhöhter Osmolarität. Des Weiteren wurden die Wirkung eines osmo- bzw. kryoprotektiven organischen Solutes (Glycin Betain) auf die Expression von *yocH* studiert. Darüber hinaus wurde die Abhängigkeit der *yocH* Expression von der Wachstumsphase analysiert. Durch gezielte Verkürzungen der Fragmente aus dem Promotorbereich von *yocH*, welche mit dem Reportegen *treA* fusioniert wurden, sollten wichtige Determinanten des *yocH* Promotors identifiziert werden. Im Zuge dessen wurde mithilfe ortsgerichteter Mutagenese einer der Promotor-Fusionen die Rolle des essentiellen YycFG Zwei-Komponenten Systems bei der der Regulation der *yocH* Transkription analysiert und es sollte schließlich das minimale Promotor-Fragment identifiziert werden, das alle Elemente zur osmotischen- bzw. temperatursensorischen Regulation von *yocH* trägt.

4.1. Die Expression des *yocH* Gens erfolgt proportional zur externen Osmolarität

Zur Bestimmung der Promotor-Aktivität von *yocH* in Abhängigkeit zur externen Salinität wurde der *B. subtilis* Stamm TMSB1 (168 (*treA:neo*)1 *amyE*::[Φ(*yocH*$_{479}$'-*treA*)1 *cat*]) bei unterschiedlichen NaCl-Konzentrationen im Medium (SMM) kultiviert. Der Stamm TMSB1 trägt eine transkriptionelle Fusion zwischen einem 479 bp großen Fragment aus der *yocH* Promotorregion und dem promotorlosen Reportergen *treA*, chromosomal integriert in *amyE*.

Eine Übernachtkultur von TMSB1 wurde in SMM bei 37°C und 220 rpm im Wasserbad bis zu einer OD$_{578}$ von 1,0 inkubiert. Mithilfe dieser Übernachtkultur wurden im Folgenden je 20 ml SMM mit aufsteigenden NaCl-Konzentrationen (0,0 M NaCl bis 1,3 M NaCl) beimpft. Diese Hauptkulturen wurden schließlich bei 37°C und 220 rpm im Wasserbad bis zu einer mittlern exponentiellen Wachstumsphase (OD$_{578}$ von 0,8-1,0) inkubiert. Schließlich wurden aus diesen Kulturen Aliquots zur Bestimmung der TreA-Aktivität entnommen. Die enzymatische Aktivität der saltoleranten Phospho - α - (1,1) - Glucosidase (TreA) aus *B. subtilis* (Gotsche und Dahl, 1996; Helfert *et al.*, 1995) ist in diesem Fall ein direktes Maß der *yocH* Promotoraktivität. Als „Hintergrund-Kontrolle" diente der *B. subtilis* Stamm TMSB4 (168 (*treA::neo*)1 *amyE*::('*treA cat*)1), welcher ein promotorloses Gen *treA* chromosomal integriert im *amyE*-Lokus trägt.

Es ist zu erkennen, dass die TreA-Aktivität und damit die Aktivität des *yocH*-Promotors zunächst direkt proportional zur externen Osmolarität ansteigt, bei einer NaCl-Konzentration von 0,6 M aber schließlich ihr Maximum erreicht (Abb. 26). Die TreA-Aktivität erreicht bei einer Osmolarität bzw. NaCl-Konzentration von 0,6 M ein Plateau und verweilt auf diesem, so dass auch die Erhöhung des omostischen Reizes keine weitere Induktion herbeiführen kann. Der Kontrollstamm TMSB4 zeigte keinerlei Anstieg in der TreA-Aktivität. Dabei ist zu beachten, dass *B. subtilis* bei einer NaCl-Konzentration von 1,4 M sein Wachstum einstellt.

V. Ergebnisse

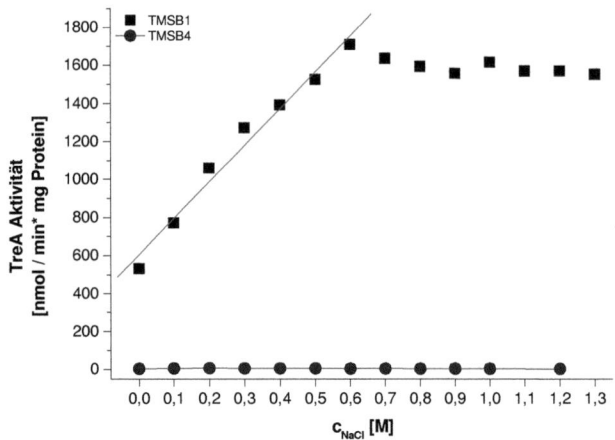

Abb. 26: Die Expression des *yocH* Gens erfolgt proportional zur externen Osmolarität

Dargestellt ist die TreA-Aktivität des Stammes TMSB1 (168 (*treA::neo*)1 *amyE*::[Φ(*yocH₄₇₉*'-*treA*)1 *cat*]) (■) in Abhängigkeit zur externen NaCl-Konzentration. Als Hintergrund-Kontrolle diente der Stamm TMSB4 (168 (*treA::neo*)1 *amyE*::[Φ(*yocH₄₇₉*'-*treA*)1 *cat*]) (●), der ein promotorloses *treA* Gen trägt. Die TreA-Aktivität ist hierbei als direktes Maß der *yocH* Promotoraktivität anzusehen. Die Daten ergeben sich aus vier unabhängigen Bestimmungen mit einer Standartabweichung ≤ 5%.

4.2. Entwicklung der *yocH* Expression nach plötzlicher Erhöhung der externen Osmolarität

Um die Abhängigkeit der *yocH*-Expression von einer plötzlichen Erhöhung der Osmolarität durch Zugabe von NaCl nachzuweisen und den zeitlichen Verlauf der Induktion zu verfolgen, wurden Kulturen des Stammes TMSB1 (168 (*treA::neo*)1 *amyE*::[Φ(*yocH₄₇₉*'-*treA*)1 *cat*]) in SMM über Nacht bei 37°C und 220 rpm bis zu einer OD_{578} von 1,0 inkubiert Mithilfe dieser Übernachtkultur wurden im Folgenden je 100 ml SMM (2x TMSB1, 1x TMSB4) beimpft und anschließend bei 37°C im Wasserbad bei 220 rpm inkubiert. Nach Erreichen einer OD_{578} von 0,4 wurde die NaCl-Konzentration einer TMSB1-Kultur plötzlich auf 0,4 M erhöht. Die NaCl-Konzentration der zweiten TMSB1-Kultur wurde nicht verändert. Die Kulturen wurden weiterhin unter gleichen Bedingungen inkubiert, wobei in definierten Zeitabständen

V. Ergebnisse

Aliquots definierten Volumens (1-2 ml) für die Bestimmung der TreA-Aktivität entnommen.

Die TreA-Aktivität des Stammes TMSB1 konnte durch einen plötzlichen, hyperosmotischen Schock mit 0,4 M NaCl sehr deutlich gesteigert werden (Abb. 27). Der Anstieg erfolgt nicht unmittelbar, sondern um ca. 30-40 Minuten verzögert. Dabei erreicht die TreA-Aktivität nach ca. 7 h ihr Maximum und ist zu diesem Zeitpunkt um das ca. 5-fache höher im Vergleich zum nicht-geschockten Zustand. Als Kontrolle diente der Stamm TMSB4 (168 (treA::neo)1 amyE::[Φ(yocH$_{479}$'-treA)1 cat]). Die gezeigten Daten stammen aus einer vorangegangenen Diplomarbeit (Seibert, 2004).

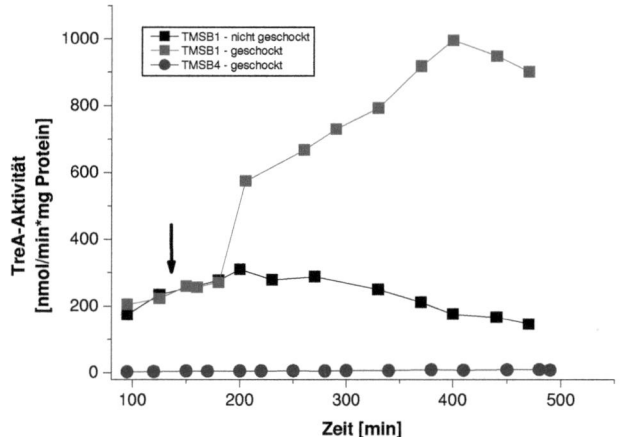

Abb. 27: Die Expression von *yocH* wird auch nach plötzlicher Erhöhung der Osmolarität gesteigert

Dargestellt ist Entwicklung der TreA-Aktivität des Stammes TMSB1 nach plötzlicher Erhöhung der externen Osmolarität (■). Als Kontrolle diente der Stamm TSMB4 (●), der ebenfalls geschockt wurde, sowie der Stamm TMSB1 ohne Schock (■). Der Pfeil gibt den Zeitpunkt des Schocks bzw. der Zugabe von 0,4 M NaCl an. Die Daten ergeben sich aus vier unabhängigen Bestimmungen mit einer Standartabweichung ≤ 5%.

4.3. Ein Absenken der Wachstumstemperatur beeinflusst die Expression von *yocH*

Um die Auswirkungen der Temperatur auf die Aktivität des *yocH* Promotors zu untersuchen, wurde der Stamm TMSB1 (168 (*treA::neo*)1 *amyE*::[Φ(*yocH$_{479}$'-treA*)1 *cat*]) bei unterschiedlichen Wachstumstemperaturen herangezogen. Vorkulturen dieses Stammes wurden über Nacht bei 37°C und 220 rpm im Wasserbad bis zu einer OD$_{578}$ von 1,0 inkubiert. Mithilfe der Vorkulturen wurden jeweils 20 ml SMM auf eine OD$_{578}$ von 0,1 beimpft. Diese Kulturen wurden im Folgenden bei jeweils unterschiedlichen Temperaturen (14°C, 15°C, 17°C, 20°C, 22°C, 25°C, 27°C, 30°C, 33°C und 37°C) im Wasserbad bei 220 rpm bis zu einer OD$_{578}$ von 0,8 – 1,0 inkubiert. Schließlich wurden aus diesen Kulturen Aliquots zur Bestimmung der TreA-Aktivität entnommen. Es zeigt sich, dass die TreA-Aktivität und damit die Aktivität des *yocH*-Promotors mit sinkender Temperatur zunimmt (Abb. 28). Dabei ist zu beachten, dass ein Absenken der Temperatur von 15°C auf 14°C keine weitere signifikante Induktion des Promotors herbeizuführen vermag.

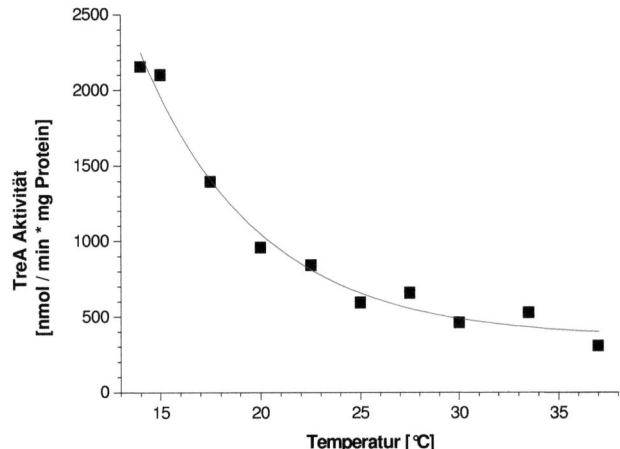

Abb. 28: Die *yocH* Expression unterliegt einer Temperatur-regulatorischen Kontrolle

Dargestellt ist die TreA-Aktivität des Stammes TMSB1 (168 (*treA::neo*)1 *amyE*::[Φ(*yocH$_{479}$'-treA*)1 *cat*]) (■) in Abhängigkeit zur Wachstumstemperatur. Die Daten ergeben sich aus vier unabhängigen Bestimmungen mit einer Standartabweichung ≤ 5%.

4.4. Das osmo- und kryoprotektive Glycin Betain beeinflusst die Aktivität des *yocH* Promotors

Glycin Betain gehört zu einer Gruppe organischer Moleküle, die man auch als Osmolyte oder kompatible Solute bezeichnet. Es ist bekannt, dass Glycin Betain das Wachstum von *B. subtilis* unter hyperosmolaren Bedingungen aber auch bei niedrigen und hohen Temperaturen verbessert (Boch *et al.*, 1994, Brigulla *et al.*, 2003; Holtmann und Bremer, 2004).
Basierend auf diesen Erkenntnissen sollte der Einfluss von Glycin Betain auf die Expression des Gens *yocH* untersucht werden. Hierzu wurde der Stamm TMSB1 (168 (*treA::neo*)1 *amyE:*:[Φ(*yocH$_{479}$'-treA)*1 *cat*]) unter verschiedenen Bedingungen herangezogen. Vorkulturen dieses Stammes wurden über Nacht bei 37°C und 220 rpm im Wasserbad bis zu einer OD$_{578}$ von 1,0 inkubiert. Mithilfe der Vorkulturen wurden jeweils 20 ml SMM ohne NaCl bzw. mit 0,4 M NaCl auf eine OD$_{578}$ von 0,1 beimpft. Diese Kulturen wurden im Folgenden bei jeweils unterschiedlichen Temperaturen (14°C, 15°C und 37°C) im Wasserbad bei 220 rpm bis zu einer OD$_{578}$ von 0,8 – 1,0 inkubiert. Dabei wurden jeweils zwei Versuchsreihen erstellt, die eine ohne Zugabe von Glycin Betain, die andere unter Zugabe von 1 mM Glycin Betain. Nach Erreichen der jeweiligen Wachstumsphase wurden schließlich aus diesen Kulturen Aliquots zur Bestimmung der TreA-Aktivität entnommen.
Das Experiment zeigte deutlich, dass die TreA-Aktivität und damit gleichbedeutend die Expression von *yocH* wie auch schon zuvor nachgewiesen durch die Erhöhung der externen Osmolarität, sowie durch das Herbsetzen der Wachstumstemperatur induziert wird. Die Zugabe von Glycin Betain verbessert nicht nur das Wachstumsverhalten des Stammes TMSB1 unter den verschiedenen Bedingungen (Daten nicht gezeigt) sondern führt darüber hinaus auch eine deutliche Repression der *yocH* Expression herbei (Abb. 29)
Des Weiteren wird auch ersichtlich, dass ein Absenken der Wachstumstemperatur von 37°C auf 15°C bzw. 14°C einen größeren Effekt auf die Aktivität des *yocH* Promotors hat als die moderate Erhöhung der externen Osmolarität. Es ist zu beachten, das ein Absenken der Temperatur von 15°C auf 14°C keine weitere Induktion des Promotors hervorruft und auch die Zugabe von 0,4 M NaCl bei einer

Wachstumstemperatur von 15°C die Aktivität des *yocH* Promotors nicht mehr zusätzlich stimulieren kann (Abb. 29).

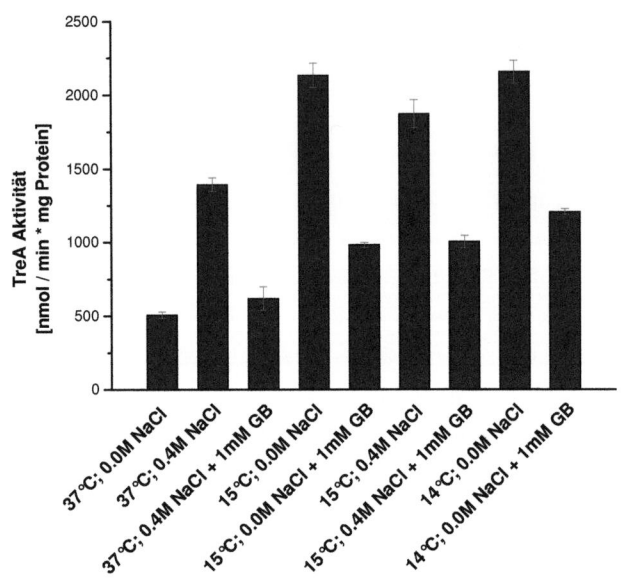

Abb. 29: Das kompatible Solut Glycin Betain repremiert den *yocH* Promotor

Dargestellt ist die TreA-Aktivität des Stammes TMSB1 (168 (*treA::neo*)1 *amyE*::[Φ(*yocH$_{479}$'-treA*)1*cat*]) in Abhängigkeit von der externen Osmolarität bzw. NaCl-Konzentration und/oder Temperatur, sowie dem Zusatz von Glycin Betain (1 mM). Die TreA-Aktivität ist hierbei als direktes Maß der *yocH* Promotoraktivität anzusehen.

4.5. Die Transkription des *yocH* Gens ist abhängig von der Wachstumsphase

Es wurde bereits zuvor gezeigt, dass das Gen *yocH* Teil eines Regulons ist, welches der Kontrolle durch das essentielle Zweikomponenten-System YycF/YycG unterliegt (Dubrac und Msadek, 2004). Das kodierende Operon *yycFG* für dieses System wird insbesondere während der exponentiellen Wachstumsphase transkribiert und erfährt mit Eintritt in die stationäre Wachstumsphase ein rasches Abschalten der

Transkription (Fabret und Hoch, 1998; Dubrac und Msadek, 2004). Aufgrund dieser Erkenntnisse war es im Weiteren von Interesse dies auch für das Gen *yocH* im Detail zu untersuchen.

4.5.1. Wachstum bei 37 °C

Um den Einfluss der jeweiligen Wachstumsphase auf die Aktivität des *yocH*-Promotors zu untersuchen, wurden Vorkulturen des Stammes TMSB1 in SMM üN bei 37 °C und 220 rpm im Wasserbad bis zu einer OD_{578} von etwa 1,0 inkubiert. Mithilfe dieser Vorkulturen wurden jeweils 100 ml SMM auf eine OD_{578} von 0,1 beimpft. Dabei ist zu beachten, dass Kulturen sowohl ohne Zusatz von NaCl als auch mit 0,4 M NaCl kultiviert wurden. Die Inkubation erfolgte bei 37 °C und 220 rpm im Wasserbad. In definierten Zeitabständen wurde zum einen die OD_{578} bestimmt und zum anderen Aliquots definierten Volumens (0,5 - 2 ml) zur Bestimmung der TreA-Aktivität entnommen. Das Wachstum wurde bis in die stationäre Phase hinein verfolgt.

Es zeigte sich, dass die TreA-Aktivität und damit gleichbedeutend die Aktivität des *yocH*-Promotors in der exponentiellen Wachstumsphase steigt, gegen Ende der exponentiellen und mit Eintritt in die stationäre Phase jedoch rasch wieder abfiel. Dies gilt sowohl für das Wachstum in SMM ohne Zusatz von NaCl als auch für das Wachstum unter hyperosmolaren Bedingungen unter Zusatz von 0,4 M NaCl. Der *yocH*-Promotor wird somit bei 37° Wachstumsphasen-abhängig reguliert und in der stationären Phase represmiert (Abb. 30 und Abb 31). Der Unterschied besteht im Wesentlichen in der stärkeren Induktion bei hyperosmolaren Bedingungen und darin, dass die Expression von *yocH* unter diesen Bedingungen für einige Zeit auf einem Plateau verweilt, wohingegen die Aktivität des Promotors ohne NaCl im Medium nach Erreichen eines Gipfelpunktes sehr rasch wieder abfällt .

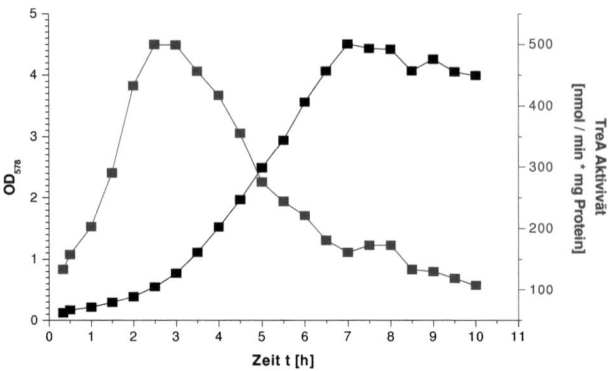

Abb. 30: Die Aktivität des *yocH*-Promotors sinkt mit Eintritt in die stationäre Phase ab

Dargestellt ist die TreA-Aktivität des Stammes TMSB1 (168 (*treA::neo*)1 *amyE*::[Φ(*yocH*$_{479}$'-*treA*)1*cat*]) (■) in Abhängigkeit der Wachstumsphase bzw. OD$_{578}$ (■) bei Wachstum des Stammes in SMM bei 37 °C. Die TreA-Aktivität ist hierbei ein direktes Maß für die Aktivität des *yocH*-Promotors. Die Daten ergeben sich aus vier unabhängigen Bestimmungen mit einer Standartabweichung ≤ 5%.

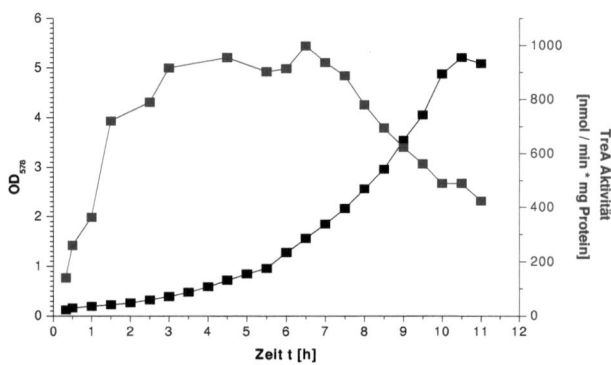

Abb. 31: Die Aktivität des *yocH*-Promotors sinkt mit Eintritt in die stationäre Phase ab

Dargestellt ist die TreA-Aktivität des Stammes TMSB1 (168 (*treA::neo*)1 *amyE*::[Φ(*yocH*$_{479}$'-*treA*)1*cat*]) (■) in Abhängigkeit der Wachstumsphase bzw. OD$_{578}$ (■) bei Wachstum des Stammes in SMM mit 0,4 M NaCl bei 37 °C. Die TreA-Aktivität ist hierbei ein direktes Maß für die Aktivität des *yocH*-Promotors. Die Daten ergeben sich aus vier unabhängigen Bestimmungen mit einer Standartabweichung ≤ 5%.

4.5.2. Wachstum bei 15 °C

Hierbei wurde analog zu vorher beschriebenem Experiment verfahren. Dabei ist allerdings zu beachten, dass sich der Vorkultur (über Nacht) eine weitere „Zwischenkultur" in SMM anschloss, die bei 37 °C und 220 rpm im Wasserbad bis Erreichen einer OD_{578} von exakt 0,5 inkubiert wurde. Mithilfe dieser Zwischenkultur wurden schließlich 100 ml SMM auf eine OD_{578} von 0,1 beimpft und anschließend bei 15 °C und 220 rpm im Wasserbad inkubiert. In definierten Zeitabständen wurde zum einen die OD_{578} bestimmt und zum anderen des Aliquots definierten Volumens (0,5 - 2 ml) zur Bestimmung der TreA-Aktivität entnommen. Das Wachstum wurde bis in die stationäre Phase hinein verfolgt. Es zeigte sich, dass die TreA-Aktivität und damit gleichbedeutend die Aktivität des *yocH* Promotors, induziert durch die niedrige Temperatur, rasch anstieg und mit Erreichen der stationären Phase ihr Maximum erreichte (Abb. 32). Im Unterschied zum Wachstum bei 37 °C wurde der *yocH* Promotor bei 15 °C in der stationären Phase nicht reprimiert, die TreA-Aktivität verbleibt auf einem Plateau und fällt nicht ab.

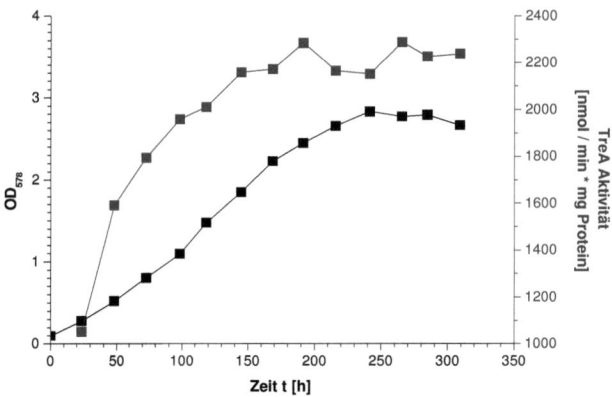

Abb. 32: Die Aktivität des *yocH*-Promotors sinkt mit Eintritt in die stationäre Phase ab

Dargestellt ist die TreA-Aktivität des Stammes TMSB1 (168 (*treA::neo*)1 *amyE*::[Φ(*yocH*$_{479}$'-*treA*)1 *cat*]) (■) in Abhängigkeit der Wachstumsphase bzw. OD_{578} (■) bei Wachstum des Stammes in SMM bei 15 °C. Die TreA-Aktivität ist hierbei ein direktes Maß für die Aktivität des *yocH*-Promotors. Die Daten ergeben sich aus vier unabhängigen Bestimmungen mit einer Standartabweichung ≤ 5%.

5. Die Rolle des essentiellen Zwei-Komponenten Systems YycFG

Das Zwei-Komponenten System YycFG ist das einzige essentielle System dieser Art unter den 34 Zwei-Komponenten Systemen, die im Genom von *B. subtilis* identifiziert wurden (Kunst *et al.*, 1997; Fabret und Hoch, 1998; Fabret *et al.*, 1999). In den letzten Jahren wurde dieses interessante System detailliert untersucht, nicht zuletzt aufgrund der Tatsache, dass orthologe Systeme in beinah allen Gram-positiven Mikroorganismen mit niedrigem G+C Gehalt existieren und diese Gruppe eine Reihe wichtiger pathogener Organismen umfasst (Fabret und Hoch, 1998; Lange *et al.*, 1999; Martin *et al.*, 1999; O'Connell-Motherway *et al.*, 2000; Throup *et al.*, 2000; Kallipolitis and Ingmer, 2001; Ng *et al.*, 2004; Liu *et al.*, 2006). Im Rahmen dieser Studien wurde im Laufe der Zeit eine Reihe von Genen identifiziert, die dem Regulon dieses Systems angehören und dessen Kontrolle unterliegen (Tab. 12).

Tab. 12: Das YycFG-Regulon

Aufgeführt sind die Gene, die einer direkten Kontrolle des essentiellen Zwei-Komponenten Systems YycFG unterliegen. Hierbei ist angegeben, ob es sich um eine positive oder negative Regulation durch das System handelt (Howell *et al.* 2003; Ng *et al.*, 2003; Dubrac and Msadek, 2004; Mohedano *et al.*, 2005; Ng *et al.*, 2005; Howell *et al.*, 2006; Bisicchia *et al.*, 2007; Dubrac *et al.*, 2007).

Gen	Regulationsmuster durch YycFG	Funktion
yocH	+	Autolysin
yvcE (cwlO)	+	Autolysin – Endopeptidase
ydjM	+	Sekretiertes Protein
ykvT	Nicht bekannt – Bindestelle vorhanden	Putatives Autolysin
lytE	+	Autolysin – Endopeptidase
tagAB	Nicht bekannt – Bindestelle vorhanden	Teichonsäure-Biosynthese
tagDEF	Nicht bekannt – Bindestelle vorhanden	Teichonsäure-Biosynthese
phoPR	Nicht bekannt – Bindestelle vorhanden	Zwei-Komponenten System
yoeB	-	Modulator der Autolysin Aktivität
yjeA	-	Peptidoglykan Deacetylase
ftsAZ	+	Zellteilung

V. Ergebnisse

In *B. subtilis* unterliegen diesem Zwei-Komponenten System eine Reihe von Genen, deren Produkte am Zellwand-Metabolismus und der Zellteilung beteiligt sind (Bisicchia *et al.*, 2007). Ausgehend von diesen Ergebnissen wurde ein Modell zu Aufgabe und Funktion des YycFG-Systems erstellt (Fukushima *et al.*, 2008). Gemäß diesem Modell wird die Histidin-Kinase YycG durch ihre Lokalisation am Septum sich teilender Zellen aktiviert. Diese Aktivierung erhöht die intrazelluläre Konzentration des phosphorylierten Transkriptionsregulators YycF-P, was die Induktion von Genen nach sich zieht, die an der Remodellierung der Zellwand (*yocH, yvcE, lytE* und *ydjM*) und der Zellteilung (*ftsA* und *ftsZ*) beteiligt sind sowie zur Repression von Genen, die die Remodellierung inhibieren (*yoeB* und *yjeA*).

Die Gene des YycFG-Regulons wurden nun mit den Daten der bereits zu Anfang erwähnten Micro-Array Studien (Steil *et al.*, 2003; Budde *et al.*, 2006) bei hoher Salinität bzw. adaptivem Wachstum bei 15°C verglichen. Der Vergleich zeigt, dass das Regulations-Muster bei kontinuierlichem Wachstum unter hyperosmotischen Bedingungen mit der Regulation der jeweiligen durch das Zwei-Komponenten System übereinstimmt. Es ist ersichtlich dass die Gene, die unter hyperosmotischen Bedingungen induziert werden, einer positiven Kontrolle und die Gene, welche repremiert werden, einer negativen Kontrolle durch das YycFG-System unterliegen. Bei adaptivem Wachstum in der Kälte (15°C) zeigt sich allerdings nur im Falle von *yocH* und *yoeB* eine Übereinstimmung der beiden Regulationsmuster. Aufgrund dieser Erkenntnisse war von Interesse welche Rolle dieses Zwei-Komponenten System bei der Regulation von *yocH* unter hyperomostischen Bedingungen bzw. bei adaptivem Wachstum in der Kälte spielt

V. Ergebnisse

Tab. 13: Die Regulation des YycFG-Regulons unter hypersomotischen Bedingungen und bei adaptivem Wachstum in der Kälte

Tabellarisch dargestellt ist die Regulation der Gene des YycFG-Regulons unter hypersomotischen Bedingungen bzw. bei adaptivem Wachstum in der Kälte, wobei Daten aus den entsprechenden Micro-Array Studien herangezogen wurden (Steil et al., 2003; Budde et al., 2006).

Gen	1,2 M NaCl	15 °C
yocH	+	+
yvcE (cwlO)	+	-
ydjM	+	
ykvT	+	
lytE	+	-
tagAB	+	
tagDEF	+	
phoPR	+	
yoeB	-	-
yjeA	-	
ftsAZ	+	-

5.1. Die Aktivität des yocH-Promotors unterliegt in signifikanter Weise der Kontrolle durch YycFG

Wie bereits zuvor erwähnt wird das yocH Gen vom essentiellen Zweikomponentensystem YycFG reguliert und in vorangegangenen Arbeiten wurde auch die Bindestelle des YycF-Regulator identifiziert (Howell et al., 2003).
Um die Rolle des essentiellen Zweikomponentensystems YycFG bei der Regulation der yocH Transkription zu ermitteln, wurde eine Mutagenese der Bindungssequenz des YycF-Regulators im Plasmid pTMS2 durchgeführt. Dieses Plasmid trägt eine 479 bp umfassende Sequenz des yocH-Promotorbereiches fusioniert an das Reportergen treA. Durch die mittels PCR eingeführten Mutationen gingen aus dem Plasmid pTMS2, welches den Wildtyp-Promotor trägt zwei mutagenisierte Plasmide pTMS2A1 und pTMS2B1 hervor (Abb. 33; Die Plasmide wurden freundlicherweise von Monika Bleisteiner zur Verfügung gestellt). Hierbei wurden die gleichen

V. Ergebnisse

Veränderungen eingefügt wie bei einer zuvor veröffentlichten Arbeit (Howell *et al.*, 2003). Die entstanden Plasmide wurden linearisiert und anschließend durch Transformation und doppelt-homologe Rekombination in den *amyE*-Genlokus des *B. subtilis* Stamm TMSB3 (168 Δ(*treA::neo*)1) eingebracht. Mithilfe des so entstandenen Stämme TMSB1A1 und TMSB1B1 wurde die Rolle des YycFG-Systems auf die Aktivität des *yocH* Promotors unter hyperosmotischen Bedingungen sowie bei adaptivem Wachstum in der Kälte untersucht. Hierzu wurden Vorkulturen der jeweiligen Stämme in SMM über Nacht bei 37°C und 220 rpm im Wasserbad bis zu einer OD_{578} von 1,0 inkubiert. Mithilfe der Vorkulturen wurden jeweils 20 ml SMM sowie SMM mit 0,4 M NaCl auf eine OD_{578} von 0,1 beimpft und bei 37°C bis zu einer OD_{578} von 0,8 – 1,0 im Wasserbad bei 220 rpm inkubiert. Es ist zu beachten, dass sich bei den 15°C-Experimenten der üN-Vorkultur eine weitere „Zwischenkultur" in SMM anschloss, die bei 37°C und 220 rpm im Wasserbad bis Erreichen einer OD_{578} von exakt 0,5 inkubiert wurde. Mithilfe dieser Zwischenkultur wurden schließlich 20 ml SMM auf eine OD_{578} von 0,1 beimpft und bei 15°C bis Erreichen der entsprechenden optischen Dichte inkubiert. Schließlich wurden aus diesen Kulturen Aliquots zur Bestimmung der TreA-Aktivität entnommen.

Es zeigte sich, dass eine Mutagenese der Erkennungssequenz des YycF-Regulators dramatische Auswirkungen auf die Aktivität des *yocH* Promotors hatte. Die TreA-Aktivität der Stämme TMSB1A1 und TMSB1B1 brach im Vergleich mit dem Stamm TMSB1, der das Wildtyp-Promotorfragment trägt, unter allen getesteten Bedingungen stark ein. Es zeigte sich jedoch nach wievor eine Induktion des Promotors bei Wachstum unter hyperosmotischen Bedingungen sowie bei 15°C, vergleicht man die Aktivitäten mit denen des Wachstums bei 37°C. Es ist somit deutlich erkennbar, dass das essentielle Zwei-Komponenten System YycFG eine wichtige Rolle bei der basalen Promotor-Aktivität des *yocH* Gens spielt (Abb. 34)

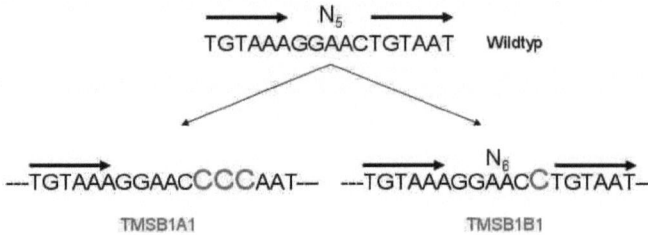

Abb. 33: Mutagenese der Bindestelle des YycF-Regulators

Dargestellt sind eingeführten Mutationen in die Erkennungssequenz des YycF-Regulators. Der Stamm TMSB1A1 trägt ein chromosomal intergriertes Fragment aus der regulatorischen Region des *yocH*-Gens, fusioniert mit dem Reportergen treA, in dem in einer der beiden Sequenzwiederholungen „TGT" durch „CCC" ersetzt wurde. Der Stamm TMSB1B1 trägt ein Fragment bei dem lediglich der Abstand der beiden direkten Sequenzwiederholungen durch eine Base erweitert wurde (von N_5 auf N_6). Die Wildtyp-Sequenz ist ebenfalls dargestellt.

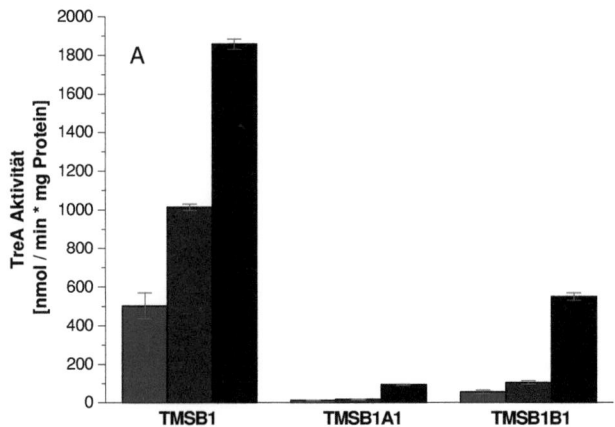

V. Ergebnisse

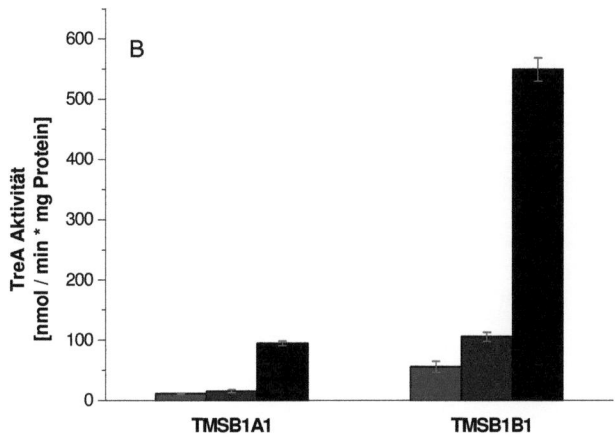

Abb. 34: Das *yocH*-Gen unterliegt der Regulation durch YycFG

Dargestellt ist die TreA-Aktivität der Stämme TMSB1 (168 (*treA::neo*)1 *amyE*::[Φ(*yocH$_{479}$'-treA*)1 *cat*]), TMSB1A1 (168 (*treA::neo*)1 *amyE*::[Φ(*yocH$_{479}$'-treA*)2 *cat*]) und TMSB1B1 (168 (*treA::neo*)1 *amyE*::[Φ(*yocH$_{479}$'-treA*)3 *cat*]) bei 37 °C unter hyperomostischen Bedingungen sowie bei 15 °C. (A). Während der Stamm TMSB1 ein Wildtyp DNA-Fragment der *yocH*-Promotorregion trägt, ist die YycF-Box in der *yocH'-'treA* Fusion der Stämme TMSB1A1 und TMSB1B1 mutagenisiert (vgl. Abb. 33). Abbildung B zeigt die gleichen Ergebnisse mit veränderter Skalierung, um den Effekt deutlicher hervorzuheben.

5.2. Die Transkription des *yycFG* Operons ist weder Temperatur- noch omostisch induzierbar

Aufgrund der im vorherigen Experiment erlangten Erkenntnisse sollte geklärt werden, ob das *yycFG* Operon einer transkriptionellen Kontrolle ausgelöst durch osmotische Reize bzw. Absenken der Wachstumstemperatur unterliegt.

Zur Bestimmung der Promotor-Aktivität des *yycFG* Operons in Abhängigkeit zur externen Osmolarität bzw. Salinität wurde der *B. subtilis* Stamm TMSB5 (168 (*treA::neo*)1 *amyE*::[Φ(*yycFG'-treA*)1 *cat*]) bei unterschiedlichen NaCl-Konzentrationen im Medium (SMM) kultiviert. Hierzu wurde analog zu 4.1. verfahren, wobei jedoch zu beachten ist, dass der Stamm TMSB5 nur in SMM mit einer NaCl-Konzentration von 0,0 M – 0,8 M angezogen wurde.

V. Ergebnisse

Um die Auswirkungen der Temperatur auf die Aktivität des *yycFG* Promotors zu untersuchen, wurde der Stamm TMSB5 (168 (*treA::neo*)1 *amyE*::[Φ(*yycFG'-treA*)1 *cat*]*cat*]) bei unterschiedlichen Wachstumstemperaturen herangezogen. Hierbei wurde analog zu 4.3. verfahren, wobei zu beachten ist, dass der Stamm nicht bei 14 °C inkubiert wurde. Nach Erreichen einer OD_{578} von 0,8 – 1,0 wurden aus den enstprechenden Kulturen Aliquots zur Bestimmung der TreA-Aktivität entnommen.

Es zeigte sich, dass das der Promotor des *yycFG* Operons weder einer transkriptionellen Kontrolle durch sinkende Temperaturen noch durch ein Erhöhen der externen Osmolarität unterliegt (Abb. 35 und Abb. 36).

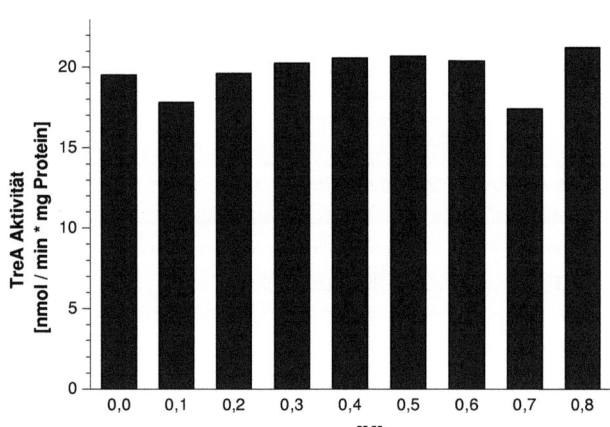

Abb. 35: Das *yycFG* Operon wird nicht osmotisch reguliert

Dargestellt ist die TreA-Aktivität des Stammes TMSB5 (168 (*treA::neo*)1 *amyE*::[Φ(*yycFG'-treA*)1 *cat*]) in Abhängigkeit zur externen Osmolarität. Die TreA-Aktivität ist hierbei als direktes Maß der *yycFG* Promotoraktivität anzusehen. Die Daten ergeben sich aus vier unabhängigen Bestimmungen mit einer Standartabweichung ≤ 5%.

V. Ergebnisse

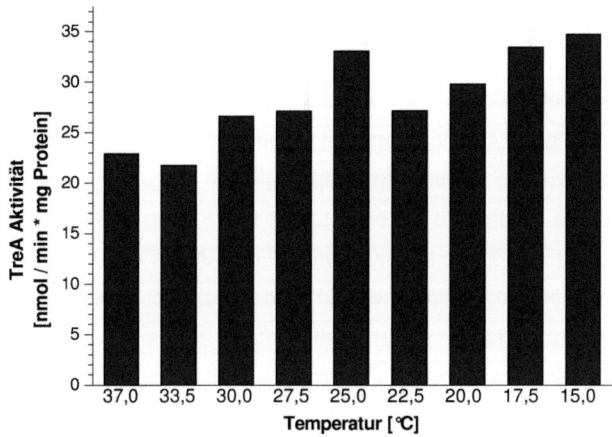

Abb. 36: Das *yycFG* Operon wird nicht temperaturabhängig reguliert

Dargestellt ist die TreA-Aktivität des Stammes TMSB5 (168 (*treA::neo*)1 *amyE*::[Φ(*yycFG'-treA*)1*cat*]) in Abhängigkeit zur Wachstumstemperatur. Die TreA-Aktivität ist hierbei als direktes Maß der *yycFG* Promotoraktivität anzusehen. Die Daten ergeben sich aus vier unabhängigen Bestimmungen mit einer Standartabweichung ≤ 5%.

6. Die regulatorischen *cis* Elemente des *yocH*-Promotors – Definition der minimalen, zur Regulation notwendigen Promotor-Region

Die vorangegangenen Experimente haben gezeigt, dass der Promotor des *yocH* Gens sowohl osmotisch- als auch kälteinduzierbar ist. Auf Basis dessen war es nun von Interesse, Promotorelemente bzw. Sequenzabschnitte innerhalb der regulatorischen Region von *yocH* zu identifizieren, die Einfluss auf die Transkription unter hyperosmotischen Bedingungen bzw. bei adaptivem Wachstum in der Kälte haben. Der bisher zur Bestimmung der TreA-Aktivität verwandte Stamm TMSB1 trägt eine transkriptionelle Fusion zwischen einem 479 bp (-379 bis +140) großen Fragment aus der *yocH* Promotorregion und dem promotorlosen Reportergen *treA*, chromosomal integriert in *amyE*. Dieses mittels PCR amplifizierte Fragment beinhaltet sowohl Sequenzabschnitte stromaufwärts des Transkriptionsstarts als

V. Ergebnisse

auch stromabwärts gelegene Abschnitte. Im Folgenden wurde zunächst nur Lage des vorwärtsgerichteten Primer, stromaufwärts vom Transkriptionsstart gelegen, versetzt und damit der Bereich stromaufwärts des Transkriptionsstartes verkürzt. Der rückwärts gerichtete Primer wurde zunächst nicht verändert und damit der stromabwärts gelegene Bereich konstant beibehalten. Mithilfe der unterschiedlichen Vorwärts-Primer wurden neben dem ursprünglichen Fragment mit einer Länge von 479 bp vier weitere Fragmente mit einer Länge von 374 bp (-234 bis +140), 312 bp (-172 bis +140), 254 bp (-114 bis +140) und 179 bp (-39 bis +140) amplifiziert (Abb. 37 und 38) Um mögliche regulatorische Elemente in der kodierenden Region des *yocH* Gens, d.h. stromabwärts des Transkriptionsstarts zu identifizieren wurde nun die Lage des rückwärts gerichteten Primers, stromabwärts des Transkriptionsstarts gelegen, versetzt und damit der Bereich stromabwärts des Transkriptionsstarts verkürzt. Der neu positionierte Rückwärts-Primer wurde mit allen zuvor verwendeten Vorwärts-Primern kombiniert. Mittels PCR wurden somit fünf weitere Fragmente mit einer Länge von 401 bp (-379 bis +62), 296 bp (-234 bis +62), 234 bp (-172 bis +62), 176 bp (-114 bis +62) und 101 bp (-39 bis +62) amplifiziert (Abb. 37 und 38).

Im Folgenden wurden diese neun verschiedenen DNA-Fragmente aus dem Promotor-Bereich von *yocH* mithilfe molekularbiologischer Methoden mit dem Reportergen *treA* im Vektor pJMB1 fusioniert. Die so entstanden Plasmide wurden schließlich linearisiert und über homologe Rekombination in den *B. subtilis* Stamm TMSB3 (168 Δ(*treA::neo*)1) eingebracht. Die daraus hervorgegangen Stämme wurden fortlaufend als TMSB6 – TMSB14 bezeichnet.

V. Ergebnisse

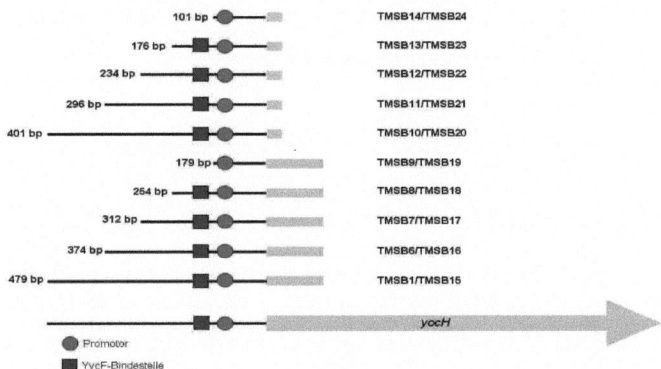

Abb. 37: Verkürzung des regulatorischen Fragments aus der *yocH*-Promotorregion

Schematisch dargestellt ist die Lage der einzelnen regulatorischen Fragmente aus der *yocH* Promotor-Region, die jeweils mit dem *treA*-Reportergen fusioniert und chromosomal in das Genom des *B. subtilis* Stammes TMSB3 (168 Δ(*treA::neo*)1) integriert wurden. Die so konstruierten Stämme tragen die Bezeichnung TMSB1 und TMSB6-TMSB14. In den jeweiligen Stämmen wurde schließlich das *abrB*-Gen deletiert und die so konstruierten Stämme wurden mit TMSB15-TMSB24 bezeichnet. Die Länge der jeweiligen Fragmente ist nebenstehend angegeben, darüber hinaus die Stämme in denen das jeweilige Fragment fusioniert an das *treA*-Reportergen integriert ist. Der *yocH* Promotor (-10- und -35-Region) (●) und die Bindestelle des YycF-Regulators (■) sind im Einzelnen hervorgehoben.

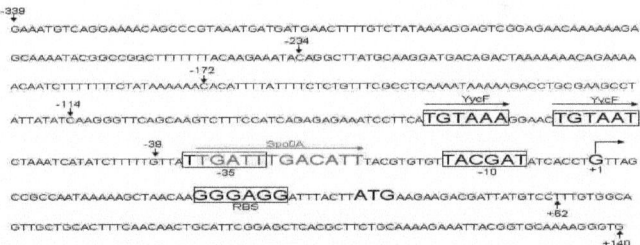

Abb. 38: Definition der minimalen *yocH* Promotor-Region

Dargestellt ist die Nukleinsäure Sequenz der Promotor-Region des *yocH* Gens. Gekennzeichnet sind die Promotorelemente des SigmaA–abhängigen Promotors (-10- und -35-Region), der Transkriptionsstart (+1), die Ribosomenbindestelle (RBS), das Startcodon (ATG) sowie die Bindestellen der Transkriptionsregulatoren SpoOA (rot); Molle *et al.*, 2003) und YycF. Die mit Ziffern gekennzeichneten Pfeile markieren die einzelnen regulatorischen Fragmente, die mit dem Reportergen *treA* fusioniert wurden.

6.1. Ein 176 bp großes DNA-Fragment enthält alle *cis* Elemente für die osmotische Regulation des *yocH* Gens

Die einzelnen Fragmente wurden im Folgenden bezüglich ihrer osmotischen Induzierbarkeit untersucht. Hierzu wurden Vorkulturen der jeweiligen Stämme (TMSB1, TMSB6 – TMSB14) in SMM über Nacht bei 37°C und 220 rpm im Wasserbad bis zu einer OD_{578} von 1,0 inkubiert. Mithilfe der Vorkulturen wurden jeweils 20 ml SMM sowie SMM mit 0,4 M NaCl auf eine OD_{578} von 0,1 beimpft und bei 37°C bis zu einer OD_{578} von 0,8 – 1,0 im Wasserbad bei 220 rpm inkubiert. Schließlich wurden aus diesen Kulturen Aliquots zur Bestimmung der TreA-Aktivität entnommen.

Es zeigte sich, dass die basale Aktivität des *yocH*-Promotors, einhergehend mit dem Verkürzen der stromaufwärts des Transkriptionsstarts gelegenen Region, kontinuierlich absank (Abb. 39). Der Stamm TMSB9 trägt eine Fusion mit 179 bp (-39 bis +140) aus der *yocH*-Region, wobei in diesem Fall die gesamte stromaufwärts des YcF-Motivs gelegene Region sowie die Erkennungssequenz für den Transkriptionsregulator YcF selbst fehlt, der Promotor allerdings erhalten ist. Gleiches gilt für den Stamm TMSB14, der eine Fusion mit 101 bp (-39 bis +140) trägt, wobei hier zu beachten ist, dass darüber hinaus noch 78 bp aus der stromabwärts vom Transkriptionsstart gelegnen Region fehlen (+62 bis +140). In beiden Fällen war ersichtlich, dass die Bindung des YcF Transkriptionsregulators in der regulatorischen Region des *yocH* Gens essentiell für die die Aktivität des Promotors war, da die TreA-Aktivität gegen Null tendierte. Dies bestätigte die vorangegangenen Ergebnisse (Abb. 34) bei der das YcF-Motiv einer Mutagenese unterzogen worden war.

Des Weiteren zeigte sich ein besonders interessanter Effekt, der durch die Verkürzung des Fragments am 3'-Ende auftrat. Hierdurch wurde die stromabwärts vom Statrcodon gelegene Region des *yocH* Gens im Vergleich mit dem Fragment der Fusion im Stamm TMSB1 um 78 bp verkürzt. Direkt zu vergleichen sind die Stämme TMSB1 - TMSB10, TMSB6 - TMSB11, TMSB7 - TMSB12, TMSB8 - TMSB13 und TMSB9 - TMSB14. Die *yocH*-Fragmente der Fusionen dieser Stammpaare sind jeweils unter Verwendung der gleichen Vorwärts-Primer aber unterschiedlicher Rückwärts-Primer (*yocH*-treA BamHI rev; *yocH*treABamHIrev2) entstanden. Die *yocH*-Fragmente in den Fusionen der einzelnen Stammpaare unterscheiden sich also um 78 bp, die aus der stromabwärts des Startcodons gelegenen Region fehlen.

Das Verkürzen der jeweiligen DNA-Fragmente um diese 78 bp aus der kodierenden Region von *yocH* führt zu einem generellen Anstieg der TreA-Aktivität, einer Derepression des Promotors. Darüber hinaus ist zu erkennen, dass die beiden kürzesten Fragmente mit jeweils 176 bp (-114 bis +62; TMSB13) und 254 bp (-114 bis +140; TMSB8), mit denen sich noch eine signifikante TreA-Aktivität nachweisen lässt, nach wie vor osmotisch regulierbar sind. Die 78 bp umfassende Region stromabwärts des Startcodons hat somit keinerlei Bedeutung für die osmotische Regulation des *yocH* Promotors.

Damit lässt sich festhalten, dass alle regulatorischen *cis* Elemente für die osmotische Kontrolle des *yocH* Promotos, in einem minimalen DNA-Fragment von 176 bp (-114 bis +62; TMSB13) enthalten sind (Abb. 37)

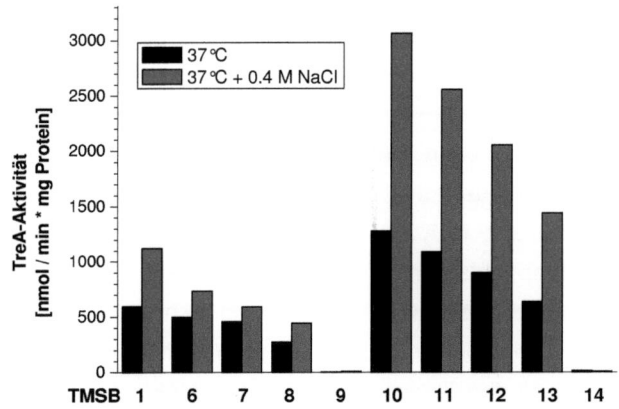

Abb. 39: Ein 176 bp großes DNA-Fragment enthält alle *cis* Elemente für die osmotische Regulation des *yocH* Gens

Dargestellt ist die TreA-Aktivität der Stämme TMSB1 und TMSB6 – TMSB14 bei 37°C (■) und im Vergleich bei 37°C unter hyperosmotischen Bedingungen (0,4 M NaCl) (■). Die Daten ergeben sich aus vier unabhängigen Bestimmungen mit einer Standartabweichung ≤ 5%.

6.2. Ein 254 bp großes DNA-Fragment enthält alle *cis* Elemente für die Regulation des *yocH* Gens bei 15°C

Neben der Überprüfung der osmotischen Induzierbarkeit der einzelnen DNA-Fragmente wurden diese im Folgenden bezüglich ihrer regulatorischen Eigenschaften bei adaptivem Wachstum in der Kälte untersucht. Hierzu wurden Vorkulturen der jeweiligen Stämme (TMSB1, TMSB6 – TMSB14) in SMM üN bei 37°C und 220 rpm im Wasserbad bis zu einer OD_{578} von 1,0 inkubiert. Mithilfe der Vorkulturen wurden schließlich jeweils 20 ml SMM auf eine OD_{578} von 0,1 beimpft und bei 37°C bis zu einer OD_{578} von exakt 0,5 im Wasserbad bei 220 rpm inkubiert. Mithilfe dieser Zwischenkulturen wurden letztendlich Hauptkulturen mit einem Volumen von 20 ml SMM auf eine OD_{578} von 0,1 beimpft. Die Hauptkulturen wurden schließlich bei 15°C und 220 rpm im Wasserbad bis zu einer OD_{578} von 0,8-1,0 inkubiert. Anschließend wurden aus diesen Kulturen Aliquots zur Bestimmung der TreA-Aktivität entnommen.

Es zeigte sich zunächst ein ähnliches Bild wie zuvor beschrieben (vgl. 6.1.), die basale Aktivität des *yocH*-Promotors, sinkt einhergehend mit dem Verkürzen der stromaufwärts des Transkriptionsstarts gelegenen Region kontinuierlich ab (Abb. 40). Die Stämme TMSB9 und TMSB14, welche die jeweils kürzesten DNA-Fragmente in ihrer chromosomal integrierten TreA-Fusion tragen und denen die stromaufwärts gelegene Erkennungssequenz des Transkritpionsregulators YycF fehlt, zeigen auch bei 15°C keine signifikante TreA-Aktivität mehr.

Das Fehlen der 78 bp umfassenden Region stromabwärts des Startcodons, in den Fusionen der Stämme TMSB10 - TMSB13 wirkt sich auch im Falle adaptivem Wachstums bei 15°C derepremierend auf den *yocH* Promotor aus, die TreA-Aktivität steigt im Vergleich mit den Stämmen TMSB1 und TMSB6 - TMSB8 an. Vergleicht man die TreA-Aktivität der Stämme TMSB8 und TMSB13, so zeigt sich im Falle der Fusion von TMSB13 keine Induzierbarkeit durch 15°C mehr, wohingegen die Fusion in TMSB8 nach wie vor kälte-induzierbar ist. Der Unterschied beider Fusionen liegt im Fehlen (TMSB13) bzw. Vorhandensein (TMSB8) der 78 bp umfassenden Region stromabwärts des Startcodons. Das minimale DNA-Fragment, das alle *cis* Elemente zur Regulation der *yocH* Transkription enthält, umfasst somit 254 bp (-114 bis +140; TMSB8; Abb. 37).

V. Ergebnisse

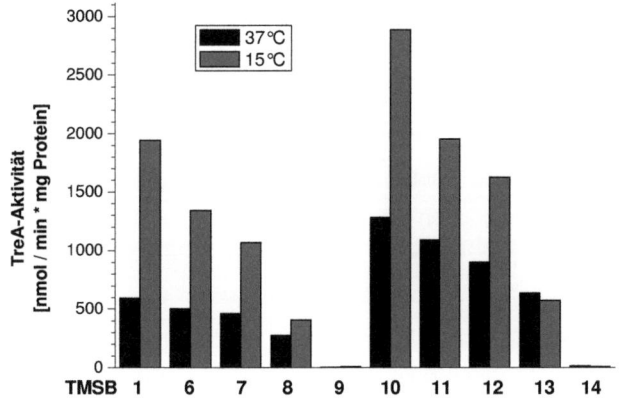

Abb. 40: Ein 254 bp großes DNA-Fragment enthält alle cis Elemente für die Regulation bei 15°C

Dargestellt ist die TreA-Aktivität der Stämme TMSB1 und TMSB6 – TMSB14 bei 37°C (■) und im Vergleich bei 15°C (■). Die Daten ergeben sich aus vier unabhängigen Bestimmungen mit einer Standartabweichung ≤ 5%.

7. Der yocH Promotor unterliegt einer negativen Kontrolle durch den Transkritptionsfaktor AbrB und einer positiven Kontrolle durch Spo0A

Viele Bakterien sind in der Lage, so genannte Biofilme zu bilden. Dabei wachsen einzelne Zellen gemeinschaftlich zu einer dichten, hoch organisierten, dreidimensionalen Struktur heran, die zur Adhäsion an die verschiedensten Oberflächen befähigt ist und von einer selbst-produzierten, polymeren Matrix umschlossen wird (Costerton et al., 1995; Davey and O'Toole G, 2000; Morikawa, 2005). Es wird angenommen, dass die meisten Bakterien in der Natur in Form von Biofilmen zu finden sind (Costerton et al., 1995). Dabei wird die Ausbildung eines Biofilms durch verschiedene Umwelteinflüsse wie z.B. Nährstoff- und Sauerstoffangebot initiiert und bietet den Mitgliedern der Gemeinschaft diverse Vorteile gegenüber einzeln lebenden Zellen.

In B. subtilis beeinflussen wenigstens drei globale, regulatorische Proteine die Biofilm-Bildung: AbrB, Spo0A und Sigma-H (Hamon und Lazazzera, 2001; Branda,

2001). Dabei ist Spo0A dafür verantwortlich, dass Oberflächen anhaftende Zellen in die Ausbildung einer dreidimensionalen Struktur übergehen (Hamon und Lazazzera, 2001; Branda, 2001). Bei diesem Prozess bindet Spo0A direkt an an den Promotor des *abrB* Gens und unterbindet damit die Expression des Biofilm Repressors AbrB (Strauch *et al.*, 1990; Hamon und Lazazzera, 2001). Sigma-H repremiert die AbrB Expression möglicherweise indirekt durch die Aktivierung des *spo0A* Gens (Predich *et al.*, 1992). Die beschriebenen globalen, regulatorischen Protein Spo0A, AbrB und Sigma-H haben jedoch noch weitere Aufgaben, insbesondere kontrollieren sie eine Reihe von Prozessen, die während des Übergangs von der exponentiellen zur stationären Wachstumsphase auftreten.

Aufgrund der vorangegangen Erkenntnis, dass das Fehlen der 78 bp umfassenden Region, stromabwärts des Startcodons (+62 bis +140), zu einer Derepression des *yocH* Promotors führt, wurde die Literatur nach einem möglichen negativen Regulator durchsucht. Dabei zeigte sich, dass das *yocH* Gen zu einer Gruppe von 57 Genen gehört, welche durch den Biofilm Repressor AbrB reguliert und unter Bedingungen der Biofilm-Bildung induziert werden (Hamon und Lazazzera, 2006). Darüber hinaus wurde *yocH* ebenfalls als Mitglied des Spo0A-Regulons identifiziert (Molle *et al.*, 2003). Nachfolgend sind die Ergebnisse von Hamon und Lazazzera tabellarisch dargestellt (Tab. 14). Daraus ist ersichtlich, dass das *yocH* Gen unter Biofilm-Bedingungen induziert wird und bei diesen Bedingungen einer negativen Kontrolle durch AbrB unterliegt, einer positiven durch Spo0A sowie einer positiven Kontrolle durch Sigma-H. Dabei ist zu beachten, dass die direkte Regulation des *yocH* Promotors lediglich im Falle von AbrB und Spo0A nachgewiesen wurde (Molle *et al.*, 2003; Hamon und Lazazzera, 2006). Im Falle von Sigma-H handelt es sich möglicherweise um einen indirekten Effekt.

Tab.14: Die Regulation des *yocH* Gens unter Biofilm-Bedingungen – Abhängigkeit von AbrB, Spo0A und SigmaH

Dargestellt sind Daten aus vorangegangen Arbeiten (Molle *et al.*, 2003; Hamon und Lazazzera, 2006)

WT$_{Biofilm}$/WT	WT/$\Delta spo0A$	WT/$\Delta spo0A$-*abrB*	WT/$\Delta sigH$	WT/$\Delta abrB$-*sigH*
5,3	6,2	1,9	2,2	0,35

7.1. Der negative Regulator AbrB bindet nicht stromabwärts des Startcodons von *yocH*

Um den Einfluss des Repressors AbrB auf die *yocH* Transkription zu studieren, wurden die TreA-Fusionsstämme TMSB1 und TMSB6 - TMSB14 jeweils mit chromosomaler DNA des Stammes SWV119 (JH642 Δ(*abrB::tet*)1) (Strauch *et al.*, 2007) transfomiert. Dadurch wurde das *abrB* Gen in den TreA-Fusionsstämmen über doppelt homologe Rekombination deletiert.

Die einzelnen Stämme wurden schließlich analog zur Vorgehensweise unter 6.1. und 6.2. unter hyperosmotischen Bedingungen und bei 15°C angezogen. Aus den einzelnen Kulturen wurden schließlich Aliquots zur Bestimmung der TreA-Aktivität entnommen.

Es zeigte sich, dass die Deletion des *abrB* Gens in allen Stämmen zu einem generellen Anstieg (Mittelwert = 1,3fach) der TreA-Aktivität unter hyperosmotischen Bedingungen führt, vergleicht man dies mit der Aktivität der TreA-Fusionen im Wildtyphintergrund (Abb. 39 und 40). Da dieser Anstieg auch bei Fehlen der 78 bp umfassenden Region stromabwärts des *yocH* Startcodons (+62 bis +140) zu verzeichnen ist, kann man ausschließen, dass der AbrB Repressor in dieser Region bindet (Abb. 41). Die Stämme TMSB19 und TMSB24 zeigen keine signifikante TreA-Aktivität mehr, da die YycF-Bindungssequenz in den entsprechenden Fusionen fehlt (Abb. 37).

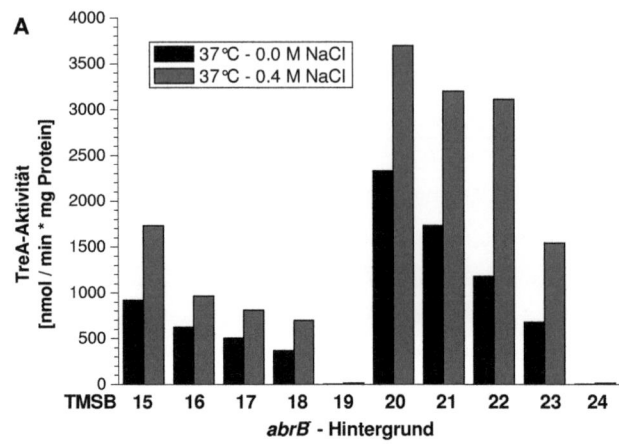

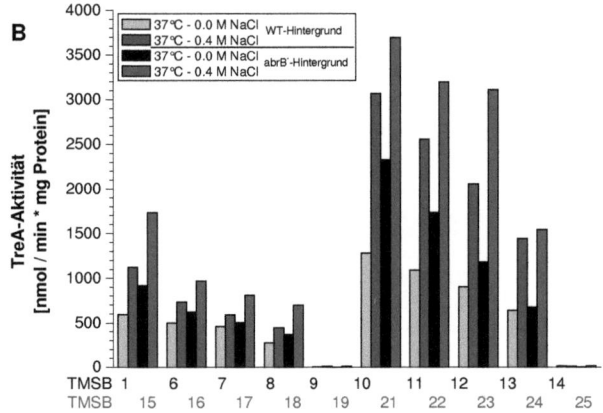

Abb. 41: Der Transkriptionsregulator AbrB represmiert die Expression des *yocH* Gens

Dargestellt ist die TreA-Aktivität der Stämme TMSB15 – TMSB24 bei 37°C (■) und im Vergleich bei 37°C unter hyperosmotischen Bedingungen (0,4 M NaCl) (■) (A). Darunter sind die gleichen Daten (A) nochmals den Daten, die im Wildtyp-Hintergrund entstanden sind gegenübergestellt (vgl. Abb. 39), um den Effekt der *abrB*-Deletion zu verdeutlichen (B). Die Daten ergeben sich aus vier unabhängigen Bestimmungen mit einer Standartabweichung ≤ 5%.

7.1.1. Die Deletion von AbrB beeinträchtigt die Induzierbarkeit von *yocH* bei 15 °C

Die Daten zur TreA-Aktivität der einzelnen Fusions-Stämme und damit gleichbedeutend die Daten zur Aktivität des *yocH*-Promotors bei adaptivem Wachstum in der Kälte (15 °C) zeigen, dass der Transkriptionsregulator AbrB Einfluss aus die Regulation unter diesen Bedingungen zu nehmen scheint (Abb. 42). Es zeigt sich, dass der *yocH* Promotor im *abrB*⁻ -Hintergrund und bei Vorhandensein der 78 bp umfassenden stromabwärts des Startcodons gelegenen Region, nicht mehr durch ein Absinken der Temperatur zu induzieren ist. In den Stämmen TMSB20 – TMSB23, denen die 78 bp umfassende Stromabwärts-Region (+62 bis +140) in den entsprechenden im Genom integrierten TreA-Fusionen fehlt, zeigt sich ein ähnliches Bild. Der Promotor ist zwar nach wie vor durch 15 °C induzierbar, jedoch wird die Stärke der Induktion im Vergleich mit der Situation im Wildtyp-Hintergrund deutlich geringer. Diese Ergebnisse weißen darauf hin, dass sowohl AbrB als auch die 78 bp – Region eine wichtige Rolle bei der Regulation des *yocH* Promotors bei adaptivem Wachstum in der Kälte zu spielen scheint.

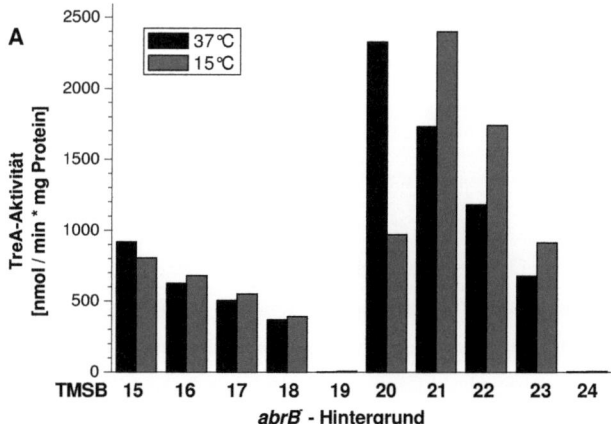

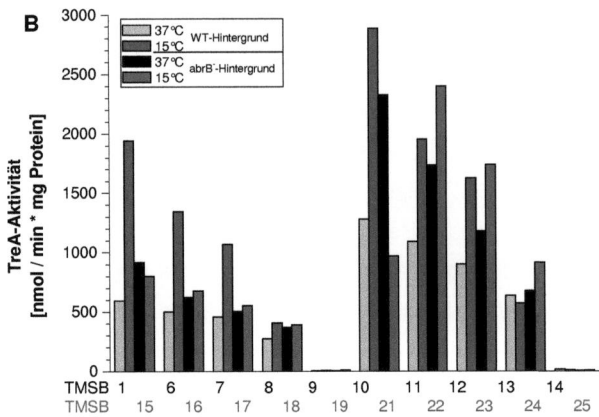

Abb. 42: Der Transkriptionsregulator AbrB spielt eine wichtige Rolle bei der temperaturabhängigen Regulation des *yocH* Gens

Dargestellt ist die TreA-Aktivität der Stämme TMSB15 – TMSB24 bei 37°C (■) und im Vergleich bei 15°C (■). Darunter sind die gleichen Daten (A) nochmals den Daten, die im Wildtyp-Hintergrund entstanden sind gegenübergestellt (vgl. Abb. 40), um den Effekt der *abrB*-Deletion zu verdeutlichen (B). Die Daten ergeben sich aus vier unabhängigen Bestimmungen mit einer Standartabweichung ≤ 5%.

8. Isolierung von DNA-bindenden Proteinen mit Affinität zum *yocH*-Promotor

Die bisher gezeigten Daten haben gezeigt, dass der Promotor des *yocH* Gens sowohl osmotisch- als auch kälteinduzierbar ist. Bislang ist es noch nicht gelungen, die Elemente der Osmo- bzw. Kälteregulation zu identifizieren, spezifische transkriptionelle Regulatoren oder regulatorische *cis* Elemente sind nicht bekannt. Im Folgenden sollte nun versucht werden mögliche Protein-Kandidaten zu identifizieren. Zu diesem Zweck wurde als Methode die DNA-Protein-Affinitäts-Aufreinigung mittels magnetischer Kügelchen herangezogen. Hierzu wurde zunächst mittels PCR ein 479 bp umfassendes DNA-Fragment aus dem Promotorbereich von *yocH* amplifiziert, das alle notwendigen Elemente zur Transkription von *yocH* enthält. Das Fragment ist äquivalent zu jenem, dass der Fusionsstamm TMSB1 fusioniert mit dem *treA*-

Reportergen chromosomal integriert im *amyE*-Genlokus trägt. Dabei ist zu beachten, dass das 5'-Ende des DNA-Fragments aufgrund der Verwendung eines speziellen, biotinylierten Primers modifiziert ist. Die 5'-Modifizierung erlaubt die Kopplung des amplifizierten Fragments an Streptavidin umhüllte magnetische Kügelchen, deren magnetischen Eigenschaften schließlich ein unkompliziertes Reinigen von Proteinen, die an das DNA-Fragment binden, erlauben.

Für die Bindestudien wurden Gesamt-Protein Extrakte des *B. subtilis* Stammes 168 herangezogen. Hierzu wurde eine Vorkultur dieses Stammes über Nacht bei 37°C und 220 rpm im Wasserbad bis zu einer OD_{578} von 1,0 inkubiert. Mithilfe dieser Vorkultur wurden schließlich je 500 ml SMM sowie SMM mit 1,2 M NaCl auf eine OD_{578} von 0,1 beimpft. Die Hauptkulturen wurden schließlich bei 37°C und 220 rpm im Wasserbad bis zu einer einer OD_{578} von 1,0 inkubiert. Darüber hinaus wurde eine Kultur des Stammes in SMM bei 15°C und 220 rpm im Wasserbad bis zu gleichen optischen Dichte inkubiert. Aus den so herangezogenen Zellen wurden schließlich die jeweiligen Proteinextrakte gewonnen. Nach Inkubation der verschiedenen Proteinextrakte mit der amplifizierten DNA und mithilfe der DNA-Protein-Affinitäts-Aufreinigung, war nun die Isolierung von Proteinen möglich, die an die *yocH* Promotorregion binden.

Die Isolierten Proteine wurden zunächst mittels SDS-Gelelektrophorese (Abb. 43) detektiert und abschließend über NanoLC-MS identifiziert. Die Identifizierung wurde von Jörg Kahnt (Max-Planck Institut Marburg durchgeführt). Die identifizierten Proteine sind in Tabelle 15 zusammengestellt.

Mithilfe der beschriebenen Methode konnte eine Reihe von interessanten Proteinen identifiziert werden, die in der folgenden Tabelle grau unterlegt sind. Neben den erwarteten allgemein DNA- bzw. Promotor-bindenden Proteinen wie der RNA-Polymerase und diversen ribosomalen Proteinen (DNA-Fragment trägt Ribosomenbindestelle), fand sich auch eine Reihe vermutlich unspezifisch bindender Proteine, die für gewöhnlich nicht mit Nukleinsäuren assoziiert vorliegen. Darüber hinaus ist eine Reihe von Proteinen mit dem DNA-Fragment aus der *yocH*-Promotorregion assoziiert, die für Veränderungen der DNA-Topolgie verantwortlich sind. So findet sich unter allen getesteten Wachstumbedingungen die DNA Topoisomerase I (TopA) mit dem DNA-Fragment assoziiert. Interessanterweise findet sich bei 15°C eine Untereinheit (GyrA) der DNA-Gyrase, die man bei 37°C bzw. 37°C unter hyperosmotischen Bedingungen nicht findet. Da sich keine eindeutig

V. Ergebnisse

identifizierbaren transkriptionellen Regulatoren finden, die man mit der Regulation unter hyperosmotischen Bedingungen bzw. bei niedrigen Temperaturen in Verbindung bringen könnte, ist insbesondere die Vielzahl der gefundenen, unbekannten Proteine von Interesse. In diesem Zusammenhang treten besonders deutliche Unterschiede zwischen den getesteten Bedingungen auf. So findet sich bei 37°C ein Protein unbekannter Funktion (YydD), bei 37°C unter hyperosmotischen Bedingungen sind es acht Proteine (YtmQ, YunF, YkrK, YqfA, YvaY, YhdE, YydD, YhbE) und bei 15°C fünf Proteine (YhbF, YtmQ, YobT, YbfQ, YtvB), für die sich bei Datenbankanalysen keine homologen Proteine bekannter Funktion finden lassen. Das Protein YtmQ taucht sowohl bei 37°C unter hyperomostischen Bedingungen auf als auch bei 15°C. Alle anderen aufgeführten Proteine scheinen spezifisch für die jeweilige Wachstumsbedingung zu sein und sind daher von besonderem Interesse für weitere Untersuchungen. Das Protein YvhJ, das sich unter hyperosmotischen Bedingungen bei 37°C findet, zeigt Ähnlichkeit zu transkriptionellen Regulatoren und findet sich nur unter diesen Bedingungen. Die Vielfalt der gefunden Proteine bietet somit Potential für weitere, detaillierte Untersuchungen in diesem Bereich. Hierbei ist von besonderem Interesse, dass eine Reihe von Proteinen gefunden wurde, die für Änderungen der DNA-Spiralisierung verantwortlich sind. So wäre denkbar, dass die Regulation durch hyperosmotische Bedingungen bzw. durch niedrige Temperaturen weniger durch ein Regulator-Protein als vielmehr durch strukturelle Eigenschaften der DNA in den Promotor-Bereichen von Salz- bzw. Kälte-inuzierten Genen, vermittelt wird.

V. Ergebnisse

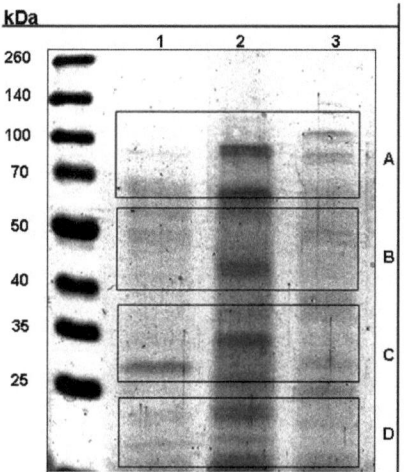

Abb 43: SDS-Gelelektrophorese *yocH*-Promotor assoziierter Proteine

Dargestellt ist das Ergebnis einer SDS-Gelektrophorese von Proteinen, die mittels DNA-Protein-Affinitäts-Aufreinigung unter Verwendung eines DNA-Fragments der *yocH*-Region aus Gesamt-Proteinextrakten des *B. subtilis* Wildtypstammes 168 isoliert wurden. Die Isolate stammen aus Extrakten nach Wachstum bei 37°C (Spur 1), 37°C mit 1,2 M NaCl (Spur 2) und 15°C (Spur 3). Die Buchstaben A –D bezeichnen die jeweils aus dem Gel ausgeschnittenen Segmente, die der Analyse einzeln unterzogen wurden. Das Ergebnis ist in nachfolgender Tabelle unter den jeweiligen Buchstaben aufgeführt, Proteine von besonderem Interesse sind grau unterlegt.

Tab. 15: Proteine mit Assoziation zum *yocH*-Promotor

Protein	Beschreibung	Molekulargewicht [kDa]
37°C – Segment A		
TopA	DNA Topoisomerase I	78,9
PnpA	Polynukleotide Phosphorylase	77,3
YydD	Unbekanntes Protein	68,9
37°C – Segment B		
TopA	DNA Topoisomerase I	78,9
YrrL	Ähnlichkeit zu Enzymen des Folat Metabolismus	40,3
DnaJ	Hitzeschock Protein – Aktivierung von DnaK	40,7
YkuM	Ähnlichkeit zu trankriptionellem Regulator der LysR Familie	33,9
YceH	Ähnlich zu Protein das Resistenz gegen toxische Anionen vermittelt	41,5

PdhC	Pyruvat Dehydrogenase (Dihydrolipoamid Acteyltransferase	47,4
DltD	D-Alanin Veresterung bei Synthese sekundärer Zellwand-Polymere	44,6
37°C – Segment C		
PdhC	Pyruvat Dehydrogenase (Dihydrolipoamid Acteyltransferase Untereinheit E2)	47,4
PurR	Transkriptioneller Represser des Purin Synthese Operons	31,1
TopA	DNA Topoisomerase I	78,9
YkuM	Ähnlichkeit zu trankriptionellem Regulator der LysR Familie	33,9
37°C – Segment D		
RpsD	Ribosomales Protein S4 (BS4)	22,7
SsB	Einzelstrang-Bindungs-Protein	18,6
YvaY	Unbekanntes Protein	22,1
DnaJ	Hitzeschock Protein – Aktivierung von DnaK	40,7
FtsH	Zellteilungs-Protein - Generelles Stress-Protein – Protease Aktivität	70,8
RpsC	Ribosomales Protein S3 (BS3)	24,2
WprA	Zellwandassoziierter Protein Vorläufer – mögliche Beteiligung an Protein-Sekretion	96,3
37°C + 1,2 M NaCl – Segment A		
TopA	DNA Topoisomerase I	78,9
GrlA	DNA-Gyrase ähnlich – Untereinheit A	91,3
TagF	Beteiligt an Teichonsäure-Synthese	87,9
RpoB	RNA-Polymerase (Beta-Untereinheit)	133,4
RpoC	RNA-Polymerase (Beta'-Untereinheit)	133,9
PbpA	Penicillin-Bindeprotein 2A	79,9
BkdB	Lipid-Metabolismus	45,7
PnpA	Polynukleotide Phosphorylase	77,3
YloA	Ähnlich zu Fibronektin-Bindeprotein	65,3
Hom	Homoserin-Dehydrogenase – Aminosäure-Metabolismus	47,3
37°C + 1,2 M NaCl – Segment B		
DnaJ	Hitzeschock Protein – Aktivierung von DnaK	40,7
TopA	DNA Topoisomerase I	78,9
YvhJ	Unbekannt – Ähnlichkeit zu transkriptionellen Regulatoren	43,0
YdbR	Unbekannt – Ähnlichkeit zu ATP-abhängiger RNA-Helikase	57,1
RpoC	RNA-Polymerase (Beta'-	133,9

	Untereinheit)	
YhaM	Unbekannt – Ähnlichkeit zu CMP-Bindefaktor	35,5
YdiS	Unbekannt – Ähnlichkeit zu Enzymen der DNA-Restriktion	39,9
YrrL	Unbekannt – Ähnlichkeit zu Enzymen des Folat Metabolismus	40,3
BkdB	Lipid-Metabolismus	45,7
CitC	Isocitrat-Dehydrogenase	46,4
Hom	Homoserin-Dehydrogenase – Aminosäure-Metabolismus	47,3
37°C + 1,2 M NaCl – Segment C		
RpsB	Ribosomales Protein S2	27,8
RpsC	Ribosomales Protein S3 (BS3)	24,2
YkuM	Ähnlichkeit zu trankriptionellem Regulator der LysR Familie	33,9
TopA	DNA Topoisomerase I	78,9
YdbR	Unbekannt – Ähnlichkeit zu ATP-abhängiger RNA-Helikase	57,1
TufA	Translation – Elongations-Faktor Tu	43,4
YtmQ	Unbekannt	24,4
RpoC	RNA-Polymerase (Beta'-Untereinheit)	133,9
RecA	Beteiligt an DNA-Reparatur und homologer Rekombination	37,9
YfhG	Unbekannt	30,9
DnaJ	Hitzeschock Protein – Aktivierung von DnaK	40,7
SucC	TCA-Zyklus	41,2
YunF	Unbekannt	33,0
YwfH	Unbekannt – Ähnlichkeit zu Enzymen des Lipid Metabolismus	27,9
CitC	Isocitrat-Dehydrogenase	46,4
YkrK	Unbekannt	26,7
LeuA	2-Isopropylmalat Synthase – Aminosäure Metabolismus	56,7
YgaI (SpoOM)	Sporulations-Kontrolle	29,6
PurR	Transkriptioneller Repressor des Purin Synthese Operons	31,1
UvrA	DNA-Reparatur (UV-Schäden)	105,8
Hom	Homoserin-Dehydrogenase – Aminosäure-Metabolismus	47,3
37°C + 1,2 M NaCl – Segment D		
RpsD	Ribosomales Protein S4 (BS4)	22,7
RpsC	Ribosomales Protein S3 (BS3)	24,2
RpsB	Ribosomales Protein S2	27,8
SsB	Einzelstrang-Bindungs-Protein	18,6
FtsH	Zellteilungs-Protein - Generelles	70,8

	Stress-Protein – Protease Aktivität	
DnaJ	Hitzeschock Protein – Aktivierung von DnaK	40,7
RpsE	Ribosomales Protein S5	17,5
RpsG	Ribosomales Protein S7 (BS7)	17,7
YqfA	Unbekannt	35,5
ClpP	ATP-abhängige Clp Protease – proteolytische Untereinheit – Klasse III Hitzeschock Protein	21,5
InfC	Translation – Inititationsfaktor IF-3	19,6
TufA	Translation – Elongations-Faktor Tu	43,4
YvaY	Unbekannt	22,1
YwfH	Unbekannt – Ähnlichkeit zu Enzymen des Lipid Metabolismus	27,9
FabI (YjbW)	Enoyl-Acyl-Carrier Protein Reduktase	27,7
RecA	Beteilig an DNA-Reparatur und homologer Rekombination	37,9
RplB	Ribosomales Protein L2 (BL2)	21,8
RpsL	Ribosomales Protein S12 (BS12)	15,2
RplP	Ribosomales Protein L16	16,0
YhdE	Unbekanntes Protein	16,5
15 °C – Segment A		
TopA	DNA Topoisomerase I	78,9
GyrA	DNA Gyrase Untereinheit A	91,9
PnpA	Polynukleotide Phosphorylase	77,3
YydD	Unbekanntes Protein	68,9
15 °C – Segment B		
TopA	DNA Topoisomerase I	78,9
YhaM	Ähnlichkeit zu CMP-Bindungsfaktor	35,5
YqfS	Ähnlichkeit zu Endonuklease IV	32,9
DnaJ	Hitzeschock Protein – Aktivierung von DnaK	40,7
YhfE	Ähnlichkeit zu Glukanase	38,6
YloA	Ähnlichkeit zu Fibronektin-Bindeprotein	65,3
YhbE	Unbekanntes Protein	24,6
PdhC	Pyruvat Dehydrogenase (Dihydrolipoamid Acteyltransferase Untereinheit E2)	47,4
AppF	Oligopeptid-ABC-Transporter (ATP-Bindeprotein)	40,0
15 °C – Segment C		
TopA	DNA Topoisomerase I	78,9
RpsC	Ribosomales Protein S3 (BS3)	24,2
PdhC	Pyruvat Dehydrogenase (Dihydrolipoamid Acteyltransferase Untereinheit E2)	47,4

YhbF	Unbekanntes Protein	24,9
YtmQ	Unbekanntes Protein	24,4
YhaM	Unbekannt – Ähnlichkeit zu CMP-Bindefaktor	35,5
YobT	Unbekanntes Protein	25,3
YbfQ	Unbekanntes Protein	27,1
PurR	Transkriptioneller Repressor des Purin Synthese Operons	31,1
15°C – Segment D		
RpsC	Ribosomales Protein S3 (BS3)	24,2
RpsD	Ribosomales Protein S4 (BS4)	22,7
YfiO	Unbekanntes Protein	
TopA	DNA Topoisomerase I	78,9
SsB	Einzelstrang-Bindungs-Protein	18,6
DnaJ	Hitzeschock Protein – Aktivierung von DnaK	40,7
YtvB	Unbekanntes Protein	12,1

9. Das *yocH* Gen spielt eine wichtige Rolle für *B. subtilis* – physiologische Charakterisierung der *yocH* Deletion

9.1. Konstruktion des Stammes AH023

Zur Konstruktion des Stammes AH023 wurden ein *yocH* „upstream" Fragment (-147 bis +118) und ein *yocH* „downstream" Fragment (+405 bis +943) zu beiden Seiten der Kanamycin-Resistenz Kassette in den Vektor pDG782 (Guerout-Fleury *et al.*, 1995) kloniert. Das linearisierte Plasmid wurde in den *B. subtilis* Stamm 168 transformiert, so dass die Kanamycin-Resistenz Kassette über ein Doppel-Crossover in das *yocH*-Leseraster integriert wurde (Bisicchia *et al.*, 2006). Der Stamm AH023 wurde freundlicherweise von Prof. Kevine M. Devine (Smurfit Institute of Genetics; Trinity College Dublin; Irland) zur Verfügung gestellt.

9.2. AH023 zeigt einen Wachstumsphänotyp unter hyperosmotischen Bedingungen bei 37°C

Hierzu wurden Kulturen des *B. subtilis* Wildtyp-Stammes 168 und der *yocH*-Mutante AH023 in SMM üN bei 37°C und 220 rpm bis zu einer OD_{578} von 1,0 inkubiert.

V. Ergebnisse

Mithilfe dieser Vorkulturen wurden schließlich jeweils 100 ml SMM mit 1,2 M NaCl auf eine OD_{578} von 0,1 beimpft, wobei je eine Kultur beider Stämme mit 1 mM der osmoprotektiven Substanz Glycin Betain versetzt wurde. Analog wurde verfahren, um das Wachstum der beiden Stämme in SMM ohne Zusatz von NaCl und mit 0.8 M NaCl zu überprüfen. Die Kulturen wurden jeweils bei 37°C und 220 rpm im Wasserbad bis zum Eintritt in die stationäre Phase inkubiert und die OD_{578} in definierten Zeitabständen ermittelt.

Bei 37°C ohne Zugabe von NaCl und mit Zugabe von 0,8 M NaCl zum Medium ist sich kein Unterschied im Wachstumsverhalten der beiden Stämme erkennbar (Abb 44 und 45). Demgegenüber zeigt sich beim Wachstum bei 37°C unter Zugabe von 1,2 M NaCl ein deutlicher Wachstumsnachteil der yocH-Mutante AH023 gegenüber dem Wildtyp, der nach einer Anlaufphase von ca. 12 Stunden schließlich in die exponentielle Phase übergeht (Abb. 46). Die Mutante AH023 hingegen stellt nach etwa einer Teilung das Wachstum ein und verweilt auf diesem Niveau, wohingegen der Wildtyp 168 nach etwa 23 Stunden die stationäre Phase erreicht. Deutlich erkennbar ist auch die Wachstumssteigernde Wirkung des zugesetzten, kompatiblen Solutes Glycin Betain. Dadurch wird das Wachstum des Wildtypstammes stark beschleunigt, so dass dieser etwa 10 Stunden früher die stationäre Phase erreicht als die Kultur, der kein Glycin Betain zugesetzt wurde. Ein besonders interessanter Effekt zeigte sich beim Zusatz von Glycin Betain im Falle des Stammes AH023. Hier ist das organische Osmolyt in der Lage, den Wachstumsnachteil der Mutante gegenüber dem Wildtyp aufzuheben. Die yocH-Deletionsmutante wächst unter Zusatz von 1 mM Glycin Betain genauso schnell wie der Wildtyp ohne diesen Zusatz, jedoch deutlich langsamer als der Wildtyp unter Zugabe des kompatiblen Solutes. Das osmoprotektive Glycin Betain ist demnach in der Lage den Wachstumsnachteil, der durch die Deletion des yocH Gens bei hyperosmotischen Bedingungen hervorgerufen wird, auszugleichen.

V. Ergebnisse

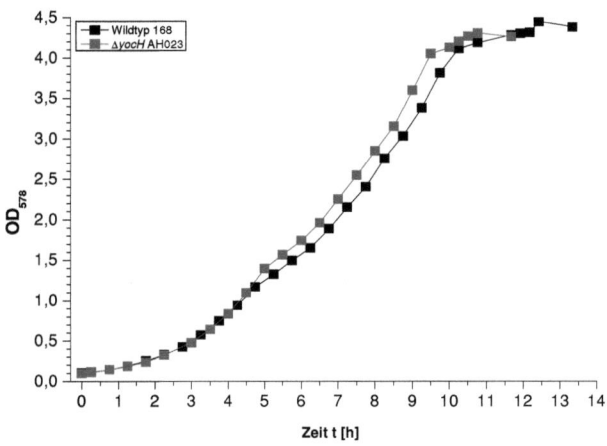

Abb. 44: Bei 37°C zeigt sich kein Wachstumsunterschied zwischen Wildtyp und *yocH*-Mutante

Gezeigt ist das Wachstum des *B. subtilis* Wildtyp Stammes 168 (■) im Vergleich mit der *yocH*-Mutante AH023 (■) in SMM bei 37°C. Dargestellt ist die optische Dichte OD_{578} in Abhängigkeit von der Zeit in Stunden.

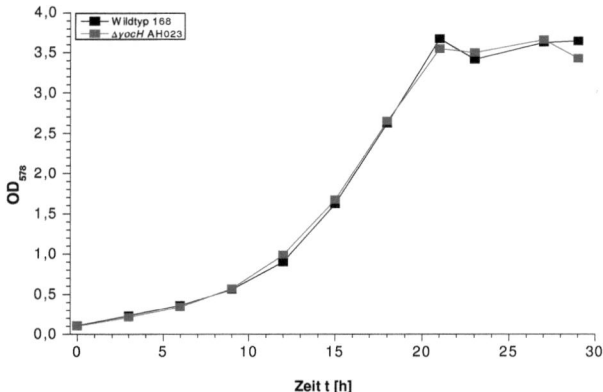

Abb. 45: Das Wachstum der *yocH*-Mutante bei 37°C unter Zusatz 0,8 M NaCl im Vergleich mit dem Wildtyp

Gezeigt ist das Wachstum des *B. subtilis* Wildtyp Stammes 168 (■) im Vergleich mit der *yocH*-Mutante AH023 (■) in SMM mit 0,8 M NaCl bei 37°C. Dargestellt ist die optische Dichte OD_{578} in Abhängigkeit von der Zeit in Stunden.

V. Ergebnisse

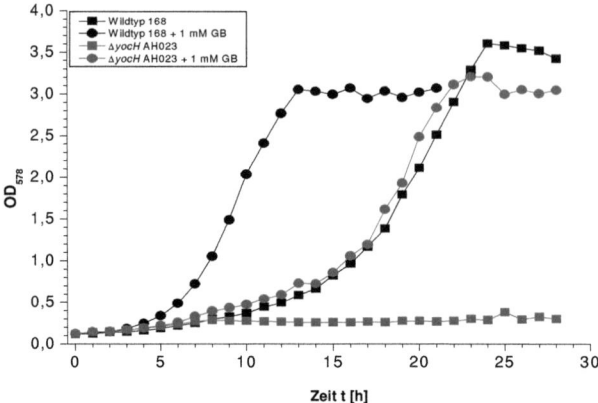

Abb. 46: Das Wachstum der *yocH*-Mutante bei 37°C unter Zusatz von 1,2 M NaCl im Vergleich mit dem Wildtyp

Gezeigt ist das Wachstum des *B. subtilis* Wildtyp Stammes 168 ohne Zugabe von Glycin Betain (■), sowie unter Zugabe von 1 mM Glycin Betain (●), im Vergleich mit der *yocH*-Mutante AH023 ohne Zugabe von Glycin Betain (■), sowie unter Zugabe von 1 mM Glycin Betain (●), bei 37°C in SMM mit 1,2 M NaCl. Dargestellt ist die optische Dichte OD_{578} in Abhängigkeit von der Zeit in Stunden.

9.3. Die Deletion des *yocH* Gens führt zu einem Wachstumsnachteil bei 15°C unter hyperosmotischen Bedingungen

Um die Auswirkungen der *yocH* Deletion auf das Zell-Wachstum bei 15°C zu untersuchen wurde analog zu vorher beschriebenem Experiment verfahren (9.2.). Dabei ist allerdings zu beachten, dass sich der über Nacht Vorkultur eine weitere „Zwischenkultur" in SMM anschloss, die bei 37°C und 220 rpm im Wasserbad bis Erreichen einer OD_{578} von exakt 0,5 inkubiert wurde. Mithilfe dieser Zwischenkultur wurden schließlich 100 ml SMM sowie SMM mit 0,4 M NaCl auf eine OD_{578} von 0,1 beimpft. Die jeweiligen Kulturen wurden anschließend bei 15°C und 220 rpm im Wasserbad bis zum Eintritt in die stationäre Phase inkubiert. Bei 15°C zeigt sich keinerlei Wachstumsnachteil der Mutante gegenüber dem Wildtyp, beide Stämme wachsen mit identischer Wachstumsrate und erreichen bei einer OD_{578} von etwa 3,5 die stationäre Phase nach rund 200 Stunden.

V. Ergebnisse

Betrachtete man jedoch das Wachstum bei 15°C unter hyperosmotischen Bedingungen (SMM mit 0,4 M NaCl) zeigt sich ein deutlicher Wachstumsnachteil der *yocH* Deletionsmutante (Abb 47). Die beiden Stämme wachsen zunächst ähnlich schnell und durchlaufen ca. 2-3 Teilungen bis es nach etwa 50 Stunden zu einem Wachstumsstopp der Mutante kommt. Der *B. subtilis* Wildtyp Stamm 168 wächst unter diesen Bedingungen unvermindert weiter und erreicht nach etwa 150 Stunden bei einer OD_{578} von ca. 1,4 die stationäre Phase. Die Mutante scheint bei 15°C unter hyperosmotischen Bedingungen nur zu etwa 2-3 Zellteilungen befähigt zu sein, und erreicht dann schließlich eine stationäre Phase. Dabei ist auffallend, dass ihre Zelldichte bis Ende des Experimentes nach etwa 300 Stunden mehr oder weniger konstant bleibt. Die Kombination beider Stress-Faktoren, moderat erhöhte Osmolarität und niedrige Wachstumstemperatur (15°C), scheint für *B. subtilis* drastische physiologische Auswirkungen zu haben, betrachtet man das deutlich verminderte Wachstumsvermögen des Wildtyp Stammes 168.

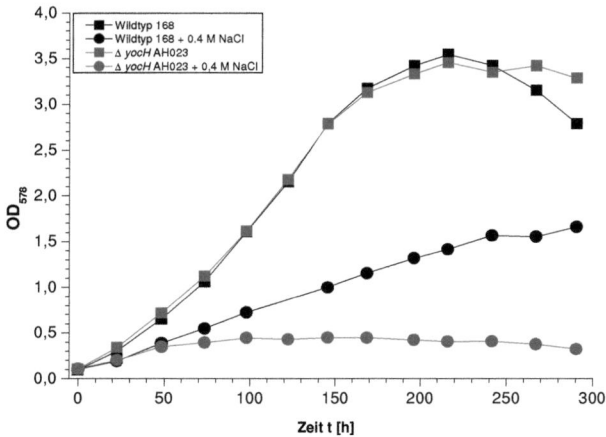

Abb. 47: Das Wachstum der *yocH*-Mutante bei 15°C im Vergleich mit dem Wildtyp

Gezeigt ist das Wachstum des *B. subtilis* Wildtyp Stammes 168 ohne Zugabe von NaCl (■), sowie unter Zugabe von 0,4 M NaCl (●), im Vergleich mit der *yocH*-Mutante AH023 ohne Zugabe von NaCl (■), sowie unter Zugabe von 0,4 M NaCl (●), bei 15°C in SMM. Dargestellt ist die optische Dichte OD_{578} in Abhängigkeit von der Zeit in Stunden.

9.3.1 Die *yocH*-Mutante zeigt morphologische Auffälligkeiten bei 15 °C unter hyperosmotischen Bedingungen

Über das gesamte Wachstum der beiden *B. subtilis* Stämme AHO23 und 168 hinweg wurden an jedem Messpunkt Proben zur Phasenkontrast-Mikroskopie entnommen. Darüber hinaus wurden die einzelnen Proben mit 4'-6-Diamidino-2-phenylindol (DAPI) versetzt. DAPI bindet hierbei an natürliche, doppelsträngige DNA und zeigt eine intensiv blaue Fluoreszenz, die mithilfe der Fluoreszenz-Mikroskopie (Nikon - Eclipse 50i, Düsseldorf) ausgewertet betrachtet bzw. ausgewertet werden kann. Die Dokumentation erfolgte mithilfe einer am Mikroskop angebrachten Farb-Digitalkamera. Nachträglich wurden die einzelnen Aufnahmen mithilfe von Adobe Photoshop bearbeitet und dabei auch Phasenkontrast- und Fluoreszenzaufnahmen überlagert.

Bei 15 °C zeigten sich keine nennenswerten morphologischen Unterschiede zwischen beiden Stämmen, erst bei der Kombination von niedriger Temperatur und moderat erhöhter Osmolarität traten deutliche Unterschiede hervor. Die gezeigten Aufnahmen (Abb. 48) wurden nach etwa 100 Stunden gemacht. Zu diesem Zeitpunkt zeigte sich schon ein deutlicher Wachstumsnachteil der *yocH*-Mutante, so lag deren Zelldichte bei einer OD_{578} von etwa 0,4 und die des Wildtyps schon bei einer OD_{578} von etwa 0,8. Beide Stämme liegen unter diesen Wachstumsbedingungen vorwiegend in längeren Ketten vor. Der Wildtypstamm 168 zeigt nur vereinzelt morphologische Veränderungen, wohingegen die *yocH*-Mutante deutliche Anomalien aufweist. Es zeigen sich zum einen sehr helle Zellen mit geringem Kontrast gegenüber dem Hintergrund. Darüber hinaus zeigen sich deutlich deformierte Zellen, die sich insbesondere in der Region der Zellpole krümmen und die natürliche, gerade Stäbchenform verlieren. Das Anfärben der DNA mithilfe von DAPI zeigt, dass die blassen, kontrastarmen Zellen der *yocH*-Mutante keine Nukleinsäure mehr enthalten und es sich dabei offenbar um leere Zellhüllen handelt. Besonders interessant ist dieses Phänomen im Falle längerer Zellketten, hier wechseln sich intakte, DNA-enthaltende Zellen mit beschädigten Zellen ohne DNA ab. In weitaus geringerem Umfang zeigen sich die beschrieben Phänomene auch im Falle des Wildtyps, wirken sich hier aber offenbar nicht negativ auf das Wachstumsverhalten aus.

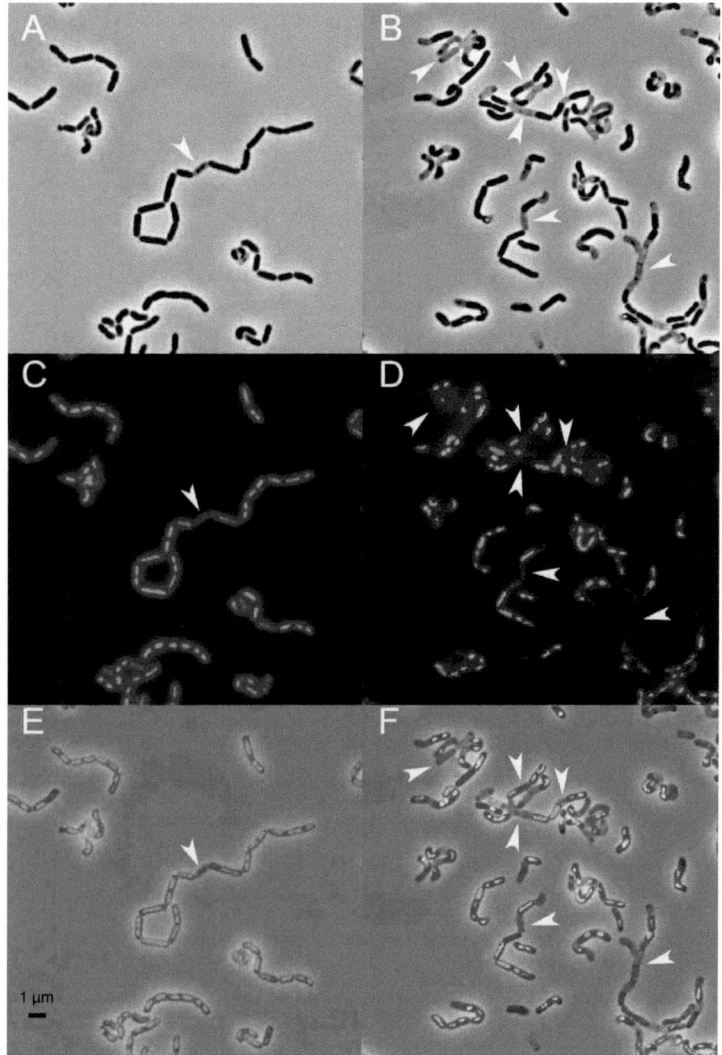

Abb. 48: Die Morphologie der *yocH*-Mutante bei 15 °C unter hyperosmotischen Bedingungen im Vergleich mit dem Wildtyp

Gezeigt sind Phasenkontrast- sowie fluoreszenzmikroskopische Aufnahmen des *B. subtilis* Wildtyp Stammes 168 (A, C, und E) und der *yocH*-Mutante (B, D und F) unter hyperosmotischen Bedingungen bei 15 °C. Bei A und B handelt es sich jeweils um eine Phasenkontrastaufnahme, bei C und D um eine Fluoreszenzaufnahme nach Färben mit DAPI und bei E und F schließlich um eine Überlagerung beider Aufnahmen. In allen Fällen wurde eine 1000fache Vergrößerung verwendet.

9.4. Der Wachstumsnachteil des Deletionsstammes AH023 bei 14°C lässt sich durch Glycin Betain rückgängig machen

Analog der Vorgehensweise beschrieben unter 9.3. wurden Kulturen der beiden Stämme 168 und AH023 bei 14°C inkubiert, allerdings ausschließlich in SMM ohne Zusatz von NaCl. Jeweils einer Kultur von Wildtyp und Mutante wurden im Unterschied zu vorangegangenem Experiment bei 15°C 1 mM Glycin Betain zugesetzt.

Das Experiment zeigt, dass die *yocH*-Mutante bei 14°C einen deutlichen Wachstumsnachteil gegenüber dem Wildtystamm hat (Abb. 49). Hierbei ist auch auffallend, welche Auswirkungen das Absenken der Temperatur um nur 1°C hat. So zeigt die *yocH*-Mutante bei 14°C ein um etwa 2/3 vermindertes Wachstumsvermögen und erreicht schon bei einer OD$_{578}$ von etwa 1,0 die stationäre Phase anstatt wie beim Wachstum bei 15°C bei einer OD$_{578}$ von über 3,0 (Fig. 47). Auch das Wachstumsvermögen des Wildtypstammes wird von einer Erniedrigung der Temperatur um 1°C leicht beeinträchtigt. Generell zeigt sich eine Wachstumsverlangsamung der einzelnen Stämme verglichen mit den Ergebnissen bei 15°C. Besonders interessant ist das Ergebnis, dass die Zugabe von Glycin Betain den Wachstumsnachteil der *yocH*-Mutante ähnlich wie unter hyperosmotischen Bedingungen bei 37°C (Abb. 46) ausgleichen kann. So zeigt sich bei Zugabe von 1 mM Glycin Betain zu beiden Kulturen kein Wachstumsunterschied zwischen der *yocH*-Mutante und dem Wildtyp bei 14°C. Auffallend ist jedoch, dass die Kulturen, die unter Zusatz von Glycin Betain wachsen, keine erkennbare stationäre Phase aufweisen. Die einzelnen Kulturen erreichen vielmehr einen Gipfelpunkt und gehen schließlich übergangslos in die Absterbephase über. Dieses Bild zeigt sich nicht in Kulturen, denen kein Glycin Betain zugesetzt worden war, diese weisen durchaus eine stationäre Phase auf.

V. Ergebnisse

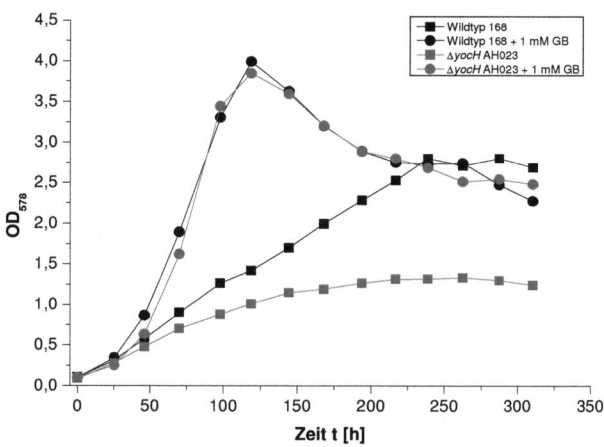

Abb. 49: Glycin Betain gleicht den Wachstumsnachteil der *yocH*-Mutante bei 14 °C aus

Gezeigt ist das Wachstum des *B. subtilis* Wildtyp Stammes 168 ohne Zugabe von Glycin Betain (■), sowie unter Zugabe von 1 mM Glycin Betain (●), im Vergleich mit der *yocH*-Mutante AH023 ohne Zugabe von Glycin Betain (■), sowie unter Zugabe von 1 mM Glycin Betain (●), bei 14 °C in SMM. Dargestellt ist die optische Dichte OD_{578} in Abhängigkeit von der Zeit in Stunden.

9.4.1. Glycin Betain führt zu morphologischen Veränderungen von *B. subtilis*

Wie bereits zuvor beschrieben wurden auch im Falle des Wachstums bei 14 °C Proben zur Phasenkontrast- und Fluoreszenz-Mikroskopie entnommen (Abb. 49).
Hierbei zeigten sich keinerlei nennenswerte Unterschiede zwischen den beiden *B. subtilis* Stämmen 168 und AH023, obwohl die *yocH*-Mutante bei 14 °C einen deutlichen Wachstumsnachteil gegenüber dem Wildtyp zeigt. Interessanterweise generiert aber der Einsatz von 1 mM Glycin Betain in beiden Stämmen vergleichbare morphologische Veränderungen (Abb. 50). Die Zellen erscheinen sehr lang, deutliche Einschnürungen an vermeintlichen Septen fehlen oftmals und erwecken den Eindruck, dass es sich um sehr lange Einzelzellen handelt (Abb. 50 A). Erst das Anfärben der DNA mit DAPI zeigt, dass es sich nicht um einzelne, sehr lange Zellen sondern um Zellketten handelt, so lässt sich eine deutliche, räumliche Trennung der

einzelnen Nukleoide der einzelnen Zellen erkennen (Abb. 50 C und E). Im Vergleich zu Kulturen die unter Zusatz von Glycin Betain wachsen, liegen solche ohne Zusatz von Glycin Betain eher in Form einzelner Zellen oder weitaus kürzer Ketten vor (Daten nicht gezeigt).

Ein besonders interessanter Effekt zeigt sich beim Eintritt der Glycin Betain-Kulturen in die stationäre Phase. Wie bereits erwähnt, ist zu erkennen, dass keine „echte" stationäre Phase existiert, die Kulturen erreichen eine Art Gipfelpunkt und gehen übergangslos in die Absterbephase über. Ab diesem Punkt zeigt sich ein erstaunliches Phänomen, betrachtete man die entsprechenden Kulturen mikroskopisch. Die langen Zellketten wirken mosaikartig, teilweise gebändert, es wechseln sich blasse, kontrastarme Bereiche mit normalen, kontrastreichen Abschnitten ab, die Zellen wirken „leer". Das Anfärben mit DAPI zeigt schließlich deutlich, dass es sich bei diesen blassen Zellabschnitten zwar offenbar um abgeschlossene, durch ein Septum vom Nachbarn getrennte Zellen handelt, diese aber keine Nukeloid, d.h. keine DNA beinhalten. Es handelt sich in diesen Fällen um „Geisterzellen".

Im Zuge dieser Absterbephase (Abb. 50 B, D und F) lösen sich nun die langen Zellketten, die in der exponentiellen Phase noch intakt erschienen und DNA beinhalteten (Abb. 50 A, C und E) allmählich auf und es zeigen sich vermehrt leere, DNA-freie Einzel-Zellhüllen, so genannte „Geisterzellen". Hierbei zeigt sich kein erkennbarer Unterschied zwischen Wildtypstamm und *yocH*-Mutante, es scheint sich vielmehr um einen generellen Effekt der Glycin Betain Zugabe zu handeln (Abb. 50).

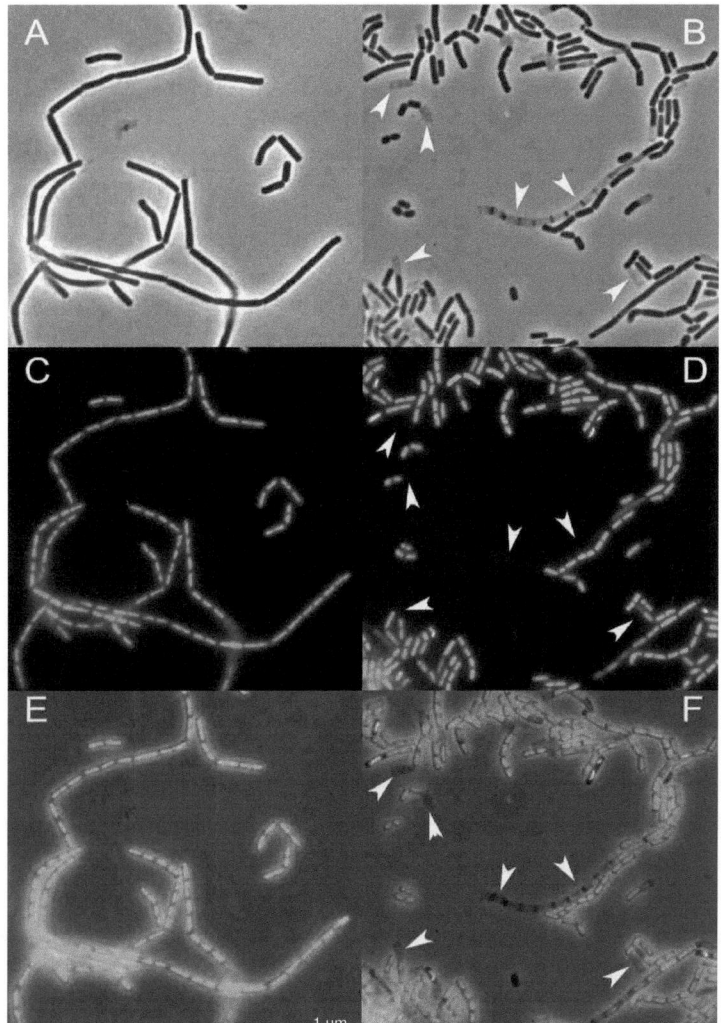

Abb. 50: Glycin Betain beeinflusst die Morphologie von *B. subtilis*

Gezeigt sind Phasenkontrast- sowie fluoreszenzmikroskopische Aufnahmen des *B. subtilis* Wildtyp Stammes 168 (A - F) beim Wachstum bei 14 °C unter Zugabe von 1 mM Glycin Betain. Bei A und B handelt es sich jeweils um eine Phasenkontrastaufnahme, bei C und D um eine Fluoreszenzaufnahme nach Färben mit DAPI und bei E und F schließlich um eine Überlagerung beider Aufnahmen. Die Aufnahmen A, C, und E sind bei einer mittleren exponentiellen Wachstumphase entstanden, die Aufnahmen B, D, und F in der Absterbephase. In allen Fällen wurde eine 1000fache Vergrößerung verwendet. Die OD_{578} lag in beiden Fällen bei 1,5.

9.5. Die Beweglichkeit der *yocH*-Mutante wird durch hyperosmotische Bedingungen negativ beeinflusst

Es ist bekannt, dass sich die Deletion verschiedener Autolysine bzw. Zellwand-assoziierter Proteine negativ auf die Motilität bakterieller Zellen auswirkt (Smith *et al.*, 2000). Auf Grundlage dessen sollte überprüft werden, ob die Deletion des *yocH* Gens die Motilität von *B. subtilis* beeinflusst bzw. einschränkt (Abb. 51).
Hierzu wurden SMM Agar-Platten (0,2% Agar) ohne Zusatz von NaCl sowie mit 0,5 M und 0,7 M NaCl vorbereitet. Zunächst wurden üN-Vorkulturen des *B. subtilis* Wildtyp Stammes 168 sowie des *yocH*-Deletionsstammes AH023 in SMM bei 37°C bis zu einer OD_{578} von 1,0 inkubiert. Mithilfe dieser Vorkulturen wurden entsprechenden Kulturen auf eine OD_{578} von 0,1 beimpft. Die Hauptkulturen wurden schließlich bis zu einer OD_{578} von 0,5 inkubiert. Für den eigentlichen Motilitäts-Assay wurden 5 µl der jeweiligen Kulturen in die Mitte der entsprechenden Agar-Platten (SMM mit 0,3% Agar) aufgebracht. Die Platten wurden bei 37°C je nach NaCl-Konzentration für 24 h bzw. 48 h inkubiert. Zur Auswertung wurde der Durchmesser der jeweiligen Ausbreitungszone, die an der Trübung des Agars erkennbar ist, bestimmt und das Ergebnis mithilfe einer Digitalkamera (Panasonic DMC-FZ30) dokumentiert.

Ohne den Zusatz von NaCl zeigt sich keinerlei Unterschied in der Ausbreitung der beiden Stämme im Agar. Erhöht man jedoch die Osmolarität des Agars zeigt die *yocH*-Mutante eine verminderte Beweglichkeit bzw. ein eingeschränktes „Schwimm-Verhalten", wobei der Effekt mit steigender NaCl-Konzentration zunimmt. So ist die Ausbreitung der *yocH*-Mutante bei einer NaCl-Konzentration von 0,7 M im Vergleich mit dem Wildtyp-Stamm um etwa 50% vermindert (Abb. 51). In diesem Zusammenhang war bereits bekannt, dass sich hyperosmotischer Stress negativ auf die Motilität von *B. subtilis* auswirkt (Steil *et al.*, 2003).

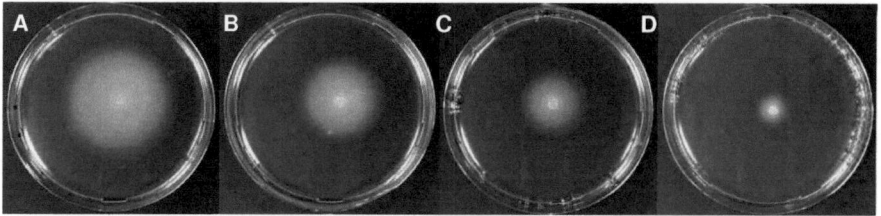

Abb. 51: Die Motilität der *yocH*-Mutante ist eingeschränkt

Gezeigt sind die Aufnahmen der „swarming-plates" mit 0,5 M NaCl (A und B) und 0,7 M NaCl (C und D). Abbildung A und C zeigen jeweils das Schwärm-Verhalten des Wildtypstammes, Abbildung B und D das der *yocH*-Mutante.

10. Zellmorphologie sowie Ultrastruktur der Zellwand werden durch Osmolarität, Temperatur und Glycin Betain beeinflusst

Um die bereits erwähnten morphologischen Veränderungen der beiden *B. subtilis* Stämme 168 und AH023 zu charakterisieren, wurden elektronenmikroskopische Aufnahmen von Ultradünnschnitten der beiden Stämme unter verschiedenen Wachstumsbedingungen gemacht.

Hierzu wurden die beiden Stämme wie bereits im einzelnen erwähnt in SMM und SMM mit 1,2 M NaCl bei 37°C angezogen, sowie in SMM bei 14°C und 15°C und in SMM mit 0,4 M NaCl bei 15°C. Die einzelnen Kulturen wurden bei den entsprechenden Wachstumstemperaturen im Wasserbad bei 220 rpm bis zu einer OD_{578} von 1,0 inkubiert. Dabei ist zu erwähnen, dass die *yocH*-Mutante nach mehr als 50 Stunden diese Zelldichte bei Wachstum in SMM mit 1,2 M NaCl bei 37°C erreichen kann, was aus der zuvor gezeigten Wachstumskurve (Abb. 15) nicht ersichtlich ist. Darüber hinaus wurde eine Kultur des *B. subtilis* Wildtystammes 168 in SMM bei 14°C unter Zugabe von 1 mM Glycin Betain angezogen. Ein Teil dieser Kultur wurde während der exponentiellen Phase bei einer OD_{578} von 1,5 geerntet, der andere während der Absterbephase bei einer OD_{578} von etwa 2,0.

Die Auswertung der elektronenmikroskopischen Aufnahmen zeigte, dass die Zell-Morphologie von *B. subtilis* im Zuge sich verändernder Wachstumsbedingungen mannigfaltigen Modifikationen zu unterliegen scheint. So weit möglich, wurde die

V. Ergebnisse

Länge der Zellen und die Dicke der Zellhülle bestimmt, um direkte Vergleiche zwischen Wildtyp und yocH-Mutante bzw. Unterschiede innerhalb der einzelnen Stämme bei unterschiedlichen Wachstumsbedingungen aufzeigen zu können. Im Falle des Wachstums der beiden Stämme bei 37°C und 15°C unter hyperosmotischen Bedingungen, waren die Messungen insbesondere der Zelllänge aufgrund der starken Deformation der einzelnen Zellen nicht möglich bzw. erschwert, was sich auch in der Standardabweichung zeigt.

10.1. Zellmorphologie in SMM bei 37°C

Bei 37°C zeigten sich keinerlei anormale Veränderungen der Zellhülle beider Stämme. Die Zellwand erscheint gleichmäßig strukturiert und zeigt das für *B. subtilis* typische Bild. Die Elektonendichte der Zellhülle nimmt von innen nach außen ab, gemäß dem Modell, dass sich neu-synthetisiertes, dichtes Peptidoglykan auf der Innenseite der Zellwand befindet, und dass dieses nach außen hin immer weiter aufgelockert wird. Die Länge der einzelnen Zellen ist bei Wildtyp und yocH-Mutante weitestgehend vergleichbar, Unterschiede ergeben sich jedoch bei der Dicke der Zellwand. So erscheint die Zellwand der yocH-Mutante deutlich stärker als die des Wildtyp-Stammes. Die Vermessung der einzelnen Zellen ergibt, dass die äußere Hülle des Wildtyp-Stammes mit ca. 40 nm um etwa 35% dünner ist als die der yocH-Mutante mit ca. 55 nm (Abb. 52 und Abb. 53).

V. Ergebnisse

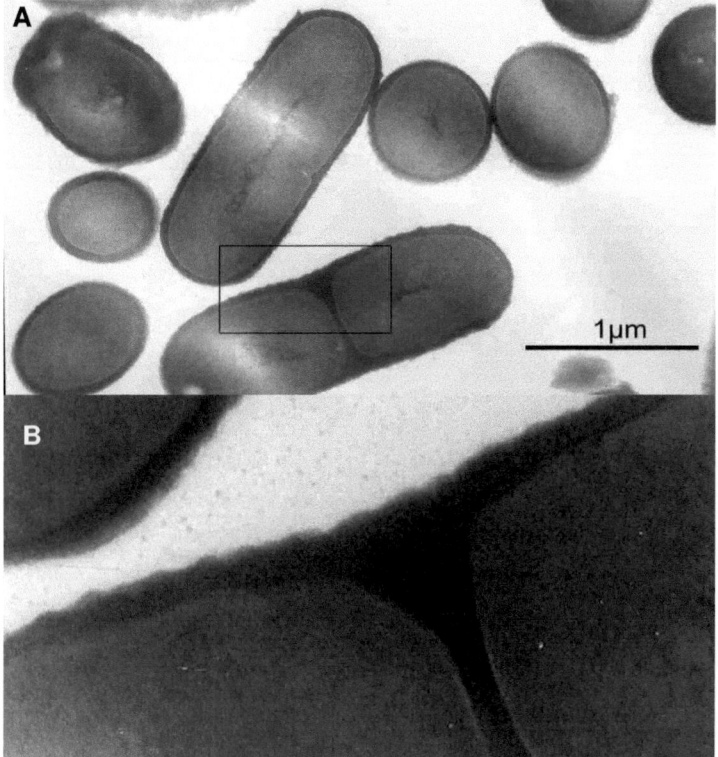

Abb 52: Elektronenmikroskopische Aufnahme des *B. subtilis* Wildtypstammes 168 bei 37 °C

Gezeigt ist die elektronenmikroskopische Aufnahme eines Ultradünnschnittes des *B. subtilis* Wildtypstammes 168, der hierzu in SMM bei 37 °C bis zu einer mittleren optischen Dichte von 1,0 herangezogen wurde. Abbildung A zeigt eine Übersicht, Abbildung B ein Detail, dessen Lage in der oberen Abbildung markiert ist (Rechteck). Die Bilder wurden mit einer 13000fachen Vergrößerung aufgenommen.

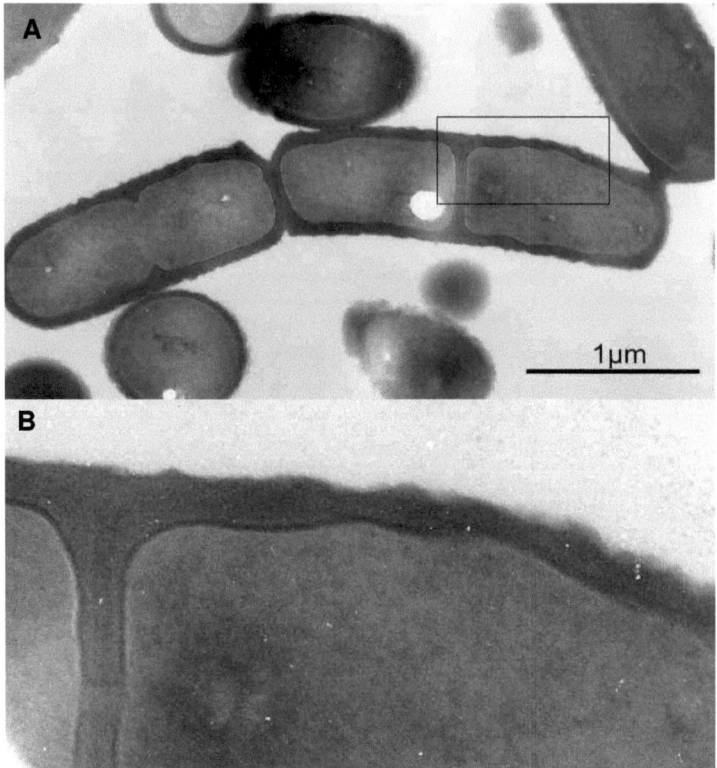

Abb 53: Elektronenmikroskopische Aufnahme der *yocH*-Mutante bei 37°C

Gezeigt ist die elektronenmikroskopische Aufnahme eines Ultradünnschnittes der *yocH*-Mutante AH023, der hierzu in SMM bei 37°C bis zu einer mittleren optischen Dichte von 1,0 herangezogen wurde. Abbildung A zeigt eine Übersicht, Abbildung B ein Detail, dessen Lage in der oberen Abbildung markiert ist (Rechteck). Die Bilder wurden mit einer 13000fachen Vergrößerung aufgenommen.

10.2. Zellmorphologie in SMM bei 14°C

Betrachtet man die Aufnahmen der beiden Stämme, welche bei 14°C inkubiert wurden, so fällt auf, dass einzelne Zellen deutlich länger sind als bei 37°C. Dabei ist jedoch zu beachten, dass sich ein weitaus heterogeneres Bild zeigt als im Falle der 37°C Kulturen, wodurch sich im Mittel nur eine leichte Veränderung der Zell-Länge zeigt. Signifikantere Auswirkungen scheint ein Absenken der Wachstumstemperaturen auf die Dicke der Zellhülle bzw. Zellwand zu haben. So liegt die Stärke der Zellwand des Wildtypstammes 168 mit ca. 30 nm um etwa 25% niedriger als bei 37°C. Im Falle der *yocH*-Mutante beträgt der Unterschied gar 45% im Vergleich zu der Situation bei 37°C. Der Vergleich beider Stämme untereinander bringt keine signifikanten Unterschiede hervor (Abb. 54 und Abb. 55).

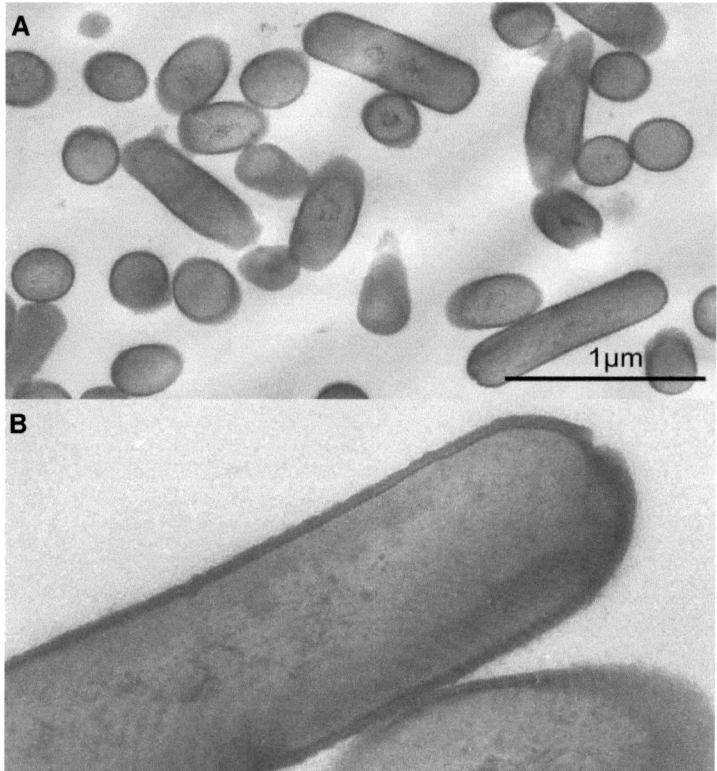

Abb 54: Elektronenmikroskopische Aufnahme des *B. subtilis* Wildtypstammes 168 bei 14°C

Gezeigt ist die elektronenmikroskopische Aufnahme eines Ultradünnschnittes des *B. subtilis* Wildtypstammes 168, der hierzu in SMM bei 14°C bis zu einer mittleren optischen Dichte von 1,0 herangezogen wurde. Abbildung A zeigt eine Übersicht, Abbildung B das Detail, dessen Lage in der oberen Abbildung (A) markiert ist (Rechteck). Die Bilder wurden mit einer 6800fachen Vergrößerung aufgenommen.

V. Ergebnisse

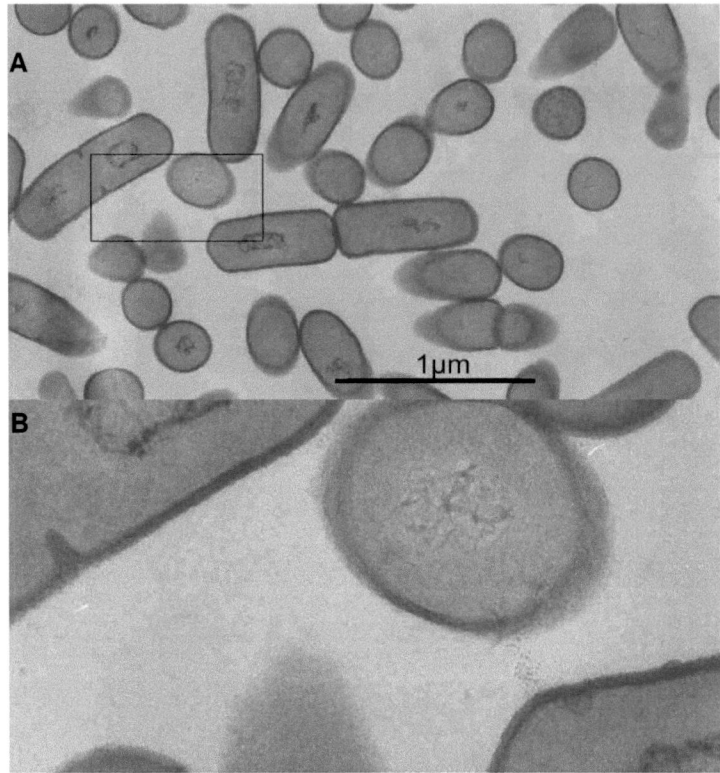

Abb 55: Elektronenmikroskopische Aufnahme *yocH*-Mutante bei 14 °C

Gezeigt ist die elektronenmikroskopische Aufnahme eines Ultradünnschnittes der *yocH*-Mutante AH023, die hierzu in SMM bei 14 °C bis zu einer mittleren optischen Dichte von 1,0 herangezogen wurde. Abbildung A zeigt eine Übersicht, Abbildung B das Detail, dessen Lage in der oberen Abbildung (A) markiert ist (Rechteck). Die Bilder wurden mit einer 6800fachen Vergrößerung aufgenommen.

10.3. Zellmorphologie in SMM mit 1,2 M NaCl bei 37 °C – Beeinträchtigung der Zellteilung

Die weitest reichenden morphologischen Veränderungen zeigten sich bei Zellen, die unter hyperosmotischen Bedingungen herangezogen wurden. Bei 37 °C unter Zugabe von 1,2 M NaCl zeigen sich deutlich deformierte Zellen, die ihre normale geradlinige Stäbchenform verloren und sich stark krümmten, teilweise rundlich entartet sind. Auffallend ist auch die unstrukturiert wirkende Zell-Hülle, die nicht mehr die gleiche Regelmäßigkeit aufweist wie zuvor beschrieben. Loses, polymeres Material liegt in unregelmäßigen Abständen der Außenseite der Zellwand auf und ist insbesondere innerhalb von Zell-Krümmungen zu finden (Abb. 56 und Abb. 57). Darüber hinaus finden sich eine Reihe von Zellen, bei denen sich scheinbar unkoordinierte Teilungsprozesse vollziehen, so werden dort gleich mehrere Septen bzw. Teilungsebenen eingezogen.

Vergleicht man die Dicke der Zell-Hülle so zeigt sich, dass diese im Wildtypstamm um etwa 25% im Vergleich zum Wachstum ohne NaCl zunimmt. Im Falle der *yocH*-Mutante erscheint die Zellwand um etwa 25% dünner zu sein, vergleicht man dies mit Zellen, die ohne Zugabe von NaCl herangezogen wurden. Der Vergleich der beiden Stämme 168 und AH023 untereinander ergibt, dass die Zellhülle der *yocH*-Mutante etwa 20% dünner ist. Hierbei ist nochmals zu erwähnen, dass exakte Messungen aufgrund der Heterogenität der Zellhülle schwierig sind. Vergleicht man abschließend die beiden Stämme so scheinen die morphologischen Veränderungen, Deformationen und Zellteilungs-Fehler in der *yocH*-Mutante schwerwiegender zu sein. Hierbei ist auch zu erwähnen, dass sich selbst im Phasen-Kontrast Mikroskop morphologische Veränderungen von *B. subtilis* unter hyperosmotischen Bedingungen (1,2 M NaCl) zeigen, welche insbesondere in der Anlaufphase des Wachstums auftreten. Mit Erreichen der exponentiellen Phase erscheinen die Wildtyp-Zellen jedoch wieder morphologisch „normal" und weisen die übliche Stäbchenform auf, ohne in längere Ketten vorzuliegen (Daten nicht gezeigt).

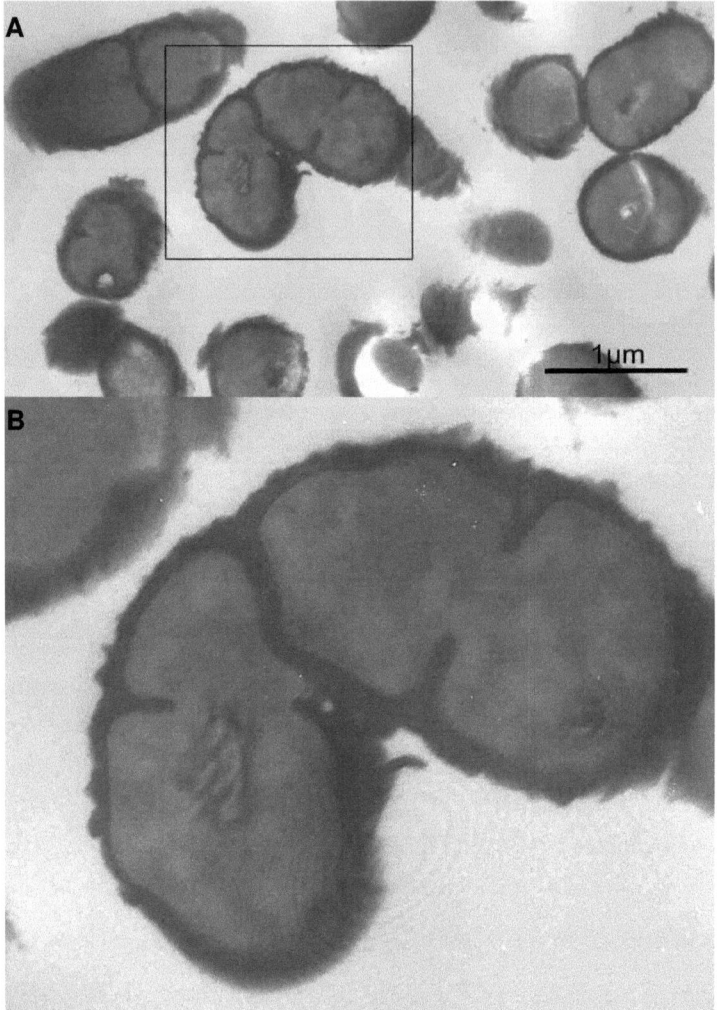

Abb 56: Elektronenmikroskopische Aufnahme des *B. subtilis* Wildtypstammes 168 bei 37 °C unter hyperosmotischen Bedingungen

Gezeigt ist die elektronenmikroskopische Aufnahme eines Ultradünnschnittes des *B. subtilis* Wildtypstammes 168, der hierzu in SMM mit 1,2 M NaCl bei 37 °C bis zu einer mittleren optischen Dichte von 1,0 herangezogen wurde. Abbildung A zeigt eine Übersicht, Abbildung B das Detail, dessen Lage in der oberen Abbildung (A) markiert ist (Rechteck). Die Bilder wurden mit einer 9400fachen Vergrößerung aufgenommen.

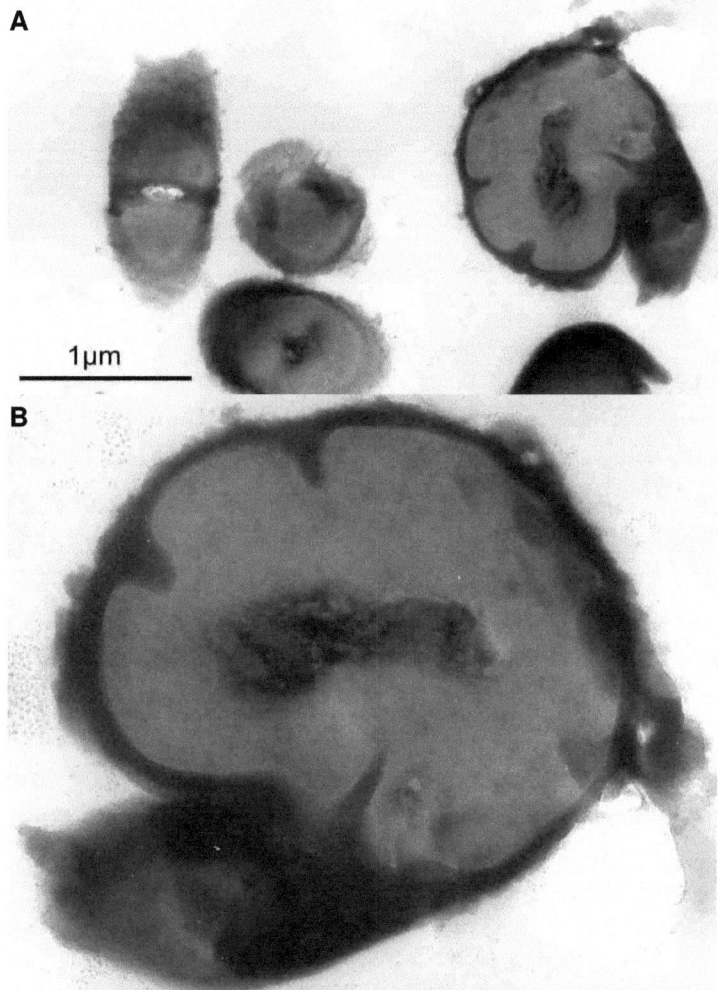

Abb 57: Elektronenmikroskopische Aufnahme yocH-Mutante bei 37°C unter hyperosmotischen Bedingungen

Gezeigt ist die elektronenmikroskopische Aufnahme eines Ultradünnschnittes der yocH-Mutante AH023, die hierzu in SMM mit 1,2 M NaCl bei 37°C bis zu einer mittleren optischen Dichte von 1,0 herangezogen wurde. Abbildung A zeigt eine Übersicht, Abbildung B (gespiegelt) das Detail, dessen Lage in der oberen Abbildung (A) markiert ist (Rechteck). Die Bilder wurden mit einer 6800fachen Vergrößerung aufgenommen.

10.4. Zellmorphologie in SMM mit 0,4 M NaCl bei 15°C – Signifikante Unterschiede zwischen Wildtyp und *yocH*-Mutante

Die größten Unterschiede zwischen Wildtyp und *yocH*-Mutante zeigen sich beim Wachstum unter hyperosmotischen Bedingungen (0,4 M NaCl) bei 15°C, dies geht einher mit den zuvor dargestellten Daten zum Wachstum unter diesen Bedingungen (Abb. 16). Die Zellen des Wildtystammes 168 erscheinen morphologisch weitestgehend unauffällig (Abb. 58). Deformierte, gekrümmte Zellen sind die Ausnahme und auch die Zellhülle erscheint normal und regelmäßig strukturiert, Anhänge polymeren Materials treten nur ganz vereinzelt auf. Im Falle der *yocH*-Mutante zeigt sich demgegenüber ein deutlich anderes Bild (Abb. 59). Die Zellen liegen zum einen vermehrt in Zellketten vor und zeigen deutliche morphologische Anomalien. So zeigen sich stark gekrümmte Zellen, die in der Krümmung Ansammlungen polymeren Materials aufweisen. Die Zellhülle erscheint oft wellig und ungleichmäßig, es zeigen sich Ein- bzw. Ausstülpungen. Des Weiteren finden sich Zellen, die keinen Inhalt zu haben scheinen, teilweise wechseln sich solche „leeren" Abschnitte innerhalb einer Zellkette mit vollkommen normal erscheinenden Abschnitten bzw. Zellen ab. Die Zellhülle dieser „Geister-Zellen" ist oftmals stark deformiert aber nicht zwangsläufig beschädigt, was ein Auslaufen des Cytoplasmas erklären würde. Diese Befunde gehen mit den bereits gezeigten Daten der Phasenkontrast- und Fluoreszenz-Mikroskopie einher, dass die *yocH*-Mutante beim Wachstum unter hyperosmotischen Bedingungen bei 15°C vermehrt DNA-freie, leere Zellen zeigt (Abb. 48).

V. Ergebnisse

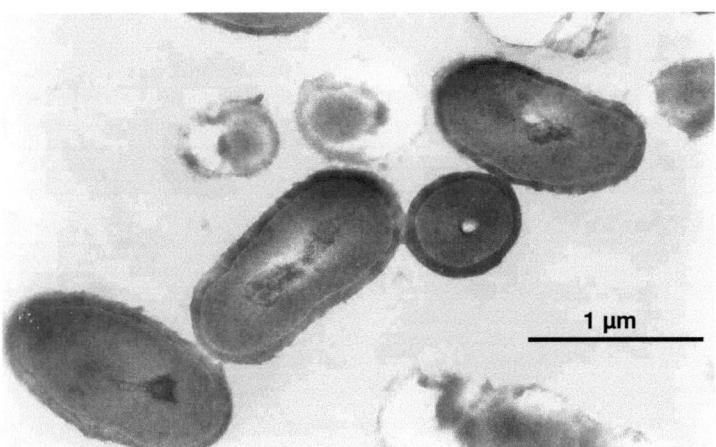

Abb 58: Elektronenmikroskopische Aufnahme des *B. subtilis* Wildtypstammes 168 bei 15 °C unter hyperosmotischen Bedingungen

Gezeigt ist die elektronenmikroskopische Aufnahme eines Ultradünnschnittes des *B. subtilis* Wildtypstammes 168, der hierzu in SMM mit 0,4 M NaCl bei 15 °C bis zu einer mittleren optischen Dichte von 1,0 herangezogen wurde. Gezeigt ist eine Übersichtsaufnahme. Die Bilder wurden mit einer 17300fachen Vergrößerung aufgenommen.

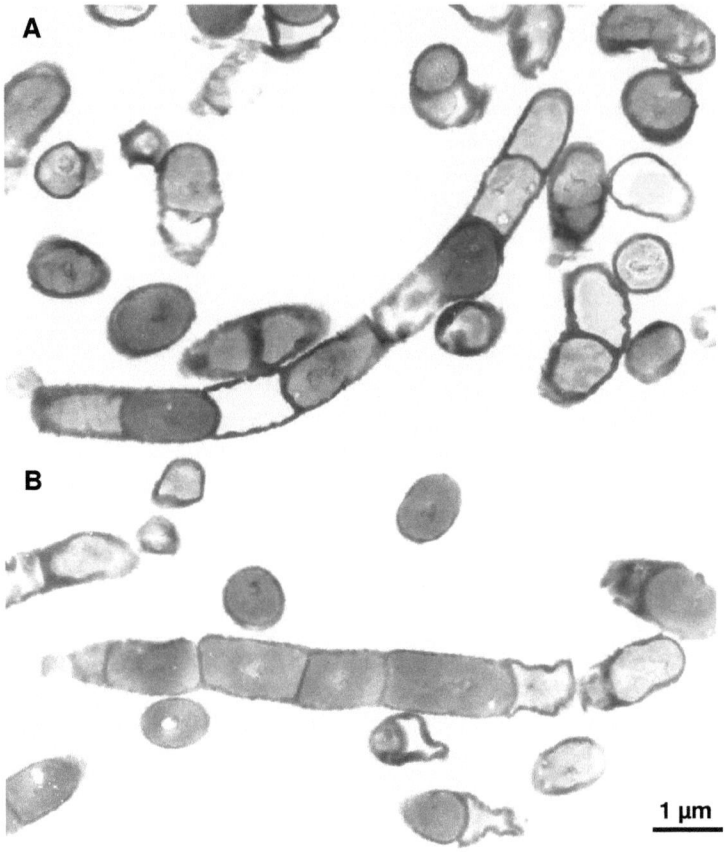

Abb 59: Elektronenmikroskopische Aufnahme *yocH*-Mutante bei 15°C unter hyperosmotischen Bedingungen

Gezeigt ist die elektronenmikroskopische Aufnahme eines Ultradünnschnittes der *yocH*-Mutante AH023, die hierzu in SMM mit 0,4 M NaCl bei 15°C bis zu einer mittleren optischen Dichte von 1,0 herangezogen wurde. Die Abbildungen A und B zeigen jeweils eine Übersicht. Die Bilder wurden jeweils mit einer 9400fachen Vergrößerung aufgenommen.

10.5. Glycin Betain führt zu signifikanten Veränderungen der Zellmorphologie von *B. subtilis*

In zuvor beschriebenem Zusammenhang sind auch die Auswirkungen von Glycin Betain auf die Morphologie von *B. subtilis* bei adaptivem Wachstum bei 14°C von Interesse. Wie schon bereits gezeigt (Abb. 50) kommt es durch Zugabe von 1 mM Glycin Betain zur Ausbildung sehr langer Zellketten während der exponentiellen Wachstumsphase und zu einer raschen Auflösung dieser Ketten unter Absterben der Zellen ohne echte stationäre Phase. Elektronenmikroskopische Aufnahmen exponentiell wachsender *B. subtilis* Wildtypzellen bei 14°C unter Zugabe von 1 mM Glycin Betain stützen diese ersten Befunde. Die Zugabe von Glycin Betain fördert die Ausbildung langer Zellketten, wobei andere morphologische Anomalien ausbleiben (Abb 60 A und B). Die einzelnen Zellen innerhalb der Ketten sind im Vergleich mit Zellen ohne Glycin Betain nur unwesentlich länger und weisen keine signifikanten Veränderungen der Zellwand auf, diese zeigt eine vergleichbare Dicke zu Zellen ohne Zugabe des kompatiblen Solutes. Betrachtet man nun Aufnahmen der Proben die nach Erreichen des „Gipfelpunktes" (Abb. 60 C und D) genommen wurden, so erklärt sich, dass rasche Absterben der Kulturen, die unter Zugabe von Glycin Betain inkubiert wurden. Die Zellen sind einem massiven Auflösungsprozess unterworfen, zeigen teilweise starke Deformationen und Zellwandabbau. Es zeigt sich, dass die im Phasenkontrast-Mikroskop gebändert und kontrastarm erscheinenden Zellen tatsächlich leer sind, das zuvor deutlich sichtbare, dunkle Nukleoid ist in blassen Schlieren aufgelöst und offenbar Abbauprozessen unterworfen. Die Zellen werden offensichtlich sehr rasch abgebaut, so dass nur noch Zelltrümmer zurückbleiben. Bei diesem Vorgang des Absterbens handelt es sich im Grunde um einen vollkommen normalen Prozess, nur überrascht die Geschwindigkeit in der sich dieser vollzieht.

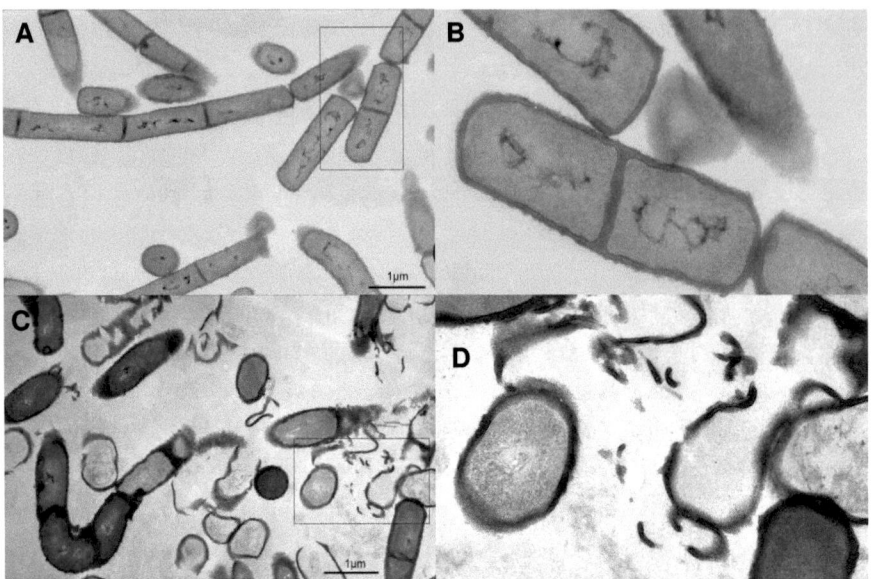

Abb 60: Elektronenmikroskopische Aufnahme des *B. subtilis* Wildtypstammes 168 bei 14°C unter Zugabe von Glycin Betain

Gezeigt sind Elektronenmikroskopische Aufnahmen von Ultradünnschnitten des *B. subtilis* Wildtypstammes 168, der hierzu in SMM unter Zugabe von 1 mM Glycin Betain bei 14°C bis zu einer mittleren optischen Dichte von 1,5 (A und B) sowie bis in die Absterbephase (C und D) herangezogen wurde. Die Abbildungen A und C zeigen jeweils eine Übersicht, Die Abbildungen B und D jeweils ein Detail, dessen Lage in den korrespondierenden Abbildungen (A und C) markiert ist (Rechteck). Die Bilder wurden jeweils mit einer 9400fachen Vergrößerung aufgenommen. Abbildung B wurde gespiegelt.

VI. Diskussion

1. YocH – ein sekretiertes und Zellwand-assoziiertes Protein

Datenbank gestützte Sequenzvergleiche haben erbracht, dass das YocH Protein zwei N-terminale so genannte LysM-Domänen besitzt (Abb. 9), die man vornehmlich bei Zellwand-assoziierten Proteinen findet und insbesondere bei Autolysinen bzw. Peptidoglykan Hydrolasen (Garvey et al., 1986; Buist et al., 2008). Diese Proteine sind an einer Vielzahl von zellulären Vorgängen beteiligt wie dem Zellwachstum, dem Zellwand-Turnover, der Peptidoglykan-Reifung, der Zellteilung, der Beweglichkeit und Chemotaxis, der genetischen Kompetenz, der Protein-Sekretion, der Differenzierung und der Pathogenität (Foster, 1994; Blackmann et al., 1998; Smith et al., 2000). Bei diesen Enzymen handelt es sich in der Regel um sekretierte Proteine, die über spezifische Transportprozesse aus der Zelle heraus transportiert werden müssen, um ihre Funktion erfüllen zu können. Das YocH Protein weißt ein N-terminales Signalpeptid auf, das spezifisch für eine Sec-abhängige Sekretion ist (Tjalsma et al., 2000). Darüber hinaus haben Analysen des extrazellulären Proteoms von *B. subtilis* 168 das YocH Protein als Mitglied des Sekretoms und damit als extrazelluläres Protein identifiziert (Antelmann et al., 2002; Tjalsma et al., 2004). Das Protein findet sich beim Fällen von Proteinen mittels Trichloressigsäure (TCA) im Kulturüberstand und nicht in Präparationen von Zellwänden (Atelmann et al., 2002; Tjalsma et al., 2004). Dieser Befund scheint zunächst im Widerspruch mit der These zu stehen, dass es sich bei YocH um ein Zellwand-bindendes Protein handelt, besitzt es doch zwei N-terminale LysM-Domänen, die für die Zellwand-Bindung bekannt sind. Demgegenüber steht jedoch, dass sich eine ganze Reihe von Proteinen mit Zellwand-bindenden Domänen im extrazellulären Proteom und nicht etwa im Zellwand-Proteom finden. Hierzu gehören die Glucosaminidase LytD, die D,L-endopeptidase YvcE und die wichtige Protease WprA, die ebenfalls eine Zellwand-Binde Domäne aufweist (Antelmann et al., 2002, Tjalsma et al., 2004). Hierbei ist besonders interessant, dass sich LytD nicht im Zellwand-Proteom finden lässt, ist die Glucosaminidase doch zusammen mit der Amidase LytC und einer weiteren Glucosaminidase LytG für 95% der autolytischen Aktivität während des vegetativen Wachtums von *B. subtilis* verantwortlich (Kuroda und Sekiguchi, 1991; Lazarevic et al., 1992; Margot et al., 1994; Blackman et al., 1998; Smith et al., 2000). Es scheint somit kein Widerspruch zu sein, dass einige Autolysine oder andere Proteine deren

VI. Diskussion

Zellwandbindung nachgewiesen wurde, nicht im Zellwand-Proteom zu finden sind. Möglicherweise sind diese Proteine nicht permanent an die Zellwand gebunden oder die Bindung ist weniger stabil, so dass sich eine Art Gleichgewicht einstellt zwischen Bindung an das Peptidoglykan und einem Abdiffundieren vom Peptidoglykan. Denkbar ist auch, dass diese Enzyme freigesetzte Zellwand-Bausteine, die ins Medium abgegeben werden, weiter zerlegen und diese damit dem Organismus über eine Art Recycling-Systems wieder zugänglich machen (Park und Uehara, 2008).

Neben den Erkenntnissen, die durch die bioinformatische Sequenzanalyse gewonnen wurden, konnte die Zellwand-Bindung des YocH-Proteins auch experimentell nachgewiesen werden (Abb. 19-23.). Zur Lokalisierung des YocH Proteins wurde der Stamm TMSB2 (168 (amyE::[Φ(yocH-gfp)1 cat])) konstruiert. Dieser expremiert ein YocH-GFP Fusionsprotein unter Kontrolle des yocH Wildtyp-Promotors, was die Lokalisierung des YocH-GFP Fusionsproteins unter natürlichen Bedingungen ermöglichte, ohne auf einen künstlich induzierbaren Promotor zurückgreifen zu müssen. Da der yocH Promotor hoch aktiv ist, selbst bei 37 °C ohne Stress-Stimulus, war die Lokalisation des Fusionsproteins zunächst erschwert. Da B. subtilis Zellen sehr dünn sind, war es nur schwer möglich allein die Fluoreszenz der Fokusebene zu betrachten, da die Fluoreszenz der darüber und darunter liegenden Ebenen nicht zu eliminieren war. Zwar war der Befund bei Betrachtung durch das Mikroskop eindeutig, eine anschließende Dokumentation mit Hilfe einer Digitalkamera führte allerdings zum Kontrast-Verlust. Um diesen Missstand auszugleichen wurde eine spezielle Software („Huygens Essential") verwendet, mit der eine Dekonvolution der erhaltenen Bilder möglich war. Die Software diente der Optimierung der Bildqualität und insbesondere der Auflösung der lichtmikroskopischen Fluoreszenz-Aufnahmen. Mithilfe dieser *in silico* Methode war es möglich nur die Fluoreszenz der Fokusebene darzustellen und damit war es möglich eine klare Aussage über die Lokalisierung des YocH-GFP Proteins zu treffen.

Es ist deutlich erkennbar, dass das YocH-GFP Protein in der Zellhülle von B. subtilis lokalisiert ist. Darüber hinaus findet sich das Fusionsprotein auch in den Septen sich teilender Zellen (Abb. 19 und 21). Das Fusionsprotein scheint gleichmäßig über die gesamte Zellhülle verteilt zu sein, seine Lokalisierung beschränkt sich offenbar nicht nur auf Teilbereiche der Zelle. Die geringe Auflösung des Licht- bzw. Fluoreszenzmikroskops lässt sicherlich keine exakte Lokalisierung des

Fusionsproteins zu, so ist eine Unterscheidung zwischen Zellwand und Zellmembran anhand der Aufnahmen nicht möglich. Man könnte hier schlussfolgern, dass das Fusionsprotein nicht funktionell ist, möglicherweise nicht korrekt sekretiert wird und mit der Membran bzw. der Protein-Sekretionsmaschinerie assoziiert ist. Um dies auszuschließen wurde der Stamm TMSB25 (168 Δ(*yocH::neo*)1 *amyE*::[Φ(*yocH-gfp*)1 cat]) konstruiert, ein Derivat des *yocH*-Deletionsstammes AH023, der das YocH-GFP Fusionsprotein expremiert. Die Deletion des *yocH* Gens führt bei 37°C unter hyperosmotischen Bedingungen (1,2 M NaCl) zu einem deutlichen Wachstumsnachteil (Abb. 46). Der Stamm TMSB25, der das YocH-GFP Fusionsprotein im *yocH* Hintergrund expremiert, zeigt jedoch keinerlei Wachstumsnachteil gegenüber dem Wildtypstamm 168 bei 37°C unter hyperosmotischen Bedingungen (1,2 M NaCl) (Abb. 18). Damit wurde der Nachweis erbracht, dass das YocH-GFP Fusionsprotein korrekt gefaltet, sekretiert und lokalisiert wird, denn nur ein funtionelles Protein ist in der Lage einen derart deutlichen Phänotyp zu komplementieren. Dieser Befund lässt somit den Schluss zu, dass das YocH-GFP Fusionsprotein in der Zellwand von *B. subtilis* lokalisiert ist. Um den endgültigen Nachweis zu führen, dass es sich bei dem YocH Protein um ein Zellwand-assoziiertes Protein handelt, wurde eine Anti-GFP Immuno-Gold Markierung des YocH-GFP Fusionsproteins, das vom Stamm TMSB2 expremiert wird, durchgeführt. Die Elektronenmikroskopischen Aufnahmen der Ultradünnschnitte der markierten Zellen des Stammes TMSB2 zeigen, dass die Immuno-Gold Markierung des YocH-GFP Fusionsproteins in der Zellwand und im Septum zu finden ist (Abb. 23). Damit ist nachgewiesen, dass es sich bei YocH um ein Zellwand-bindendes Protein handelt.

2. YocH – eine Peptidoglykan Hydrolase

Neben der bioinformatischen Identifizierung der beiden N-terminalen LysM-Domänen konnte durch Sequenzvergleiche der YocH Proteinsequenz mithilfe der „Conserved Domain Database" gezeigt werden, dass der C-terminale Bereich des YocH Proteins Ähnlichkeit zu Domänen der 3D-Superfamilie aufweißt (x.x.x.). Die Domäne findet sich in Autolysinen wie der membrangebunden lytischen Transglycosylase MltA aus *E. coli*, einem Enzym das für die Hydrolyse der β-1,4-glykosidischen Bindung

VI. Diskussion

zwischen der N-acetylmuraminsäure (MurNAc) und N-acetylglucosamin (GlcNAc) des Peptidoglykans, verantwortlich ist (van Straaten *et al.*, 2005; van Straaten *et al.*, 2007; Scheurwater *et al.*, 2008). Funktionell wichtige Aminosäuren der 3D-Superfamilie sind auch im YocH Protein konserviert.

Um diesem bioinformatischen Befund auf den Grund zu gehen, wurde das YocH Protein zunächst heterolog in *E. coli* überexpremiert und anschließend aufgereinigt (Abb. 24). Das gereinigte YocH Protein konnte anschließend einer funktionellen Charakterisierung unterzogen werden, wobei dessen Befähigung zur Hydrolyse von Zellwand-Material getestet wurde. Das gereinigte YocH Protein, das hierzu auf ein natives Polyacrylamid-Gel aufgetropft wurde, zeigte eine deutliche hydrolytische Aktivität gegenüber dem *B. subtilis* Zellwandmaterial, das mit dem Gel versetzt war (Abb. 25). Die hydrolytische Aktivität des YocH Proteins konnte sowohl gegenüber autoklavierten *B. subtilis* Zellen als auch aufgereinigtem Peptidoglykan nachgewiesen werden. Das Prinzip dieses Experimentes beruht darauf, dass eine Methylenblau-Lösung intaktes Zellwandmaterial tief blau anfärbt, wobei der Farbkomplex im Polyacrylamid-Gel zurückgehalten wird. Erfolgt eine Hydrolyse des Zellwandmaterials durch autolytische Enzyme, diffundieren die einzelnen Bruchstücke des Peptidoglykans aus dem Gel heraus, wodurch ein Entfärben des Gels möglich ist, da der Farbkomplex nicht länger zurückgehalten wird. Zonen der Peptidoglykan-Hydrolyse erscheinen demnach als helle, ungefärbte Bereiche vor tiefblauem Hintergrund. Bei Einsatz des gereinigten YocH Proteins zeigte sich stets eine deutliche Lyse-Zone, wohingegen die Puffer-Kontrolle keinerlei Effekt erbrachte (Abb. 25). Es wurde hiermit der eindeutige Nachweis erbracht, dass es sich bei dem YocH Protein um eine Peptidoglykan-Hydrolase bzw. ein Autolysin handelt.

2.1. Ist YocH eine Lytische Transglycosylase?

Wenn auch der Nachweis erbracht werden konnte, dass das YocH Protein ein Autolysin ist, so kann man hierbei kaum Rückschlüsse darauf ziehen, welche Bindung im Peptidoglykan tatsächlich hydrolysiert wird. Dafür wäre eine detaillierte Analyse der Bausteine nötig, die bei der Hydrolyse von Peptidoglykan-Material durch das YocH Protein freigesetzt werden, was allerdings nicht möglich war.

VI. Diskussion

Um der Lösung ein Stück näher zukommen müssen die experimentellen Befunde, der Nachweis der Zellwandbindung und der Hydrolyse von Zellwand-Material, vor dem Hintergrund der bioinformatischen Erkenntnisse diskutiert werden. Mithilfe von Sequenzvergleichen konnten zwar sowohl zwei N-terminale LysM-Domänen identifiziert werden als auch eine C-terminale 3D-Domäne, es war allerdings nicht möglich eine Homologie des gesamten YocH Proteins gegenüber einem funktionell charakterisierten Autolysin nachzuweisen. Alignments der gesamten YocH Proteinsequenz zeigten häufig nur sehr geringe Übereinstimmungen mit bereits bekannten Zellwand-Hydrolasen, wohingegen sich immer wieder eine deutliche Homologie zu einzelnen Domänen zeigte. Die Ursache hierfür liegt vornehmlich in der hohen Variabilität von Zellwand-Hydrolasen untereinander. Ein weit verbreitetes Merkmal dieser Enzyme ist ihr modularer Aufbau, mit N-terminaler Zellwandbinde-Domäne und C-terminaler katalytischer Domäne, wobei auch hier Abweichungen möglich sind (Joris *et al.*, 1992; Wuenscher *et al.*, 1993, Baba und Schneewind, 1998). Dieser modulare Aufbau ist vermutlich im Zuge der Evolution durch den Austausch von Domänen zwischen verschiedenen hydrolytischen Enzymen und Zellwand-bindenden Proteinen und deren Neukombination entstanden. In diesem Zusammenhang ist besonders interessant, dass die Kombination bzw. die Anzahl der verschiedenen Domänen insbesondere der LysM-Domänen, für eine optimale Funktion dieser Enzyme äußerst wichtig ist. So besitzen einige Autolysine nur 1-2 LysM-Domänen, wohingegen andere drei oder gar mehr aufweisen. Verändert man hier die Anzahl der Zellwand-bindenden LysM-Domänen durch Deletion bzw. Addition, so wird die Zellwand-Bindung und die biologische Funktion des jeweiligen Enzyms stark eingeschränkt (Steen *et al.*, 2005). Das YocH Protein zeigt ebenfalls den beschriebenen modularen Aufbau. Zwei N-terminale, hochkonservierte LysM-Domänen sind durch einen hochvariablen mittleren Teil von einer C-terminalen 3D-Domäne abgetrennt. Darüber hinaus zeigt das YocH Protein Ähnlichkeit zu lytischen Enzymen aus Bakteriophagen (Abb. 6). Hieraus könnte man schließen, dass das *yocH* Gen durch die Infektion mit einem Bakteriophagen in das *B. subtilis* Genom eingetragen wurde. Möglicherweise verblieb der integrierte Prophage aufgrund eines genetischen Defekts im Genom und im Zuge der Evolution gelangte das *yocH* Gen das ursprünglich dem Phagen zu Lyse der bakteriellen Zelle diente, unter Kontrolle des Wirtes (Smith *et al.*, 2000).

Bei der zuvor erwähnten 3D-Domäne handelt es sich um einen relativ kurzen Abschnitt der durch drei konservierte Aspartat-Reste gekennzeichnet und daher seinen Namen. Es wurde gezeigt, dass diese Domäne Teil der katalytischen, doppelten-ψ β–Fass Domäne der membrangebundenen lytischen Transglycosylase MltA aus *E. coli* ist (van Straaten *et al.*, 2005; van Straaten *et al.*, 2007). Darüber hinaus findet sich diese Domäne noch in der Familie der sogenannten Rfp/Sps-Proteine (Abb. 11) zu der auch das YabE-Protein aus *B. subtilis* zählt , das die höchste Homologie zum YocH-Protein zeigt, so dass auch YocH zu dieser Protein-Familie gezählt wird (Eiamphungporn und Helmann, 2008). Das *yabE* Gen wird ebenfalls durch hohe Osmolarität induziert (Steil *et al.*, 2003). Es ist also davon auszugehen, dass es sich bei YocH um eine lytische Transglycosylase bzw. ein Rfp/Sps-Protein handelt. Die pyhsiologische Rolle solcher Proteine wird später näher betrachtet.

3. Die Regulation des *yocH* Gens

Bei Autolysinen handelt es sich um bakteriolytische Enzyme, die in der Lage sind das Peptidoglykan des produzierenden Bakteriums zu hydrolysieren. Damit können Autolysine als potentiell bakterizide Enzyme angesehen werden, da ein Abbau der Zellwand eine Lyse nach sich ziehen kann.

Zellwand-Hydrolasen unterliegen aus diesem Grund einer umfangreichen Regulation. Zum einen werden diese Enzyme auf transkriptioneller Ebene reguliert, hier z.B. durch verschiedene Sigma-Faktoren, je nachdem ob die einzelnen Autolysine Aufgaben während des vegetativen Wachstums (SigA und SigD), in der stationären Phase (SigD und SigH), bei der Motilität (SigD) oder etwa der Sporulation (SigE, SigF und SiG) übernehmen (Smith *et al.*, 2000). Betrachtet man nun aber die Vielzahl an Autolysinen, die man auf der Zelloberfläche von *B. subtilis* findet, stellt dies eine große Gefahr für die Zelle dar, so dass diese Enzyme auch einer sehr strengen Regulation auf postranlationaler Ebene unterliegen müssen. Es ist allerdings noch weitestgehend unbekannt wie diese Art der Regulation im Detail erfolgt, wenn gleich es eine Reihe von Anhaltspunkten hierzu gibt (Rogers *et al.*, 1980; Jolliffe *et al.*, 1981; Fischer *et al.*, 1981; Koch *et al.*, 1985; Cheung und Freese, 1985; Clarke, 1993; Kemper *et al.*, 1993; Smith *et al.*, 2000; Vollmer *et al.*, 2000).

VI. Diskussion

Im Rahmen dieser Arbeit wurde ausschließlich auf die Regulation des *yocH* Gens, d.h. die Regulation auf transkriptioneller Ebene eingegangen.

3.1. Ein essentielles Zwei-Komponenten System kontrolliert die Transkription

Im Rahmen dieser Arbeit konnte gezeigt werden, dass das einzig essentielle Zwei-Komponenten System YycFG aus *B. subtilis* die Transkription des *yocH* Gens entscheidend beeinflusst. Zuvor konnte bereits gezeigt werden, dass der YycF-Transkriptionsregulator stromaufwärts des *yocH*-Promotors bindet und dass die ebenfalls in dieser Arbeit durchgeführte Mutagenese der Bindestelle, die Bindung des YycF-Regulators stark einschränkt (Howell *et al.*, 2003). Diese Erkennungssequenz des YycF-Regulators in der regulatorischen Region des *yocH* Gens umfasst zwei direkte Sequenzwiederholungen mit einem Umfang von 5 bzw. 6 Basenpaaren, die durch eine „Spacer-Region" von 5 Basenpaaren getrennt sind (Abb. 33; Howell *et al.*, 2003). Die Mutagenese dieser Erkennungssequenz führt nahezu gänzlich zum Zusammenbruch der Transkription des *yocH* Gens. Hierbei wirkt sich die Veränderung der Basenabfolge einer der beiden direkten Sequenzwiederholungen wesentlich gravierender auf die Promotor-Aktivität aus als die Erweiterung des Abstands der beiden Sequenzwiederholungen um eine Base (Abb. 34). Daraus lässt sich schließen, dass eine Veränderung der Erkennungssequenz die Bindung des YycF-Regulators weitestgehend verhindert, wohingegen die Erweiterung der Spacer-Region die Bindung lediglich erschwert.

In diesem Zusammenhang ist ein *in silico* Modell eines YycF-DNA Komplexes von besonderem Interesse, der auf der Grundlage struktureller Daten des Regulators berechnet wurde (Okajima *et al.*, 2008). Es konnte hierbei nur der C-terminale Teil es YycF-Regulators (YycF-C) strukturell aufgeklärt werden. YycF-C besteht aus einer Plattform, die von 4 antiparallelen β-Faltblättern (β1-β4) gebildet wird, einem Bündel von 3 α-Helices (α1-α3) und einer β-Haarnadel (β5-β6). Die 3 α-Helices bilden ein rechtsgewundenes Bündel und zusammen mit der β-Haarnadel ein „winged-helix-turn-helix-motif", das an der DNA-Bindung beteiligt ist.

VI. Diskussion

Anhand des Modells zeigt sich, dass der YycF-Regulator in dimerer Form an die Erkennungssequenz, die beiden direkten Sequenz-Wiederholungen, bindet. Der YycF-Regulator ist dabei im Wesentlichen über eine positive geladene α-Helix (α3) im C-Terminus an die Posphat-Gruppen der DNA gebunden. Diese Helix passt sich dabei genau in die große Furche der DNA ein (Okajima et al., 2008). Ein konservierter Arginin-Rest (Arg223) der β5-β6 Schleife interagiert mit der kleinen Furche der DNA. Die konservierten Aminosäure-Reste Thr197, Val200 und Arg204 scheinen an der Erkennung der DNA-Sequenz beteiligt zu sein und binden in der Nähe der 2. und 3. Base der Konsussequenz (G-T) (Okajiima et al., 2008).

Mutagenisiert man eine der Sequenzwiederholungen ist es dem YycF-Regulator Komplex nicht mehr möglich in seiner biologisch aktiven, dimeren Form, an die DNA zubinden, da eines der YycF-Regulator Moleküle nicht mehr mit der DNA interagieren kann bzw. die Bindestelle nicht mehr erkennt. Vergrößert man aber lediglich den Abstand der beiden direkten Sequenzwiederholungen um eine Base, wirkt sich dies weniger stark aus. Beide YycF-Monomere sind in der Lage an die jeweilige Erkennungssequenz zu binden, allerdings ist die Interaktion der beiden Monomere erschwert, was die Funktion des Regulator-Komplexes ebenfalls einschränkt. Es zeigt sich zwar, dass eine Mutagenese der YycF-Erkennungssequenz die Funktion bzw. Aktivität des *yocH*-Promotors stark einschränkt, allerdings ist der Promotor weiterhin durch hypersomotische Bedingungen bzw. niedrige Wachstumstemperaturen (15°C) induzierbar (Abb. 34). Hierbei wirkt sich ein Basenaustausch innerhalb einer der Sequenzwiederholungen deutlich stärker aus als das Hinzufügen einer Base in der „Spacer-Region".

Im Zuge der Identifizierung des minimalen Promotor-Fragmentes, das eine osmotisch- und kälteinduzierbare Transkription erlaubt, wurde die Erkennungssequenz des YycF-Regulators vollständig entfernt (Abb. 37). Dieser Eingriff hat dramatische Auswirkungen auf die Funktionalität des *yocH*-Promotors, der dadurch jegliche Transkriptions-Aktivität einbüßt (Abb. 39 und 40).

Es wurde somit der Nachweis erbracht, dass das essentielle YycFG Zwei-Komponenten System unerlässlich für eine normale Transkription des *yocH*-Promotors ist, obwohl es sich beim *yocH*-Promotor um einen SigA-abhängigen Promotor handelt (Howell et al., 2003; Seibert, 2004). Dabei spielt das YycFG-System offenbar keine Rolle bei der Regulation bzw. Induktion des *yocH*-Promotors unter hyperosmotischen Bedingungen bzw. beim adaptiven Wachstum bei 15°C

VI. Diskussion

(Budde et al., 2006). Das kodierende yycFG-Operon seinerseits unterliegt auch weder einer osmotischen Regulation (Abb. 35) noch einer durch adaptives Wachstum in der Kälte (Abb. 36). Das Zwei-Komponenten System scheint vielmehr für die basale Aktivität des yocH-Promotors zuständig zu sein wobei der YycF-Regulator offenbar als Transkriptions „Enhancer" fungiert. In diesem Zusammenhang ist allerdings auch zu erwähnen, dass eine Reihe von Genen, die vom YycFG-System positiv reguliert werden, unter hyperomotischen Bedingungen induziert sind (yocH, yvcE, ydJM, lytE und ftsAZ) wobei unter diesen Bedingungen repremierte Gene (yoeB und yjeA) (Steil et al., 2003) einer negativen Kontrolle durch das YycFG-System unterliegen (Tab. 12 und 13). Vergleicht man die Daten bezüglich des YycFG-Regulons mit den Array-Daten des adaptivem Wachstums bei 15°C zeigt sich kein derart homogenes Bild wie zuvor unter hyperosmotischen Bedingungen beschrieben. Dennoch zeigt sich auch hier eine Übereinstimmung bei yoeB, das unter beiden Stressbedingungen repremiert ist und einer negativen Kontrolle durch YycFG unterliegt.

Ein weiterer interessanter Befund in diesem Zusammenhang ist die Tatsache, dass das yycFG Operon vornehmlich in der exponentiellen Wachstumsphase expremiert wird und die Transkription mit Eintritt in die stationäre Phase rasch abnimmt. Dabei ist die Transkritption des Operons von SigA abhängig (Fabret und Hoch, 1998; Fukuchi et al., 2000). Dies spiegelt die Tatsache wieder, dass auch die Aktivität des yocH-Promotors mit Eintritt in die stationäre Phase abfällt (Abb. 30 und 31). Der yocH-Promotor wird damit wie das yycFG Operon vornehmlich in der exponentiellen Wachstumsphase expremiert. Dies gilt allerdings nur für das Wachstum bei 37°C (Abb. 30) bzw. 37°C unter hyperosmotischen Bedingungen (Abb. 31). Bei adaptivem Wachstum in der Kälte bei 15°C zeigt sich ein rascher Anstieg der yocH Transkription, wobei die Aktivität des Promotors nach ca. 120 Stunden ihr Maximum erreicht und auch während der stationären Phase auf diesem Niveau verweilt und nicht wie bei 37°C abfällt (Abb. 32). Die Daten zum Verlauf der Promotor-Aktivität des yycFG Operons (Fabret und Hoch, 1998; Fukuchi et al., 2000) beziehen sich auf 37°C aber es ist davon auszugehen, betrachtet man den Verlauf der yocH Transkription bei 15°C, dass auch das yycFG Operon unter diesen Bedingungen keine Repression in der stationären Wachstumsphase erfährt. Die verminderte Expression des yycFG in der stationären Phase resultiert allerdings nicht in einer geringeren Konzentration des YycF und YycG Proteins (Fabret und Hoch, 1998;

VI. Diskussion

Szurmant *et al.*, 2005; Howell *et al.*, 2006). Aus diesen Erkenntnissen lässt sich schließen, dass die Aktivität des *yocH* Promotors das Aktivierungs-Level des YycF Regulators bzw. der YycG Kinase widerspiegelt (Szurmant *et al.*, 2005; Howell *et al.*, 2006; Wang *et al.*, 2006).

In diesem Zusammenhang muss allerdings erwähnt werden, dass der Stimulus zur Aktivierung der YycG Kinase nicht bekannt ist. Man nimmt allerdings an, dass es sich hierbei um ein Signal handelt, dass sich aus Modifikationen des Peptidoglykans heraus ergibt. So hat der Einsatz von Vancomycin, einem Zellwand-aktiven Antibiotikum ähnliche Auswirkungen auf die Transkription des YycFG-Regulons wie die Deaktivierung der Kinase (Cao *et al.*, 2002, Bisicchia *et al.*, 2007). Es zeigt sich in diesem Zusammenhang, das Antibiotika, die in frühe Schritte der Peptidoglykan-Synthese eingreifen, wie Fosfomycin (Inhibition der Umwandlung von UDP-GlcNAc zu UDP-MurNAc) und Bacitracin (Inhibition Lipid-Carriers Recyclings) die Aktivität des YycFG-Systems vermindern (Jordan et al., 2006; Jordan *et al.*, 2007; Dubrac *et al.*, 2008). Im Gegensatz dazu wird die YycFG Aktivität durch Antibiotika gesteigert, die in die späten Schritte der Peptidoglykan-Synthese eingreifen, wie z.B. die β-laktam Antibiotika welche die durch Inhibition der Penicllin-Bindeproteine, Transglykosylierungs- und Transpeptidierungs-Reaktionen verhindern (Dubrac *et al.*, 2008). Diese Beobachtungen gehen einher mit der Idee, dass die YycG Kinase die Konzentration von Lipid II (Lipid-Carrier) im extracytoplasmatischen Kompartiment wahrnimmt. In diesem Zusammenhang ist besonders die Wirkung von Vancomycin und Ristocetin interessant, greifen sie zwar in späte Stadien der Peptidoglykan-Synthese ein, so vermindern diese Antibiotika jedoch die Aktivität der Kinase. Diese Antibiotika binden direkt an den Lipid-Carrier bzw. an den D-Ala-D-Ala-Anteil des Carriers und maskieren diesen bzw. vermindern dessen Verfügbarkeit für die Zelle (Dubrac *et al.*, 2008). Scheinbar spielt der Lipid-Carrier eine entscheidende Rolle bei der Aktivierung der YycG-Kinase: (I) zum einen ist der Carrier das einzige synthetische Zellwand-Intermediat das im gleichen zellulären Kompartiment vorliegt wie die sensorische Schleife der YycG-Kinase; (II) darüber hinaus ist die Konzentration des Carriers ein direktes Maß für die Zellwand Synthese-Aktivität; (III) und bei zweien der vom YycFG-System induzierten Autolysine handelt es sich um Endopeptidasen (YvcE und LytE) – die extracytoplasmatisch steigende D-Ala-D-Ala Konzentration zieht die Notwendig nach sich, dass Endopetidasen den Peptidanteil des Peptidoglykans aufschneiden um ein Einfügen neuen Zellwandmaterials über

VI. Diskussion

den Lipid-Carrier zu gewährleisten (Dubrac et al., 2008). Es konnte ebenfalls gezeigt, werden, dass auch die Zelldichte bzw. Biomasse Auswirkung auf die Aktivität des YycFG-Systems hat, woraus man schließen kann, dass der Aktivierung des Systems auch eine Art „quorum sensing" Signal unterliegt (Wang et al., 2006).

Die Daten zu Transkription des *yocH* Gens bei Mutation der YycF-Bindestelle haben gezeigt, dass die Aktivierung des Promotors unter hyperomotischen Bedingungen bzw. bei adaptivem Wachstum in der Kälte bei 15°C nicht vom YycFG-System abhängig sind. Das Zwei-Komponenten System scheint hier vielmehr die generelle Aktivität des *yocH*-Promotors zu steuern, wobei man einen indirekten Einfluss von hoher Osmolarität und niedriger Temperatur auf die Aktivität des YycFG-Systems nicht ausschließen kann. So beeinflussen diese Stress-Bedingungen direkt die Wachstumsrate bzw. Zellteilungs-Rate von *B. subtilis* und damit auch die Synthese-Rate des Peptidoglykans, was sich dann wiederum direkt auf die Aktivität des YycFG-Systems auswirkt (Dubrac et al., 2008).

3.2. Die Faktoren der Osmo- und Kälte-Regulation des *yocH* Gens

3.2.1. Das *yocH* Gen ist osmotisch- und kälteregulliert

Es wurde gezeigt, dass die Aktivität des *yocH*-Promotors bis zu einer NaCl-Konzentration von 0,6 M proportional zur externen Osmolarität verläuft, schließlich ihr Maximum erreicht und durch eine Steigerung des Reizes nicht weiter zu stimulieren ist (Abb. 26). Dabei ist anzumerken, das es sich um einen osmotischen Effekt und nicht etwa um einen ionischen Effekt handelt, da auch Zucker eine Induktion des *yocH*-Promotors stimulieren (Seibert, 2004). Auch ein plötzlich applizierter osmotischer Reiz ist in der Lage die Transkription des *yocH* Promotors zu induzieren (Abb. 27). Neben der Kontrolle durch osmotische Reize unterliegt der *yocH*-Promotor einer Temperatur-sensorischen Regulation und wird durch ein Absenken der Wachstums-Temperatur induziert (Abb. 28). Hierbei steigt die Transkriptionsrate des *yocH*-Promotors mit stetigem Absenken der Temperatur immer weiter an, wobei anzumerken ist, dass bei 15°C ein Maximum erreicht wird, da die Promotor-Aktivität mit Absenken auf 14°C nicht weiter zu steigern ist.

3.2.2 Das osmo- und kryoprotektive Glycin Betain beeinflusst die Transkription von *yocH*

Glycin Betain gehört zu einer Gruppe organischer Moleküle, die man auch als Osmolyte bzw. kompatible Solute bezeichnet. Es ist bekannt, dass Glycin Betain das Wachstum von *B. subtilis* unter hpyeromostischen Bedingungen sowie bei hohen und niedrigen Temperaturen beschleunigt (Boch *et al.*, 1994, Brigulla *et al.*, 2003; Holtmann und Bremer, 2004). In diesem Zusammenhang wurde auch gezeigt, dass die meisten osmotisch- und kälteinduzierten Gene, durch die Zugabe von Glycin Betain ins Wachstumsmedium reprimiert werden, was auch für das *yocH* Gen bestätigt werden konnte (Abb. 29). Es zeigte sich eindeutig, dass das der *yocH* Promotor sowohl unter hyperosmotischen Bedingungen als auch bei adaptivem Wachstum in der Kälte (14°C und 15°C) durch die Zugabe von 1 mM Glycin Betain reprimiert wird. Dabei vermindert das kompatible Solut die Aktivität des *yocH* Promotors um rund 50% bei allen getesteten Wachstumsbedingungen.

3.2.3. Die minimale Promotor-Region des *yocH* Gens – 176 bp bzw. 254 bp enthalten alle regulatorischen *cis* Elemente

Wie bereits diskutiert wurde, ist der Promotor des *yocH* Gens sowohl osmotisch- als auf kälteinduzierbar. Diese Daten wurden mithilfe des Stammes TMSB1 erbracht, der eine Reportergenfusion zwischen 479 bp der regulatorischen Region des *yocH* Gens (-339 bis +140) und dem Reportergen *treA*, chromosomal im *amyE* Genort trägt. Dieses ursprüngliche Fragment wurde schrittweise mithilfe molekularbiologischer Methoden auf 101 bp (-39 bis +62) verkürzt. Im Zuge dieser gezielten Deletions-Analyse innerhalb der regulatorischen Region des *yocH* Gens (Abb. 37 und 38) war es möglich den minimalen *yocH* Promotor zu definieren, der alle *cis* Elemente enthält, die zu einer osmotisch- und kälteinduzierbaren Transkription notwendig sind. Generell lässt sich zunächst festhalten, dass die Aktivität des Promotors mit fortschreitender Verkürzung abnimmt und dass eine Deletion der Bindestelle des YycF Transkriptionsregulators, die sich von -41 bis -57 erstreckt, die Transkription vollständig zum Erliegen bringt (Abb. 39 und 40). Hierbei verhalten sich beide getesteten Fragmente mit je 101 bp (-39 bis + 62; fusioniert mit *treA* in TMSB14) und

VI. Diskussion

179 bp (-39 bis +140; fusioniert mit *treA* in TMSB9) gleich, unabhängig vom Vorhandensein einer 78 bp umfassenden stromabwärts gelegenen Region (+62 bis +140), worauf nachfolgend weiter eingegangen wird.

Darüber hinaus zeigte sich, dass ein 179 bp (-114 bis +62; fusioniert mit *treA* in TMSB13) umfassendes Fragment alle *cis* Elemente enthält, die zu einer osmotischen Aktivierung des *yocH* Promotors notwendig sind (Abb. 39). Dieses Fragment umfasst den Promotor, d.h. die -35- und -10-Region, damit die Bindestelle des Spo0A-Regulators sowie die essentiell wichtige Erkennungssequenz des YycF-Regulators (Abb. 37 und 38). Die Determinanten der Osmoregulation müssen also allesamt in diesem Fragment enthalten sein.

Betrachtet man die Aktivität der einzelnen regulatorischen Fragmente bei adaptivem Wachstum bei 15°C so zeigt sich, dass das zuvor besprochene Fragment mit einer Länge von 179 bp (-114 bis +62; fusioniert mit *treA* in TMSB13) nicht mehr induzierbar ist. Das Fragment, das mithilfe des korrespondierenden Vorwärts-Primers entstanden ist und eine Länge von 254 bp (-114 bis +140; fusioniert mit *treA* in TMSB8) hat, zeigt nur noch eine minimale Induzierbarkeit bei 15°C. Die beiden Fragmente unterscheiden sich lediglich durch Vorhandensein oder Abwesenheit der bereits erwähnten 78 bp umfassenden Region, die stromabwärts des ATG-Starcodons gelegen ist und sind nur unter Verwendung unterschiedlicher Rückwärts-Primer entstanden. Die beiden nächst längeren Fragmente mit 312 bp (-172 bis + 140; fusioniert mit *treA* in TMSB7) und 234 bp (-172 bis +62; fusioniert mit *treA* in TMSB12) zeigen wieder eine normale Induzierbarkeit, stimuliert durch die niedrige Wachstumstemperatur von 15°C. Daraus lässt sich schließen, dass wichtige Elemente der Regulation des *yocH* Gens bei niedrigen Wachstumstemperaturen im Bereich zwischen -172 und -114 angesiedelt sind. Darüber hinaus scheint die 78 bp umfassende stromabwärts gelegene Region (+62 bis +140) eine ebenso wichtige Rolle bei der Regulation des *yocH* Gens bei niedrigen Wachstumstemperaturen zu spielen. Fehlt diese Region zusammen mit dem Bereich zwischen -172 und -114, so verliert der *yocH* Promotor seine Induzierbarkeit bei 15°C. Ist dieser stromabwärts gelegene Teil vorhanden, fehlen aber die 58 bp zwischen -172 und -114, so ist die Induzierbarkeit der *yocH* Transkription bei niedriger Wachstumstemperatur zumindest stark eingeschränkt. Man kann daraus schließen, dass beide Bereiche gleichermaßen, evtl. auch durch eine Form der Interaktion miteinander, die Regulation des *yocH* Promotors bei niederigen Temperaturen gewährleisten. In diesem Zusammenhang wäre denkbar, dass an beide Regionen regulatorische Proteine binden, die nur im Zusammenspiel miteinander die Regulation bei niedrigen Temperaturen gewährleisten können. Möglicherweise ist es auch ein Effekt, der direkt auf der DNA bzw. deren sekundärer Struktur an dieser Stelle beruht, so dass sich die Deletion bestimmter Bereiche negativ auf die Regulation des Promotors auswirkt. Diese und weitere Überlegungen sollen den Betrachtungen im folgenden Abschnitt zugrunde gelegt werde.

3.2.4. Eine Region von stromabwärts des Transkriptionsstarts hat Einfluss auf die *yocH* Promotor-Aktivität

Wie bereits erwähnt wurde spielt eine 78 bp umfassende Region stromabwärts des ATG Startcodons (+62 bis +140) eine entscheidende Rolle bei der Transkription des *yocH* Gens. Die Auswirkungen dieser 78 bp werden deutlich, vergleicht man die Stammpaare TMSB1-TMSB10, TMSB6-TMSB11, TMSB7-TMSB12 und TMSB8-TMSB13. Die regulatorischen *yocH*-Fragmente der *treA*-Fusionen dieser Stammpaare sind jeweils unter Verwendung des gleichen Vorwärts-Primers aber eines unterschiedlichen Rückwärts-Primers entstanden, so dass in den Stämmen TMSB10 bis TMSB14 eine 78 bp umfassende Region stromabwärts des Startcodons (+62 bis +140) fehlt. Die Deletion dieser Region führt zu einem generellen Anstieg der *yocH* Transkriptionsrate, d.h. zu einer Derepression des *yocH* Promotors. Darüber hinaus scheint diese Region nicht unerheblich an der Regulation bei niedrigen Wachstumstemperaturen beteiligt zu sein, was bereits im vorangegangen Abschnitt diskutiert wurde.

Die Beobachtung dieser Derepression des *yocH* Promotors legte die Vermutung nahe, dass in dieser Region möglicherweise ein Repressor binden könnte. Literaturrecherchen ergaben, dass die Transkription des *yocH* Promotors unter anderem von dem prominenten Repressor, dem AbrB-Regulator abhängig ist (Hamon und Lazazzera, 2006). Um den Einfluss des AbrB Repressors auf die *yocH* Transkription zu studieren, wurde das *abrB* Gen in den TreA-Fusionsstämmen TMSB1 und TMSB6 - TMSB14 deletiert und die Stämme TMSB15 – TMSB24 konstruiert. Es wurde angenommen, dass die TreA-Aktivität der Stämme, deren TreA-Fusionen die 78 bp Region beinhalteten (TMSB15 – TMSB19) im Vergleich mit

VI. Diskussion

dem Wildtyp-Hintergrund erhöht ist und dass sich bei den Stämmen denen diese Region fehlt (TMSB20 – TMSB24) keine Veränderung im Vergleich mit dem Wildtyp-Hintergrund zeigt. Dies wäre der Nachweis gewesen, dass der AbrB Repressor in der 78 bp umfassenden Region stromabwärts des Startcodons (+62 bis +140) bindet. Es zeigte sich allerdings, dass die Deletion des *abrB* Gens nicht nur in den Stämmen TMSB15 – TMSB19 zu einer Steigerung der TreA-Aktivität führte, sondern auch bei den Stämmen TMSB20 – TMSB24, in deren *treA*-Fusionen die Stromabwärts-Region deletiert war. Damit konnte ausgeschlossen werden, dass der AbrB Repressor in der 78 bp umfassenden Region stromabwärts des Startcodons bindet. Im Falle des Wachstums unter hyperosmotischen Bedingungen (Abb. 41) zeigten sich keinerlei weitere Auffälligkeiten oder Interpretations-Spielräume. Betrachtet man aber die Ergebnisse der *abrB*-Deletionsstämme bei adaptivem Wachstum bei 15 °C so zeigt sich ein besonders interessanter Befund (Abb. 42). Die Stämme TMSB15 – TMSB19, die allesamt die 78 bp Region in ihren *treA*-Fusionen tragen, zeigten keine Regulation des *yocH* Promotors durch niedrige Temperatur, wohingegen die TreA-Fusionen, denen diese Region fehlt (TMSB21 – TMSB24) nach wie vor durch adaptives Wachstum bei 15 °C induzierbar sind. Der Stamm TMSB20 stellt hierbei eine Ausnahme dar. Zwar trägt dieser Stamm ein *yocH*-Fragment in seiner TreA-Fusion, dem die 78 bp Region fehlt, dennoch zeigt sich keine Induktion durch die niedrige Wachstumstemperatur. In diesem Zusammenhang spielt wohlmöglich der stromaufwärts gelegene Bereich eine Rolle, der in der Fusion des Stammes TMSB21 fehlt, dessen TreA-Fusion schließlich wieder induzierbar ist. Welcher Natur dieses Zusammenspiel ist, ob es sich in diesem Fall um eine Interaktion zweier Proteine handelt, die in beiden Regionen binden und welche Rolle AbrB in diesem Fall spielt, ist reine Spekulation.

3.2.5. Welche Rolle spielt der Biofilm-Repressor AbrB bei der Regulation des *yocH* Gens

Der Repressor AbrB wird zu einer Gruppe von Regulatoren gezählt, die man als „transition-state regulators" (TSRs) bezeichnet. Diese Transkriptionsfaktoren vermitteln die Umwandlung diverser Umwelt-Stimuli in Veränderungen des Gen-Expressions Musters (Sonnenschein *et al.*, 2002). In *B. subtilis* spielen diese

VI. Diskussion

Proteine eine wichtige Rolle bei der Regulation der Sporulation, der Ausbildung genetischer Kompetenz und der Entwicklung von Biofilmen (Strauch und Hoch, 1993). TSRs werden oftmals auch als „AbrB-ähnliche" bezeichnet, da AbrB der am umfangreichsten studierte TSR ist. Viele bekannte oder putative TSRs besitzen wichtige Aufgaben bei Humanpathogenen Organismen wie *Stapyhlococcus*, *Listeria*, *Streptococcus* und *Clostridia* (Bobay et al., 2004).

Wenn auch eine Vielzahl experimenteller Daten bezüglich des AbrB Repressors existieren, ist bislang nicht bekannt wie dieses Protein oder ein anderer TSR seine biologische Funktion erfüllt (Sullivan et al., 2008). AbrB erkennt keine definierte DNA-Sequenz, bekannte Bindesequenzen sind untereinander hoch divers. Es existiert lediglich eine Art „Pseudo-Konsensus" Sequenz zu der AbrB nur eine sehr geringe Affinität aufweist (TGGNA-5bp-TGGNA) (Sullivan et al., 2008). AbrB ist in *B. subtilis* an der Regulation von rund 60 Genen beteiligt (Xu und Strauch, 1996) und zeigt hier eine hohe Affinität zu den entsprechenden regulatorischen Regionen der Gene (Bobay et al., 2004). Die Eigenschaften der DNA-Bindung des AbrB Proteins sind vielfältig, zum einen scheint AbrB unspezifische Interaktionen mit der DNA aufgrund struktureller Eigenschaften der Nukleinsäure einzugehen und zum anderen hoch-affine Interaktionen mit spezifischen DNA-Sequenzen. Diese Flexibilität erlaubt damit auch die Bindung von strukturell verwandten DNA Sequenzen (Bobay *et al.*, 2006). Gemäß einer Modell-Vorstellung bindet AbrB sowohl die kleine als auch die große Furche der DNA und weißt eine hohe strukturelle Flexibilität auf, die auch erklärt weswegen keine definierte Konsensus-Sequenz für die AbrB-Bindung an die DNA existiert (Sullivan et al., 2008).

Welche Rolle der AbrB Repressor bei der Regulation des *yocH* Promotors bei niedrigen Wachstumstemperaturen spielt, kann anhand der existierenden experimentellen Daten nicht annähernd geklärt werden. Es konnte gezeigt werden, dass das *yocH* Gen durch AbrB reprimiert wird. Drüber hinaus ist bekannt, dass die Expression von *yocH* neben AbrB auch von Spo0A und Sigma-H beeinflusst wird (Hamon und Lazazzera, 2001; Branda, 2001). Der Sporulations-Master Regulator Spo0A reprimiert die Expression des *abrB* Gens und wird selbst von Sigma-H positiv reguliert. Sigma-H wiederum unterliegt einer Repression durch AbrB (Hamon *et al.*, 2004). Schon allein diese komplexen Zusammenhänge zeigen, wie schwierig eine Interpretation der bei adaptivem Wachstum bei 15°C erhaltenen transkriptionellen Daten des *yocH* Gens im *abrB*-Deletion Hintergrund ist. Neben den beiden globalen

VI. Diskussion

regulatorischen Proteinen Spo0A und Sigma-H werden wie bereits erwähnt noch rund 60 weitere Gene bzw. Proteine durch AbrB beeinflusst von denen eine Vielzahl noch unbekannter Funktion ist (Xu und Strauch, 1996). Darüber hinaus unterliegen den beiden Regulatoren Spo0A und Sigma-H noch unzählige weitere Gene, deren Regulation durch eine Deletion des *abrB*-Gens beeinflusst werden könnte. Daher kann man nur spekulieren, welche Rolle AbrB bei der Regulation des *yocH* Promotors bei niedrigen Temperaturen spielt. Es ist denkbar, dass eines der Gene des AbrB Regulons Einfluss auf die Kälteregulation des *yocH* Gens nimmt, gleichsam ist der Einfluss von Spo0A oder Sigma-H denkbar sowie der Gene bzw. Genprodukte, die deren Kontrolle unterliegen.

Die experimentellen Daten haben allerdings unumstößlich gezeigt, das die Deletion des *abrB* Gens den Verlust der Kälteregulation des *yocH* Gens nach sich zieht sofern der Bereich von +62 bis +140 (78bp Region) erhalten bleibt. Fehlt diese Region stromabwärts des *yocH* Transkriptionsstarts, zeigt der Promotor auch bei Abwesenheit von AbrB eine Induktion durch niedrige Wachstumstemperaturen. Ob bei diesem Effekt strukturelle Eigenschaften dieser Region eine Rolle spielen oder ob dort möglicherweise ein weiteres regulatorisches Protein bindet, kann hier nicht abschließend geklärt werden. Denkbar ist, dass in dieser Region ein regulatorisches Protein bindet, das den *yocH* Promotor bei 37°C reprimiert und dessen eigene Transkription bei 15°C durch den AbrB Repressor unterbunden wird. Dies hätte zur Folge, dass die Transkription des *yocH* Gens bei 15°C von diesem putativen Repressor nicht mehr behindert werden kann. Deletiert man das *abrB* Gen, so wäre der unbekannte Repressor auch bei 15°C in ausreichender Menge vorhanden und würde die Induktion der *yocH* Transkription behindern. Wenn man davon ausgeht, dass dieser putative Repressor in der Region zwischen +62 und +140 bindet, würde der Verlust dieser Region auch bei Abwesenheit des AbrB Proteins nicht zur Behinderung der Induktion der *yocH* Transkription führen. Diese Überlegung würde die Ergebnisse (Abb. 42) weitestgehend erklären, wobei dies rein spekulativ ist.

Abschließend ist zu sagen, dass man davon ausgehen kann, dass sowohl der Biofilm-Repressor AbrB als auch die stromabwärts gelegene Region (+62 bis +140) eine wichtige Rolle bei der Regulation des *yocH* Promotors bei 15°C spielen. Darüber hinaus scheint auch die Region zwischen -172 und -114 Einfluss auf die Regulation bei niedrigen Wachstum Temperaturen zu haben (Abb. 42), was bereits erwähnt wurde. Es ist also in diesem Zusammenhang unerlässlich weitere

Experimente auszuführen, um der Regulation des *yocH* Gens bei niedriger Wachstumstemperatur, die offenbar hoch komplex ist, auf den Grund zu gehen.

4. Welche physiologische Rolle spielt das YocH Protein für *B. subtilis*

Die bisher diskutierten Daten sollen nun zum Abschluss in die Betrachtung der physiologischen Rolle des YocH Proteins einbezogen werden. Hierbei soll insbesondere drauf eingegangen werden, welchen Modifikationen das Peptidoglykan bei wechselnden Umweltbedingungen unterliegt und welche Aufgaben das YocH Protein dabei zu übernehmen scheint, speziell im Hinblick auf hyperosmotische Bedingungen und niedrige Temperatur. Zunächst soll eine generelle Betrachtung von Zellwand-Modifikationen als Reaktion auf wechselnde Umweltbedingungen vorgenommen werde.

4.1. Modifikationen der Zellwand als Reaktion auf veränderte Umweltbedingungen

4.1.1. Der Einfluss der Osmolarität auf die bakterielle Zellwand

Mithilfe von Microarray-Studien des gesamten *B. subtilis* Transkriptoms konnten Gene identifiziert werden, deren Transkription durch hohe Salinität bzw. adaptives Wachstum bei 15°C beeinflusst wird (Steil *et al.*, 2003; Budde *et al.*, 2006). So zeigte sich beim Wachstum unter hyperosmotischen Bedingungen (1,2M NaCl) eine transkritpionelle Induktion von 123 Genen sowie eine Repression von 101 Genen (Steil *et al.*, 2003). Unter Bedingungen des adaptiven Wachstums bei 15°C wurden 279 Gene identifiziert, deren Transkription induziert wird und 301 Gene bei denen eine Repression stattfindet (Budde *et al.*, 2006). Die Auswertung der Daten hat gezeigt, dass eine Reihe von Genen, deren Transkription unter diesen Wachstums-Bedingungen beeinflusst wird offenbar Proteine codiert, die Aufgaben im Zellwand-Metabolismus übernehmen (Tab. 16). Das Gen *yocH* zeigte hierbei unter beiden

VI. Diskussion

Bedingungen eine deutliche Induktion auf transkriptioneller Ebene, was durch weitere Studien bestätigt und die vorliegende Arbeit gezeigt werden konnte (Seibert, 2004).

Tab. 16: Induzierte Gene unter hyperosmotischen Bedingungen und bei 15 °C

Gen	Regulation	Funktion
\multicolumn{3}{} Hyperosmotische Bedingungen (Steil et al., 2003)		
yocH	+	Ähnlich zu Zellwand bindenden Proteinen
yabE	+	Ähnlich zu Zellwand bindenden Proteinen
yqiI	+	Ähnlich zu N-acetylmuramoyl-L-alanin Amidasen
yqiH	+	Ähnlich zu Lipoprotein
Adaptives Wachstum bei 15 °C (Budde et al., 2006)		
yocH	+	Ähnlich zu Zellwand bindenden Proteinen
yabE	+	Ähnlich zu Zellwand bindenden Proteinen
cwlJ	+	Zellwandhydrolase
murG	+	Enzym der Peptidoglykan-Synthese
dacF	+	Penicillin-Bindeprotein
yrrR	+	Ähnlich zu Penicillin-Bindeproteinen
dacA	-	Penicillin-Bindeprotein 5
lytE	-	Zellwand-Hydrolase
wprA	-	Zellwand-assoziiertes Protein
pbpB	-	Penicillin-Bindeprotein 2 B
yrvJ	-	Ähnlich zu N-acetylmuramoyl-L-alanin Amidasen
yvcE	-	D,L-endopeptidase
lytB	-	Reguliert Aktivität von LytC
lytC	-	N-acetylmuramoyl-L-alanin Amidase
murAA	-	Enzym der Peptidoglykan-Synthese
murAB	-	Enzym der Peptidoglykan-Synthese
wapA	-	Zellwand-assoziiertes Protein

Die Betrachtung dieser Daten legt die Vermutung nahe, dass beide Stressbedingungen, erhöhte Osmolarität sowie niedrige Temperatur, Einfluss auf den Zellwand-Metabolismus und damit die Zellwand-Struktur von B. subtilis haben. Diese

VI. Diskussion

Vermutung stützend existieren Arbeiten, die sich mit dem Einfluss erhöhter Osmolarität auf die Struktur der Zellhülle, insbesondere der Zellwand und der Zellmorphologie beschäftigen (Vijaranakul et al., 1995; Lopez et al., 1998; Lopez et al., 2000; Piuri et al., 2005; Palomino et al., 2009)

Das Wachstum von B. subtilis unter hyperosmotischen Bedingungen scheint zu weit reichenden Modifikationen der Zellhülle zu führen, die Zellen bilden Filamente und die Effektivität antimikrobieller Substanzen deren Zielstruktur die Zellwand bzw. Zellmembran darstellt, ist unterschiedlich (Lopez et al., 1998). So zeigen B. subtilis Zellen, die in LB Medium mit erhöhter Osmolarität (1,5 M NaCl) angezogen wurden, eine geringere Sensitivität gegenüber Lysozym und Polymyxin B, einem Zellmembran schädigenden Antibiotikum. Darüber hinaus zeigt sich eine Resistenz gegenüber den Phagen Φ29 und Φ105, einem virulenten und einem temperenten Phagen, die beide nicht in der Lage sind B. subtilis Zellen zu lysieren, die unter hyperosmotischen Bedingungen gewachsen sind. Diese Befunde lassen den Schluss zu, dass sich sowohl die Dimensionen, d.h. die Dicke der B. sutbilis Zellwand unter hyperomotischen Bedingungen verändert als auch die Feinstruktur, so möglicherweise der Grad der Quervernetzung (Lopez et al., 1998). Ähnliche Resultate zeigen sich auch bei anderen Gram-positiven Bakterien wie S. aureus und Lactobacillus casei.

Einhergehend mit verzögertem Wachstum nimmt die Zellgröße von L. casei in Medien mit erhöhter NaCl-Konzentration (MRS; 1 M NaCl) um etwa 60% zu. Darüber hinaus zeigen sich im Elektronenmikroskop Modifikationen der Zellhülle. So zeigt sich bei L. casei für gewöhnlich die typische Unterteilung der Zellhülle in drei Schichten, wobei die innere eine hohe Elektronendichte aufweist und das Peptidoglykan repräsentiert. Unter hyperosmotischen Bedingungen zeigt die Zellhülle eine irreguläre Struktur. So zeigen sich nur zwei distinkte Schichten, die Cytoplasmamembran und die Peptidoglykanschicht, welche von der Membran abgelöst zu sein scheint, was auf Plasmolyse hindeutet. Darüber hinaus erscheint die Zellwand unter hyperosmotischen Bedingungen dünner zu sein (Piuri et al., 2004). Bestimmt man die minimale Hemmkonzentration (MHK) für verschiedene Zellwand-aktive Agenzien zeigt sich, dass L. casei im Durchschnitt fünfmal sensiver ist, wenn die Zellen unter hyperosmotischen Bedingungen angezogen werden. Des Weiteren ist unter hyperosmotischen Bedingungen eine höhere Sensitivität gegenüber Mutanolysin und Lysozym zu verzeichnen. Isoliert man ganze Zellwände

VI. Diskussion

von Zellen beider Wachstumsbedingungen und behandelt die Zellwände mit Trichloressigsäure (TCA), zeigt sich kein Unterschied in der Sensitivität gegen über lytischen Enzymen. Daraus lässt sich schließen, dass Teichonsäuren, die durch eine TCA-Behandlung entfernt werden eine wichtige Rolle dabei spielen und deren Konzentration auf der Zelloberfläche unter hyperosmotischen Bedingungen geringer ist (Piuri et al., 2004). In diesem Zusammenhang ist auch das Fehlen der dritten Schicht der Zellhülle, das im Elektronenmikroskop unter hyperosmotischen Bedingungen beobachtet werden konnte, erklärbar. Bei der dritten Schicht, die unter normalen Wachstumsbedingungen zu erkennen ist, handelt es sich vermutlich um Zellwand-assoziierte Polymere wie z.B. Teichonsäuren. Darüber hinaus lässt sich bei L. casei unter hyperosmotischen Bedingungen eine geringere Quervernetzung des Peptidoglykans nachweisen, was maßgeblich zur höheren Sensitivität gegenüber Zellwand-aktiven Agenzien beizutragen scheint (Piuri et al., 2004). Ähnliche Beobachtungen wurden bei S. aureus gemacht, auch hier führt das Wachstum unter hyperosmotischen Bedingungen signifikante Modifikationen von Morphologie und Zellwandstruktur herbei (Vijaranakul et al., 1995). Das Wachstum von S. aureus bei hoher Osmolarität (2,5 M NaCl) führt zu einer deutlichen Vergrößerung des zellulären Volumens, wobei die Zugabe von Glycin Betain (1 mM) diesen Effekt wieder rückgängig macht und die normale Zellgröße wiederhergestellt wird. Die osmoprotektive Aminosäure Prolin hat hierbei einen ähnlichen, wenn auch schwächeren Effekt, was die allgemein geringere Protektion gegenüber hyperosmotischem Stress im Vergleich mit Glycin Betain widerspiegelt (Miller et al., 1991; Graham und Wilkinson, 1992; Vijaranakul et al., 1995). Bei E. coli ist bekannt, dass langsam wachsende Zellen üblicherweise kleiner sind als schnell wachsende Zellen (VanBogelen und Neidhardt et al., 1990). In diesem Zusammenhang scheint aber der Wachstumslimitierende Faktor entscheidend zu sein. So hat die Verfügbarkeit der C-Quelle zwar ähnliche Auswirkungen auf die Wachstumsrate wie etwa eine Erhöhung der Osmolarität aber einen anderen Effekt auf die Morphologie der Zelle (Cayley et al., 1991). Die Zellen von S. aureus sind unter hyperosmotischen Bedingungen größer, obwohl die Wachstumsrate deutlich geringer ist als ohne Zugabe von NaCl. Die Zugabe von Glycin Betain steigert die Wachstumsrate von S. aureus unter hyperosmotischen Bedingungen und führt einhergehend damit zu einer Verkleinerung der einzelnen Zellen (Vijaranakul et al. 1995). E. coli Zellen werden unter hyperosmotischen Bedingungen (NaCl oder KCl) länger, was durch eine zumindest teilweise Blockade bzw. Verzögerung der Zellteilung erklärt wird (Meury, 1988). Glycin Betain stimuliert die DNA-Synthese und stellt die Fähigkeit zur Zellteilung bei *E. coli* wieder her, wodurch die Zellen wieder normale größer erlangen. Somit ist anzunehmen, dass Glycin Betain bei *S. aureus* eine ähnliche Rolle spielt und die normale Zellgröße durch die Beschleunigung der Zellteilung wieder hergestellt wird (Vijaranakul *et al.*, 1995). Einen interessanten Befund lieferte eine Peptidoglykan-Analyse von *S. aureus* Zellen, die unter hyperosmotischen Bedingungen angezogen wurden. Hier zeigen sich deutliche Unterschiede in der Muropeptid-Zusammensetzung im Vergleich mit Zellen, die unter normalen osmotischen Bedingungen angezogen wurden. So zeigen die gestressten Zellen verkürzte Interpeptid-Brücken (weniger als 5 Glycine) innerhalb des Peptidoglykans, was auf eine Störung der Vorgangs zurückzuführen ist, bei dem die Glycin-Reste im Zuge der Peptidoglykan-Synthese eingefügt werden. Da die Glycin-Reste zu einem Zeitpunkt angefügt werden, bei dem die Peptidoglykan-Vorläufer Moleküle noch Lipid-gebunden sind, liegt die Vermutung nahe, dass NaCl die Integrität der Membran negativ beeinflusst (Vijaranakul *et al.*, 1995). So ist bekannt, dass NaCl-gewachsene *S. aureus* Zellen vermehrt negativ geladene Membran-Phospholipide wie Cardiolipin und Phosphatidylglycerol aufweisen (Kanemasa *et al.*, 1974; Hurst *et al.*, 1984). Darüber hinaus ergab die Muropeptid-Analyse, dass das Peptidoglykan gestresster Zellen weniger quervernetzt ist (Vijaranakul *et al.*, 1995).

Aufgrund dieser Daten lässt sich also schlussfolgern, dass die Osmolarität des externen Mediums einen signifikanten Einfluss auf die Struktur und Zusammensetzung sowie auf die Dimensionen der äußeren Zellhülle und insbesondere der Zellwand hat, wobei nicht nur das Peptidoglykan sondern auch sekundäre Zellwand-Polymere wie Teichonsäuren betroffen sind. Darüber hinaus wird die Zellteilung und Morphologie bakterieller Zellen offenbar durch osmotischen Stress beeinflusst.

4.1.2. Der Einfluss der Temperatur auf die bakterielle Zellwand

Neben der Osmolarität gehört die Temperatur mit zu den wichtigsten physikalischen Parametern, die das Wachstum bakterieller Zellen beeinflussen. Bislang ist wenig darüber bekannt, wie sich die Temperatur auf die Struktur der Zellwand und damit

VI. Diskussion

assoziierte Vorgänge auswirkt. So wurde der *B. subtilis* Stamm SR22, ein Proteasedefizientes Derivat des Stammes 168 bei unterschiedlichen Temperaturen zwischen 25°C und 52,5°C in einem Minimal- und Komplexmedium angezogen und die Zellwand-Turnover Rate bestimmt (Wu *et al.*, 1993). Dabei zeigt sich unterhalb von 29°C eine relativ hohe Zellwand-Turnover Rate relativ zur Wachstumsrate. Zwischen 30°C und 50°C bleibt die Turnover Rate nahezu konstant und fällt bei höheren Temperaturen schließlich rapide ab. Isolierte Zellwände von Kulturen, die bei niedrigen Temperaturen angezogen wurden, lysieren deutlich schneller in Anwesenheit von Lysozym (Wu *et al.*, 1993). Auf der Zelloberfläche von *B. subtilis* finden sich bei niedriger und mittlerer Temperatur vergleichbare Autolysin-Konzentrationen, wohingegen der Gehalt dieser hydrolytischen Enzyme bei hohen Temperaturen stark vermindert ist (Wu *et al.*, 1993). Zellen die bei niedrigeren Temperaturen angezogen wurden, lysieren schneller, wofür es unterschiedliche Erklärungen geben könnte. Möglicherweise wird die Produktion von Zellwand Hydrolasen bei niedrigen Temperaturen gesteigert oder die Struktur des Peptidoglykans ist derart modifiziert, dass relevante Bindungen für lytische Enzyme besser zugänglich sind. In diesem Zusammenhang existieren Daten, dass die Zusammensetzung der Zellwand beim Wachstum in unterschiedlichen Medien und bei unterschiedlichen Temperaturen variiert (Young, 1965; Wu *et al.*, 1993). Eine weitere Erklärung könnte ein im Vergleich zu 37°C erhöhter Turgor, was zwar besonders attraktiv erscheint, allerdings gibt es keinen ersichtlichen Grund weshalb der zelluläre Turgor bei 37°C geringer sein sollte als bei niedrigeren Temperaturen (Wu *et al.*, 1993). Die niedrige Turnover Rate bei hohen Temperaturen, geht auf den geringen Autolysin-Gehalt der Zellwände unter diesen Bedingungen zurück. Hierbei spielt möglicherweise eine Inhibition von sekretorischen Vorgängen eine Rolle, da wichtige Membran Proteine nicht mehr in ausreichendem Maße synthetisiert werden (Wu *et al.*, 1993).

Es lässt sich zusammenfassend sagen, dass offenbar auch die Wachstumstemperatur einen deutlichen Einfluss auf die Struktur der Zellhülle und insbesondere der Zellwand und auf damit assoziierte Prozesse hat. In diesem Zusammenhang lässt sich aber nur auf dürftige experimentelle Daten zurückgreifen, die noch dazu schon vor Jahrzehnten erbracht wurden, so dass man in diesem Zusammenhang spekulieren muss welchen Einfluss die Temperatur auf die Zellwand hat.

4.1.3. Glycin Betain führt zu Modifikationen der Zellmorphologie bei *B. subtilis*

Vor dem Hintergrund der bereits erwähnten Effekte von Glycin Betain auf die Transkription des *yocH* Gens, war von Interesse ob sich die Repression dieses Gens in irgendeiner Weise auf die Morphologie der Zelle auswirkt.
Es konnte gezeigt werden, dass die Zugabe von Glycin Betain zu signifikanten Veränderungen der Zellmorphologie führt. *B. subtilis* Zellen, die bei 37°C unter hyperosmotischen Bedingungen (1,2 M NaCl; Daten nicht gezeigt) und adaptiv bei 14°C (Abb. 49 und 50) unter Zugabe von 1 mM Glycin Betain kultiviert wurden, zeigten eine abnormale Kettenbildung verglichen mit Zellen, die ohne Glycin Betain kultiviert wurden. Zellen die ohne Glycin Betain herangezogen wurden, liegen zumeist einzeln vor und zeigten keine Kettenbildung. Die einzelnen „Zellglieder" der langen Zellketten, die sich unter Zugabe von Glycin Betain ausbildeten, sind hierbei nur unwesentlich länger als beim Wachstum ohne Glycin Betain. Dass es sich hierbei nicht um eine lange Zelle sondern um Zellketten handelte, war im Phasenkontrast nicht immer erkennbar da die einzelnen Zellen der Ketten oftmals nicht eindeutig von der Nachbarzelle durch Einschnürung abzugrenzen waren. Erst ein Anfärben der DNA mit DAPI zeigte, dass es sich in der Tat um lange Ketten aus unabhängigen Zellen handelte, die allesamt mit einem DNA-Molekül ausgestattet waren (Abb. 50). Dies wurde schließlich durch Aufnahmen von Ultradünnschnitten solcher Zellen mithilfe eines Elektronenmikroskops bestätigt (Abb. 60). So zeigte sich, dass die Septen zwischen den einzelnen Zellen der Ketten vollständig ausgebildet waren. Man muss hierbei davon ausgehen, dass die Zugabe von Glycin Betain das Wachstum von *B. subtilis* zwar erheblich beschleunigt (Abb. 49), die Zelltrennung allerdings erschwert wird bzw. dem raschen Wachstum nicht Folge leisten kann (Abb. 50 und 60). Man könnte hierbei mutmaßen, dass die Repression des *yocH* Gens negative Einflüsse auf die Zell-Seperation hat, allerdings zeigt die *yocH*-Mutante keine derartige Zellketten-Bildung. Da es sich bei YocH um eine Zellwand-Hydrolase handelt, wäre es denkbar, dass diese eine wichtige Rolle beim Prozess des Einschnürens bzw. Auftrennens am Septum spielt, jedenfalls unter hyperosmotischen Bedingungen bzw. bei niedrigen Temperaturen. Die Repression des *yocH* Gens durch Glycin Betain, die sich direkt auf eine Verminderung der YocH-

VI. Diskussion

Konzentration auf der Zelloberfläche bzw. der Zellwand auswirken sollte, könnte daher zum Phänomen der Kettenbildung beitragen. Demgegenüber steht allerdings der Befund, dass sich die Zugabe von Glycin Betain gleichermaßen auf die Zellmorphologie des *B. subtilis* Wildtyp-Stamm 168 als auch auf die *yocH*-Mutante auswirkt (Daten nicht gezeigt). So lassen sich im Phasenkontrast-Mikroskop keine Unterschiede zwischen Wildtyp und Mutante erkennen, kultiviert man die Zellen bei 14°C unter Zugabe von 1 mM Glycin Betain (Daten nicht gezeigt).

Beim adaptiven Wachstum bei 14°C unter Zugabe von 1 mM Glycin Betain zeigte sich mit Ende der exponentiellen Wachstumsphase ein besonders interessanter Effekt. So fehlt eine echte stationäre Phase, die Kulturen gehen direkt vom exponentiellen Wachstum in die Absterbe-Phase über (Abb. 49), was sich auch deutlich im Mikroskop zeigt (Abb. 50 und 60). Die langen Zellketten, die sich während des Wachstums bei 14°C unter Zugabe von Glycin Betain ausgebildet hatten, erschienen zu diesem Zeitpunkt im Phasenkontrast-Mikroskop mosaikartig, teilweise gebändert, es wechselten sich blass, kontrastarme Bereiche mit normalen, kontrastreichen Abschnitten ab (Abb. 50). Mit fortschreitendem Rückgang der Zelldichte, lösten sich die einzelnen, langen Zellketten allmählich auf und der Anteil an blassen, kontrastarmen Einzel-Zellen nahm zu. Ein Anfärben mit DAPI zeigte, dass es sich bei diesen blassen Zellen um DNA-freie „Geister-Zellen" handelte (Abb. 50). Dieser Befund konnte mithilfe von Elektronenmikroskopischen Aufnahmen von Ultradünnschnitten dieser Zellen bestätigt werden (Abb. 60). Hiermit konnte eindeutig nachgewiesen werden, dass es sich bei den Zellen, die im Phasenkontrast-Mikroskop blass und kontrastarm erschienen tatsächlich um leere Zellhüllen handelte. Die einzelnen Zellen waren in dieser Absterbephase stark deformiert und einem massiven Auflösungsprozess unterworfen. Im Grunde handelt es sich hierbei um einen normalen Prozess, der im Anschluss an die stationäre Phase abläuft. Bei Zugabe von Glycin Betain vollzieht sich dieser Absterbeprozess allerdings ungewöhnlich rasch, was in dieser Form bisher unbekannt war. Die Ursache dieses Phänomens, könnte ein ähnlicher Prozess sein, wie man ihn von sporulierenden *B. subtilis* Zellen kennt und dort als „Kannibalismus" umschreibt (Gonzalez-Pastor *et al.*, 2003; Dubnau und Losick, 2006; Ellermeier *et al.*, 2006; Nandy *et al.*, 2008). Der Prozess der Sporulation macht die Expression von mehr als 500 Genen über einen Zeitraum von 6-8 Stunden notwenig (Britton *et al.*, 2002; Molle *et al.*, 2003; Steil *et al.*, 2003; Eichenberger *et al.*, 2004; Fujita *et al.*, 2005). Die Sporulation ist 2 Stunden

VI. Diskussion

nach ihrer Initiierung irreversibel und muss durchlaufen werden. Da dieser Vorgang umfangreiche Ressourcen, wie Nährstoffe und Energie, verbraucht (Dworkin and Losick, 2005; Parker et al., 1996) wird die Initiierung der Sporulation so lang wie möglich herausgezögert, da für die bakterielle Zelle ein hohes Risiko besteht bei dem Vorgang zugrunde zugehen sofern es plötzlich an Nährstoffen mangelt. Die Sporulation wird von B. subtilis durch Kannibalismus, d.h. das „Töten" eines Teiles der eigenen Population herausgezögert (Gonzalez-Pastor et al., 2003). Hierbei spielt der Sporulations-Regulator Spo0A eine zentrale Rolle. Zellen in denen Spo0A aktiviert bzw. phosphoryliert ist (Spo0A-on) produzieren und exportieren ein Peptid, den sogenannten „killing factor" und das SdpC Toxin, wodurch Spo0A-off Zellen abgetötet werden. Die freigesetzten Nährstoffe dienen der Spo0A-on Population zum Wachstum, wodurch die Sporulation hinausgezögert werden kann, da die Nährstoff-Limitierung zumindest teilweise überwunden wird. In Spo0A-on Zellen wird gleichzeitig das sdpRI Immunitäts-Operon expremiert, was Spo0A-on Zellen vor dem eigens produzierten „killing factor" und Toxin schützt. Dieser oder ein ähnlicher Prozess, könnte das plötzliche Lysieren eines Teils der Population bei Zugabe von Glycin Betain unter diesen Wachstumsbedingungen erklären. Die Aufklärung dieses interessanteb Phänomens bedarf allerdings weiterer umfangreicher Experimente und kann in dieser Arbeit nicht abschließend geklärt werden.

4.2. Das YocH Protein ist unerlässlich für normales Wachstum unter hyperosmotischen Bedingungen sowie bei niedriger Temperatur

Die Deletion des yocH Gens wirkte sich in signifikanter Weise auf das Wachstum von B. subtilis unter hyperosmotischen Bedingungen bei 37°C und 15°C sowie bei adaptivem Wachstum bei 14°C aus.

Unter hyperosmotischen Bedingungen (1,2 M NaCl) war die yocH-Mutante AH023 nicht mehr zu normalem Wachstum befähigt und stellte bei einer OD_{578} von 0,2 die Zellteilung ein (Abb. 46). Die Zugabe von 1 mM Glycin Betain konnte das Wachstum wieder herstellen, so dass die yocH-Mutante eine ähnliche Wachstumsrate zeigte wie der Wildtypstamm 168 ohne Zugabe von Glycin Betain. Unter normalen Bedingungen bei 37°C, d.h. ohne Zusatz von NaCl, sowie unter hyperosmotischen

VI. Diskussion

Bedingungen mit 0,8 M NaCl zeigte sich kein Wachstumsnachteil der *yocH*-Mutante gegenüber dem Wildtyp.
Bei adaptivem Wachstum bei 15°C zeigte sich zunächst kein Phänotyp der *yocH*-Mutante, erst die Zugabe von 0,4 M NaCl zum Zeitpunkt der Inokulation führte zu einem deutlichen Wachstumsnachteil der Deletionsstammes AH023, der nach etwa zwei Zellteilungen das Wachstum einstellte (Abb. 47). Senkt man die Wachstumstemperatur auf 14°C ab zeigte sich auch ohne Zugabe von NaCl ein deutlicher Wachstumsnachteil der *yocH*-Mutante, der sich durch Zugabe von 1 mM Glycin Betain wieder rückgängig machen ließ (Abb. 49). Dies zeigt, dass bei derart niedrigen Temperaturen, die sich nah am Wachstumslimit von *B. subtilis* bewegen, haben schon geringe Schwankungen drastische Auswirkungen auf das Wachstum. So liegt die minimale Wachstumstemperatur von *B. subtilis* bei etwa 11°C bis 13°C (Nichols *et al.*, 1995), wobei weitere Experimente gezeigt haben, dass der *B. subtilis* Wildtyp-Stamm 168 bei 13°C nur noch unter Zugabe von 1 mM Glycin Betain wächst und dass bei 11°C auch Glycin Betain keinen Effekt mehr hat (Hoffmann, persönliche Kommunikation).
Die deutliche Wachstums-Benachteiligung der *yocH*-Mutante AH023 unter hyperosmotischen Bedingungen bei 15°C und 37°C sowie bei adaptivem Wachstum bei 14°C hat eindeutig gezeigt, dass das YocH Protein unter diesen Bedingungen eine wichtige physiologische Rolle für *B. subtilis* spielt. Dieser Befund konnte auch mithilfe mikroskopischer Aufnahmen bestätigt werden.

4.2.1. Die *yocH*-Mutante zeigt Auffälligkeiten der Zellmorphologie und Zellteilungsdeffekte

Bei 15°C unter hyperomotischen Bedingungen lagen beide Stämme, der Wildtyp sowie die *yocH*-Mutante, in längeren Zellketten vor (Abb. 48). Hierbei zeigten jedoch die Einzel-Zellen des Wildtyps eine weitgehend normale Morphologie, wohingegen die *yocH*-Mutante deutliche Abweichungen aufwies. Die Zellen der *yocH*-Mutante sind unter diesen Bedingungen stark deformiert, die Zellen zeigen insbesondere an den Zellpolen starke Krümmungen. Darüber hinaus erscheinen die Zellen der *yocH*-Mutante im Phasenkontrast „mosaikartig" verändert, es wechseln sich normal kontrastierte Abschnitte mit sehr blassen, kontrastarmen Abschnitten ab. Färbt man

VI. Diskussion

diese Abschnitte mit DAPI, um die DNA bei der Fluoreszenz-Mikroskopie sichtbar zu machen, so zeigt sich, dass es sich bei den hellen, kontrastarmen Abschnitten der Zellketten um „bacterial ghosts" handelt. Diese Geisterzellen beinhalten keine DNA. Elektronenmikroskopische Aufnahmen konnten diese ersten Beobachtungen bestätigen, die Zellen der *yocH*-Mutante sind bei 15°C unter hyperosmotischen Bedingungen stark defomiert, die Zellhülle ist teilweise gewellt, die Zellen weichen von der normalen Stäbchenform ab und einzelne es zeigen sich immer wieder einzelne „Geister-Segmente" innerhalb der Zellketten. Die Zellhülle dieser „Geister-Zellen" ist dabei nicht zwangsläufig beschädigt, was ein Auslaufen des Cytoplasmas erklären könnte. Das Auftreten der „bacterical ghosts" lässt sich dann nur durch Störungen während der Zellteilung und Chromosomen-Segregation erklären. Ein ähnliches Phänomen zeigt sich auch, wenn die zelluläre Konzentration des YycF-Regulators vermindert wird. Dieses Phänomen konnte sowohl mit einer temperatursensitiven YycF-Mutante als auch mithilfe des *yycF*-Gens unter Kontrolle eines induzierbaren Promotors gezeigt werden (Fabret und Hoch, 1998; Fukuchi *et al.*, 2000). In diesen Arbeiten konnte allerdings nicht abschließend geklärt werden, welche Ursache diesem Phänomen zugrunde liegt, ob die verminderte Transkription eines einzelnen Gens oder die Addition mehrer Faktoren dafür verantwortlich ist. Die Ergebnisse der vorliegenden Arbeit geben einen Hinweis darauf, dass das Ausschalten des *yocH* Gens offenbar eine wichtige Rolle im Zusammenhang mit dem Phänomen der „ghost cells" zu spielen scheint.

Das Fehlen der Zellwand-Hydrolase YocH scheint unter diesen extremen Wachstumsbedingungen den Zellteilungsapparat stark zu beeinflussen. Hierbei ist denkbar, dass die Tochter-Zellen möglicherweise zu früh septiert werden, so dass es bei der Verteilung des DNA-Moleküls zu Fehlern kommt.

Bei 37°C unter hyperosmotischen Bedingungen (1,2 M NaCl) zeigen sich ebenfalls starke morphologische Abweichungen von der normalen Stäbchenform (Abb. 56 und 57), hier allerdings auch beim Wildtypstamm. In der exponentiellen Wachstumsphase zeigt der Wildtypstamm jedoch wieder normale Stäbchenform, wohin gegen die *yocH*-Mutante nach über 25 Stunden noch immer kein exponentielles Wachstum zeigt (Abb. 46) und nach wie vor starke morphologische Abweichungen aufweist. Die Zellen sind stark gekrümmt, teilweise rundlich, auffallend ist auch die unstrukturiert wirkende Zell-Hülle, die nicht mehr die gleiche Regelmäßigkeit aufweist wie z.B. bei 37°C ohne NaCl. loses, polymeres Material liegt in unregelmäßigen Abständen der

VI. Diskussion

Außenseite der Zellwand auf und ist insbesondere innerhalb von Zell-Krümmungen zu finden. Darüber hinaus findet sich eine Reihe von Zellen, bei denen sich scheinbar unkoordinierte Teilungsprozesse vollziehen, so werden dort gleich mehrere Septen bzw. Teilungsebenen eingezogen.

Die Befunde zeigen deutlich, dass eine Deletion des *yocH* Gens unter hyperosmotischen Bedingungen zu gravierenden morphologischen Abweichungen bei *B. subtilis* führt und dass das Fehlen des YocH Proteins die Zellteilung und Segregation nachteilig beeinflusst. In diesem Zusammenhang war auch der Vergleich mit elektronenmikroskopischen Aufnahmen mit *mreC*- und *mreD*-Mutanten interessant. MreC und MreD (Leaver und Errington, 2005) sind Proteine, die mit zytoskeletalen Elementen assoziiert sind und von denen man annimmt, dass sie die Peptidoglykan-Synthese Maschinerie navigieren (Leaver und Errington, 2005; Hayhurst *et al.*, 2008). MreC ist dabei helikal in der Zellmembran verteilt und für die Peptidoglykan-Synthese in der lateralen Wand unerlässlich (Leaver und Errington, 2005). Eine Deletion des *mreC* Gens führt zur Ausbildung runder Zellen, die nur uner hohen Mg^{2+}-Konzentrationen stabil bleiben. Darüber hinaus wurde gezeigt, dass MreC, als Teil der Elongations-Maschinerie des Zell-Zylinders für die Ausbildung langer Glykanstränge verantwortlich ist, die bei Deletion von MreC deutlich kürzer ausfallen (Hayhurst *et al.*, 2008). Beide Gene *mreC* und *mreD* sind essentiell, ihre Depletion führt zur Ausbildung runder Zellen, die zügig lysieren, da die Zellwand durch eine starke Beeinträchtigung ihrer Synthese geschwächt wird (Leaver und Errington, 2005). Die Zellen können nur durch hohe Mg^{2+}-Konzentrationen stabilisiert werden, wobei sie ihre runde Form beibehalten. Darüber hinaus wurde gezeigt, dass MreC- oder MreD-Depletion die Ausbildung von Septen und die dortige Zellwandsynthese nicht einschränkt. Dies geht einher mit einem zweiphasigen Zellteilungs-Modell: (1) Teilung und Synthese des Septums und (2) Elongation des Zellzylinders (Leaver und Errington, 2005).

Betrachtet man nun elektronenmikroskopische Aufnahmen der *yocH*-Mutante unter hyperosmotischen Bedingungen bei 37°C (weniger deutlich bei 15°C) so zeigen sich die gleichen morphologischen Veränderungen wie im Falle von *mreC*- und *mreD*-Mutanten (Lee und Stewart, 2003; Leaver und Errington, 2005). Dies lässt den Schluss zu, dass das YocH Protein möglicherweise mit Elementen des Zytoskeletts assoziiert ist und eine wichtige Rolle bei der Biosynthese des Petidoglykans in der lateralen Wand spielt. So ist bekannt, dass eine die Neusynthese des Peptidoglykans zwingend mit dem Zellwand-Turnover und dem Recycling von altem Zellwandmaterial einhergehen muss (Park und Uhehara, 2008). Hierbei spielen möglicherweise ähnliche Mechanismen eine Rolle wie bei der Interaktion von LytE und MreBH (Carballido-Lopez et al., 2006).

4.3 Die physiologische Rolle der Zellwand-Hydrolase YocH

Es wurde bereits erwähnt, dass das YocH Protein Homologie zu der lytischen Transglycosylase MltA aus E. coli zeigt und darüber hinaus zu der den lytischen Transglycosylasen verwandten Proteinefamilie der Rpf/Sps-Proteinen gezählt wird (Ravagnani et al., 2005, Eiamphungporn und Helman, 2009).
Lytische Transglycosylasen sind wichtige bakterielle Enzyme, die mit der gleichen Substrat-Spezifität (-MurNAc- - -GlcNAc-) wie Lysozym die Glykan-Stränge der Zellwand auftrennen. Dabei sind sie im eigentlichen Sinne keine Hydrolasen, da das Schneiden der Bindung mit der gleichzeitigen Generierung einer neuen Bindung einhergeht, wobei ein 1,6-anhydroMurNAc-Rest gebildet wird (Scheurwater et al., 2008). Es ist bekannt, dass das Peptidoglykan keine statische Struktur ist, was auch im Rahmen dieser Arbeit gezeigt wurde, sondern dass die Zellwand dynamischen Restrukturierungs-Prozessen unterworfen ist. Die Zellwand muss im Zuge des Zell-Wachstums ständig erweitert und im Zuge dessen einem Turnover-Prozess unterworfen werden (Scheurwater et al., 2008). In diesem Zusammenhang spielt z.B. auch das Einbringen von Strukturen eine Rolle, die die Zellwand durchspannen, wie z.B. der Flagellen-Apparat und Pili oder die Schaffung von Poren für Sekretionssysteme (Koraimann, 2003). Solche Systeme sind zu groß als dass sie durch die natürlichen Poren, die das Peptidoglykan durch seine Struktur vorgibt, hindurch passen würden, so dass eine lokale Remodellierung des Peptidoglykans notwendig wird. Eine wichtige Rolle spielt hier auch die Biosynthese neuen Peptidoglykan-Materials, das im Zuge der Zell Elongation synthetisiert und in das vorhandene Zellwandgerüst eingepasst werden muss, denn auch für diesen Prozess muss „Platz" geschaffen werden (Höltje, 1998; Scheurwater et al., 2008). LTs kommt bei deratigen Vorgängen eine Schlüsselrolle zu, weswegen sie auch als „space-making autolysins" bezeichnet werden (Scheuerwater et al., 2008). Diesen Enzymen kommt auch eine wichtige Rolle beim Zellwand-Turnover und dem Recycling von

VI. Diskussion

Peptidoglykan-Bausteinen zu, bei dem die generierten 1,6-anhydroMurNAc-Reste zurück ins Cytoplasma transportiert werden. In *E. coli* ist hierfür ein spezielles Protein, die AmpG Permease verantwortlich (Uehara *et al.*, 2006).

Zusammen mit Amidase sind LTs auch am Auftrennen des Septums während der Zellteilung beteiligt (Heidrich *et al.*, 2002). Darüber hinaus wurde auch gezeigt, dass LTs an der Spourlation beteiligt sind und dort wichtige Aufgaben bei der Auskeimung übernehmen. Es wurde ebenfalls gezeigt, dass LTs wichtige Aufgaben bei tier- und auch pflanzenpathogenen Organismen wie *Haemophilus influenza*, *Neisseria meningitidis*, *Shigella flexneri*, *Erwinia amylovara*, and *Pseudomonas syringae* übernehmen. Darüber hinaus wurde gezeigt, dass die von LTs generierten PG-Fragmente eine Rolle bei Infektion durch pathogene Mikroorganismen spielen. Es ist bekannt, dass PG-Fragmente die generellen Symptome bakteriellen Infektionen wie Fieber, Appetitlosigkeit und Müdigkeit hervorrufen und die intrazellulären Rezeptoren NOD1 und NOD2 stimulieren können Daneben spielt das Produkt, das LTs generieren eine wichtige Rolle bei der Pathology von *Bordetella pertussis*. Da eine Vielzahl von Bakterien diese PG-Fragmente freisetzen, kann man diesen eine mögliche, generelle pathobiologische Rolle zuschreiben, weswegen LTs auch attraktive Ziele für zukünftige Antibiotika-Theraphie Ansätze darstellen (Scheurwater *et al.*, 2008).

Die nah verwandte Gruppe von Rpf/Sps-Proteinen zu denen YocH hinzugezählt wird (Ravagnani *et al.*, 2005, Keep *et al.*, 2006; Eiamphungporn und Helman, 2009) umfasst Proteine die man als „resuscitation-promoting factors" bzw. „stationary phase survival proteins" bezeichnet. So wurde gezeigt, dass Rpf-Proteine in der Lage sind bakterielle Zellen, die sich im Ruhezustand befinden (non-growth state) wieder „aufzuwecken" und das Zellwachstum wieder zu stimulieren (Keep *et al.*, 2006). Der Durchbruch war hierbei die Entdeckung des Rpf-Proteins aus *Micrococcus luteus*. Es wurde gezeigt, dass dieses Protein eine hohe Homologie zu Lysozymen und LTs aufweist und zur Peptidoglykan-Hydrolyse befähigt ist. Das lies den Schluss zu, dass die Aktivierung ruhender Zellen, Peptidoglykan-Hydrolyse voraussetzt (Keep *et al.*, 2006). Hierbei ist denkbar, dass diese Hydrolyse die mechanischen Eigenschaften der Zellwand verändert und damit möglicherweise die Zellteilung erleichtert und/oder den Übergang in einen Ruhezustand verhindert. Möglicherweise sind Bakterien und auch ihre Wirte, im Falle von pathogenen Oganismen, in der Lage kleinste Veränderungen der Peptidoglykans über dessen

VI. Diskussion

verschiedene Abbauprodukte wahrzunehmen. Da Wirtszellen aufgrund dieser Abbauprodukte das Immunsystem stimulieren, war dies möglicherweise die evolutive Ursache für pathogene Bakterien in den „non-growth" oder „non-recognition state" überzugehen, um sich zu „verstecken" (Keep *et al.*, 2006). In diesem Zusammenhang ist auch der Befund von Jonathan Dworkin interessant, der gezeigt hat, dass die Transkription des *yocH* Gens neben einigen anderen Genen und auch die Produktion des YocH Proteins und dessen Sekretion durch Peptidoglykan-Fragmente stimuliert wird (von Bodman *et al.*, 2008).

Vor diesem Hintergrund ist denkbar, dass das YocH Protein für *B. subtilis* ebenfalls eine „Weck-Funktion" übernimmt. Möglicherweise gehen *B. subtilis* Zellen, bei Kultivierung unter hyperosmotischen Bedingungen bei 15°C (0,4 M NaCl) und auch 37°C (1,2 M NaCl) zunächst in eine Art Ruhezustand über, denn beobachtet man die *yocH*-Mutante während der gesamten Wachstumszeit mikroskopisch, so fällt auf, dass diese nicht lysiert und die Zelldichte nach etwa 1-2 Zellteilungen stabil bleibt und das im Falle des Wachstums bei 15°C über mehrere Tage. *B. subtilis*, der sich zunächst in einer Phase der Adaptation auf die neuen Umweltbedingungen einstellen muss, ist vielleicht nur in der Lage zum erneuten initiieren des exponentiellen Wachstum wenn dieses durch Rpf-Proteine stimuliert wird.

Der Einfluss der Osmolarität und Temperatur auf die Zellwand von Bakterien wurde zuvor bereits ausführlich diskutiert (vgl. 4.1.1. und 4.1.2.). Vor diesem Hintergrund und den in dieser Arbeit gewonnen Erkenntnissen, lässt sich eindeutig postulieren, dass die bakterielle Zellwand, als Reaktion auf sich ändernde Umweltbedingungen, weit reichenden dynamischen Umwandlungsprozessen unterworfen ist. Es ist in diesem Zusammenhang unumstößlich, dass Autolysine bzw. Zellwand-Hydrolasen diese Aufgaben übernehmen müssen. Das YocH-Protein ist für das Wachstum von *B. subtilis* unter hyperosmotischen Bedingungen bei 37°C und 15°C unerlässlich und offenbar auch bei 14°C von größter Wichtigkeit. Dieser Befund in Verbindung mit den transkriptionellen Daten, die eine deutliche Aktivierung des *yocH* Gens zeigen, macht klar, dass der Zellwand-Hydrolase YocH eine Schlüsselrolle bei Zellwand-Turnover und Zell-Trennung, unter hyperomotischen Bedingungen und bei niedrigen Temperaturen, zuzukommen scheint. Autolysine sind in *B. subtilis* eigentlich im Überfluss vorhanden, so findet man im Genom ca. 35 Gene für Zellwand-Hydrolasen (Smith *et al.*, 2000). Es besteht hierbei auch eine große funktionelle Redundanz, allerdings sind vermutlich nicht alle Autolysine unter den verschiedenen

VI. Diskussion

Umweltbedingungen aktiv. Das *yocH* Gen ist nicht nur eines der wenigen Gene, dass unter hyperosmotischen Bedingungen und bei niedrigen Temperaturen induziert wird, betrachtet man die Gesamtheit an Autolysin-Genen, es ist auch das am höchsten induzierte Gen unter diesen Bedingungen (Steil *et al.*, 2003; Budde *et al.*, 2006). Dies macht deutlich, dass es von größter Wichtigkeit für *B. subtilis* sein muss. Deletiert man das *yocH* Gen ist es dem Organismus vermutlich nicht mehr möglich die umfangreichen Aufgaben bei Zellwand-Turnover, Zell-Seperation, Moltilität, Protein-Sekretion und Peptidoglykan-Biosynthese mit den restlichen Autolysinen zu bewältigen, die vermutlich unter diesen extremen Umweltbedingungen nicht mehr die notwendige Aktivität zeigen. Bei 15°C und 37°C ohne NaCl und bei 37°C mit 0.8 M NaCl können die Aufgaben des YocH Proteins vermutlich von anderen Zellwand-Hydrolasen übernommen werden.

5. Ausblick

Die vorliegende Arbeit konnte trotz der umfangreichen experimentellen Daten nur einen kleinen Einblick in die Vorgänge gewähren, die sich in der Zellwand von *B. subtilis* vollziehen, erhöht man die Osmolarität oder senkt man die Temperatur. Deutlich geworden ist, dass das *yocH* Gen eine Zellwand-Hydrolase kodiert, die eine sehr wichtige Rolle im Zellwand-Metabolismus von *B. subtilis* unter hyperosmotischen Bedingungen und bei niedrigen Temperaturen spielt. Es konnte auch gezeigt werden, dass die Regulation eines Gens wie *yocH* äußerst komplex ist, da die kodierten Proteine solcher Gene unter Umständen das Lysieren der Zelle herbeiführen können und damit bakteriozides Potential besitzen. Es konnte nicht geklärt werden von welchen Determinanten die Osmoregulation abhängt aber es konnte ein erster Schritt zur Aufklärung der Regulation des *yocH* Gens bei 15°C getan werden. So konnte gezeigt werden, dass der AbrB-Repressor sowie eine 78 bp umfassende Region stromabwärts des ATG-Starcodons eine wichtige Rolle bei der Regulation des *yocH* Gens durch niedrige Temperaturen zu spielen scheint. Es war allerdings nicht möglich spezifische Regulatoren zu identifizieren, die eine Rolle bei der Regulation unter hyperosmotischen Bedingungen und bei 15°C spielen.
Für die Zukunft wäre es interessant, tiefere Einblicke in die Modifikation des Peptidoglykans unter verschiedenen Umweltbedingungen zu gewinnen denn in

VI. Diskussion

diesem Zusammenhang sind experimentelle Daten kaum verfügbar oder wenig aussagekräftig. Eine detaillierte Analyse der chemischen Struktur des Peptidoglykans unter hyperosmotischen Bedingungen und bei niedrigen Temperaturen könnte hilfreiche Daten zum Verständnis dieses faszinierenden, dynamischen Makromoleküls liefern. Darüber hinaus sollte experimentell nachgewiesen werden ob es sich bei YocH tatsächlich um eine lytische Transglycosylase handelt oder welche Bindung das Autolysin YocH tatsächlich hydrolysiert.

VII. Literatur

Aguilar, P. S., J. E. Cronan, Jr. & D. de Mendoza, (1998) A *Bacillus subtilis* gene induced by cold shock encodes a membrane phospholipid desaturase. *J Bacteriol* **180**: 2194-2200.

Aguilar, P. S., A. M. Hernandez-Arriaga, L. E. Cybulski, A. C. Erazo & D. de Mendoza, (2001) Molecular basis of thermosensing: a two-component signal transduction thermometer in *Bacillus subtilis*. *EMBO J* **20**: 1681-1691.

Aguilar, P. S., P. Lopez & D. de Mendoza, (1999) Transcriptional control of the low-temperature-inducible des gene, encoding the delta5 desaturase of *Bacillus subtilis*. *J Bacteriol* **181**: 7028-7033.

Ahn, S. J. & R. A. Burne, (2007) Effects of oxygen on biofilm formation and the AtlA autolysin of *Streptococcus mutans*. *J Bacteriol* **189**: 6293-6302.

Altuvia, S., D. Kornitzer, D. Teff & A. B. Oppenheim, (1989) Alternative mRNA structures of the cIII gene of bacteriophage lambda determine the rate of its translation initiation. *J Mol Biol* **210**: 265-280.

Amano, K., Y. Araki & E. Ito, (1980) Effect of N-acyl substitution at glucosamine residues on lysozyme-catalyzed hydrolysis of cell-wall peptidoglycan and its oligosaccharides. *Eur J Biochem* **107**: 547-553.

Amano, K., H. Hayashi, Y. Araki & E. Ito, (1977) The action of lysozyme on peptidoglycan with N-unsubstituted glucosamine residues. Isolation of glycan fragments and their susceptibility to lysozyme. *Eur J Biochem* **76**: 299-307.

Anantharaman, V. & L. Aravind, (2003) Application of comparative genomics in the identification and analysis of novel families of membrane-associated receptors in bacteria. *BMC Genomics* **4**: 34.

Antelmann, H., H. Yamamoto, J. Sekiguchi & M. Hecker, (2002) Stabilization of cell wall proteins in *Bacillus subtilis*: a proteomic approach. *Proteomics* **2**: 591-602.

Arakawa, T. & S. N. Timasheff, (1985) Mechanism of poly(ethylene glycol) interaction with proteins. *Biochemistry* **24**: 6756-6762.

Araki, Y., S. Fukuoka, S. Oba & E. Ito, (1971) Enzymatic deacetylation of N-acetylglucosamine residues in peptidoglycan from *Bacillus cereus* cell walls. *Biochem Biophys Res Commun* **45**: 751-758.

Arnold, K., L. Bordoli, J. Kopp & T. Schwede, (2006) The SWISS-MODEL workspace: a web-based environment for protein structure homology modelling. *Bioinformatics* **22**: 195-201.

Atrih, A., G. Bacher, G. Allmaier, M. P. Williamson & S. J. Foster, (1999) Analysis of peptidoglycan structure from vegetative cells of *Bacillus subtilis* 168 and role of PBP 5 in peptidoglycan maturation. *J Bacteriol* **181**: 3956-3966.

Baba, T. & O. Schneewind, (1998) Targeting of muralytic enzymes to the cell division site of Gram-positive bacteria: repeat domains direct autolysin to the equatorial surface ring of *Staphylococcus aureus*. *EMBO J* **17**: 4639-4646.

Babe, L. M. & B. Schmidt, (1998) Purification and biochemical analysis of WprA, a 52-kDa serine protease secreted by *B. subtilis* as an active complex with its 23-kDa propeptide. *Biochim Biophys Acta* **1386**: 211-219.

Baldwin, R. L., (1996) How Hofmeister ion interactions affect protein stability. *Biophys J* **71**: 2056-2063.

Baldwin, W. W., M. J. Sheu, P. W. Bankston & C. L. Woldringh, (1988) Changes in buoyant density and cell size of *Escherichia coli* in response to osmotic shocks. *J Bacteriol* **170**: 452-455.

Bateman, A. & M. Bycroft, (2000) The structure of a LysM domain from E. coli membrane-bound lytic murein transglycosylase D (MltD). *J Mol Biol* **299**: 1113-1119.

Beckering, C. L., L. Steil, M. H. Weber, U. Volker & M. A. Marahiel, (2002) Genomewide transcriptional analysis of the cold shock response in *Bacillus subtilis*. *J Bacteriol* **184**: 6395-6402.

Benson, A. K. & W. G. Haldenwang, (1993) The sigma B-dependent promoter of the *Bacillus subtilis sigB* operon is induced by heat shock. *J Bacteriol* **175**: 1929-1935.

Bent, C. J., N. W. Isaacs, T. J. Mitchell & A. Riboldi-Tunnicliffe, (2004) Crystal structure of the response regulator 02 receiver domain, the essential YycF two-component system of *Streptococcus pneumoniae* in both complexed and native states. *J Bacteriol* **186**: 2872-2879.

Bhavsar, A. P., L. K. Erdman, J. W. Schertzer & E. D. Brown, (2004) Teichoic acid is an essential polymer in *Bacillus subtilis* that is functionally distinct from teichuronic acid. *J Bacteriol* **186**: 7865-7873.

Bisicchia, P., D. Noone, E. Lioliou, A. Howell, S. Quigley, T. Jensen, H. Jarmer & K. M. Devine, (2007) The essential YycFG two-component system controls cell wall metabolism in *Bacillus subtilis*. *Mol Microbiol* **65**: 180-200.

Blackman, S. A., T. J. Smith & S. J. Foster, (1998) The role of autolysins during vegetative growth of *Bacillus subtilis* 168. *Microbiology* **144 (Pt 1)**: 73-82.

Blake, C. C., D. F. Koenig, G. A. Mair, A. C. North, D. C. Phillips & V. R. Sarma, (1965) Structure of hen egg-white lysozyme. A three-dimensional Fourier synthesis at 2 Angstrom resolution. *Nature* **206**: 757-761.

Blount, P. & P. C. Moe, (1999) Bacterial mechanosensitive channels: integrating physiology, structure and function. *Trends Microbiol* **7**: 420-424.

Blumberg, P. M. & J. L. Strominger, (1974) Interaction of penicillin with the bacterial cell: penicillin-binding proteins and penicillin-sensitive enzymes. *Bacteriol Rev* **38**: 291-335.

Bobay, B. G., L. Benson, S. Naylor, B. Feeney, A. C. Clark, M. B. Goshe, M. A. Strauch, R. Thompson & J. Cavanagh, (2004) Evaluation of the DNA binding tendencies of the transition state regulator AbrB. *Biochemistry* **43**: 16106-16118.

Bobay, B. G., G. A. Mueller, R. J. Thompson, A. G. Murzin, R. A. Venters, M. A. Strauch & J. Cavanagh, (2006) NMR structure of AbhN and comparison with AbrBN: FIRST insights into the DNA binding promiscuity and specificity of AbrB-like transition state regulator proteins. *J Biol Chem* **281**: 21399-21409.

Boch, J., B. Kempf & E. Bremer, (1994) Osmoregulation in *Bacillus subtilis*: synthesis of the osmoprotectant glycine betaine from exogenously provided choline. *J Bacteriol* **176**: 5364-5371.

Boch, J., B. Kempf, R. Schmid & E. Bremer, (1996) Synthesis of the osmoprotectant glycine betaine in *Bacillus subtilis*: characterization of the *gbsAB* genes. *J Bacteriol* **178**: 5121-5129.

Bodman, S. B. und J. M. Willey (2008) Cell-cell communication in bacteria: united we stand. *J Bacteriol* **190**: 4377-4391

Bolen, D. W., (2001) Protein stabilization by naturally occurring osmolytes. *Methods Mol Biol* **168**: 17-36.

Boneca, I. G., Z. H. Huang, D. A. Gage & A. Tomasz, (2000) Characterization of *Staphylococcus aureus* cell wall glycan strands, evidence for a new beta-N-acetylglucosaminidase activity. *J Biol Chem* **275**: 9910-9918.

Booth, I. R., M. D. Edwards, S. Black, U. Schumann & S. Miller, (2007) Mechanosensitive channels in bacteria: signs of closure? *Nat Rev Microbiol* **5**: 431-440.
Booth, I. R. & C. F. Higgins, (1990) Enteric bacteria and osmotic stress: intracellular potassium glutamate as a secondary signal of osmotic stress? *FEMS Microbiol Rev* **6**: 239-246.
Booth, I. R. & P. Louis, (1999) Managing hypoosmotic stress: aquaporins and mechanosensitive channels in *Escherichia coli. Curr Opin Microbiol* **2**: 166-169.
Bremer, E. und R. Krämer (2000). Coping with osmotic challenges: osmoregulation through accumulation and release of compatible solutes in bacteria. In Bacterial stress responses. Edited by G. Storz & R. Hengge- Aronis, ASM Press, Washington, D.C, USA: 79-97.
Bremer, E. (2002). Adaptation to changing osmolality. In *Bacillus subtilis* and its closest relatives: from genes to cells. Edited by J. A. Hoch, A. L. Sonenshein & R. Losick, ASM Press, Washington, D. C., USA: 385-391.
Brigulla, M., T. Hoffmann, A. Krisp, A. Volker, E. Bremer & U. Volker, (2003) Chill induction of the SigB-dependent general stress response in *Bacillus subtilis* and its contribution to low-temperature adaptation. *J Bacteriol* **185**: 4305-4314.
Britton, R. A., P. Eichenberger, J. E. Gonzalez-Pastor, P. Fawcett, R. Monson, R. Losick & A. D. Grossman, (2002) Genome-wide analysis of the stationary-phase sigma factor (sigma-H) regulon of *Bacillus subtilis. J Bacteriol* **184**: 4881-4890.
Broeze, R. J., C. J. Solomon & D. H. Pope, (1978) Effects of low temperature on in vivo and in vitro protein synthesis in *Escherichia coli* and *Pseudomonas fluorescens. J Bacteriol* **134**: 861-874.
Brown, A. D., (1976) Microbial water stress. *Bacteriol Rev* **40**: 803-846.
Budde, I., L. Steil, C. Scharf, U. Volker & E. Bremer, (2006) Adaptation of *Bacillus subtilis* to growth at low temperature: a combined transcriptomic and proteomic appraisal. *Microbiology* **152**: 831-853.
Buist, G., J. Kok, K. J. Leenhouts, M. Dabrowska, G. Venema & A. J. Haandrikman, (1995) Molecular cloning and nucleotide sequence of the gene encoding the major peptidoglycan hydrolase of *Lactococcus lactis*, a muramidase needed for cell separation. *J Bacteriol* **177**: 1554-1563.
Buist, G., A. Steen, J. Kok & O. P. Kuipers, (2008) LysM, a widely distributed protein motif for binding to (peptido)glycans. *Mol Microbiol* **68**: 838-847.
Bursy, J., A. J. Pierik, N. Pica & E. Bremer, (2007) Osmotically induced synthesis of the compatible solute hydroxyectoine is mediated by an evolutionarily conserved ectoine hydroxylase. *J Biol Chem* **282**: 31147-31155.
Calamita, G., W. R. Bishai, G. M. Preston, W. B. Guggino & P. Agre, (1995) Molecular cloning and characterization of AqpZ, a water channel from *Escherichia coli. J Biol Chem* **270**: 29063-29066.
Calamita, H. G. & R. J. Doyle, (2002) Regulation of autolysins in teichuronic acid-containing *Bacillus subtilis* cells. *Mol Microbiol* **44**: 601-606.
Calamita, H. G., W. D. Ehringer, A. L. Koch & R. J. Doyle, (2001) Evidence that the cell wall of *Bacillus subtilis* is protonated during respiration. *Proc Natl Acad Sci U S A* **98**: 15260-15263.
Cao, M., T. Wang, R. Ye & J. D. Helmann, (2002) Antibiotics that inhibit cell wall biosynthesis induce expression of the *Bacillus subtilis* sigma(W) and sigma(M) regulons. *Mol Microbiol* **45**: 1267-1276.

Carballido-Lopez, R., (2006) The bacterial actin-like cytoskeleton. *Microbiol Mol Biol Rev* **70**: 888-909.
Carballido-Lopez, R., (2006) Orchestrating bacterial cell morphogenesis. *Mol Microbiol* **60**: 815-819.
Carlton, R. M., W. H. Noordman, B. Biswas, E. D. de Meester & M. J. Loessner, (2005) Bacteriophage P100 for control of *Listeria monocytogenes* in foods: genome sequence, bioinformatic analyses, oral toxicity study, and application. *Regul Toxicol Pharmacol* **43**: 301-312.
Cavicchioli, R., T. Thomas & P. M. Curmi, (2000) Cold stress response in *Archaea*. *Extremophiles* **4**: 321-331.
Cayley, S., B. A. Lewis, H. J. Guttman & M. T. Record, Jr., (1991) Characterization of the cytoplasm of *Escherichia coli* K-12 as a function of external osmolarity. Implications for protein-DNA interactions in vivo. *J Mol Biol* **222**: 281-300.
Cheung, H. Y. & E. Freese, (1985) Monovalent cations enable cell wall turnover of the turnover-deficient lyt-15 mutant of *Bacillus subtilis*. *J Bacteriol* **161**: 1222-1225.
Cheung, H. Y., L. Vitkovic & E. Freese, (1983) Rates of peptidoglycan turnover and cell growth of *Bacillus subtilis* are correlated. *J Bacteriol* **156**: 1099-1106.
Chopra, I., C. Storey, T. J. Falla & J. H. Pearce, (1998) Antibiotics, peptidoglycan synthesis and genomics: the chlamydial anomaly revisited. *Microbiology* **144 (Pt 10)**: 2673-2678.
Cioni, P., E. Bramanti & G. B. Strambini, (2005) Effects of sucrose on the internal dynamics of azurin. *Biophys J* **88**: 4213-4222.
Claessen, D., R. Emmins, L. W. Hamoen, R. A. Daniel, J. Errington & D. H. Edwards, (2008) Control of the cell elongation-division cycle by shuttling of PBP1 protein in *Bacillus subtilis*. *Mol Microbiol* **68**: 1029-1046.
Clarke, A. J. (1993) Extent of peptidoglycan *O*-acetylation in the tribe *Proteae.J Bacteriol* **175**, 4550-4553
Clausen, V. A., W. Bae, J. Throup, M. K. Burnham, M. Rosenberg & N. G. Wallis, (2003) Biochemical characterization of the first essential two-component signal transduction system from *Staphylococcus aureus* and *Streptococcus pneumoniae*. *J Mol Microbiol Biotechnol* **5**: 252-260.
Collins, K. D., (2004) Ions from the Hofmeister series and osmolytes: effects on proteins in solution and in the crystallization process. *Methods* **34**: 300-311.
Collins, K. D. & M. W. Washabaugh, (1985) The Hofmeister effect and the behaviour of water at interfaces. *Q Rev Biophys* **18**: 323-422.
Costerton, J. W., Z. Lewandowski, D. E. Caldwell, D. R. Korber & H. M. Lappin-Scott, (1995) Microbial biofilms. *Annu Rev Microbiol* **49**: 711-745.
Csonka, L. N., (1989) Physiological and genetic responses of bacteria to osmotic stress. *Microbiol Rev* **53**: 121-147.
da Costa, M. S., H. Santos & E. A. Galinski, (1998) An overview of the role and diversity of compatible solutes in *Bacteria* and *Archaea*. *Adv Biochem Eng Biotechnol* **61**: 117-153.
Dammel, C. S. & H. F. Noller, (1995) Suppression of a cold-sensitive mutation in 16S rRNA by overexpression of a novel ribosome-binding factor, RbfA. *Genes Dev* **9**: 626-637.
Davey, M. E. & A. O'Toole G, (2000) Microbial biofilms: from ecology to molecular genetics. *Microbiol Mol Biol Rev* **64**: 847-867.
de Boer, W. R., F. J. Kruyssen & J. T. Wouters, (1981) Cell wall turnover in batch and chemostat cultures of *Bacillus subtilis*. *J Bacteriol* **145**: 50-60.

de Boer, W. R., P. D. Meyer, C. G. Jordens, F. J. Kruyssen & J. T. Wouters, (1982) Cell wall turnover in growing and nongrowing cultures of *Bacillus subtilis*. *J Bacteriol* **149**: 977-984.
de Mendoza, D., A. Klages Ulrich & J. E. Cronan, Jr., (1983) Thermal regulation of membrane fluidity in *Escherichia coli*. Effects of overproduction of beta-ketoacyl-acyl carrier protein synthase I. *J Biol Chem* **258**: 2098-2101.
D'Elia, M. A., K. E. Millar, T. J. Beveridge & E. D. Brown, (2006) Wall teichoic acid polymers are dispensable for cell viability in *Bacillus subtilis*. *J Bacteriol* **188**: 8313-8316.
Demchick, P. & A. L. Koch, (1996) The permeability of the wall fabric of *Escherichia coli* and *Bacillus subtilis*. *J Bacteriol* **178**: 768-773.
Deng, D. M., M. J. Liu, J. M. ten Cate & W. Crielaard, (2007) The VicRK system of *Streptococcus mutans* responds to oxidative stress. *J Dent Res* **86**: 606-610.
Desvaux, M., E. Dumas, I. Chafsey & M. Hebraud, (2006) Protein cell surface display in Gram-positive bacteria: from single protein to macromolecular protein structure. *FEMS Microbiol Lett* **256**: 1-15.
Dijkstra, A. J. & W. Keck, (1996) Peptidoglycan as a barrier to transenvelope transport. *J Bacteriol* **178**: 5555-5562.
Dinnbier, U., E. Limpinsel, R. Schmid & E. P. Bakker, (1988) Transient accumulation of potassium glutamate and its replacement by trehalose during adaptation of growing cells of *Escherichia coli* K-12 to elevated sodium chloride concentrations. *Arch Microbiol* **150**: 348-357.
Diven, W. F., J. J. Scholz & R. B. Johnston, (1964) Purification and Properties of the Alanine Racemase from *Bacillus subtilis*. *Biochim Biophys Acta* **85**: 322-332.
Dmitriev, B., F. Toukach & S. Ehlers, (2005) Towards a comprehensive view of the bacterial cell wall. *Trends Microbiol* **13**: 569-574.
Dowhan, W., (1997) Molecular basis for membrane phospholipid diversity: why are there so many lipids? *Annu Rev Biochem* **66**: 199-232.
Doyle, D. A., J. Morais Cabral, R. A. Pfuetzner, A. Kuo, J. M. Gulbis, S. L. Cohen, B. T. Chait & R. MacKinnon, (1998) The structure of the potassium channel: molecular basis of K+ conduction and selectivity. *Science* **280**: 69-77.
Doyle, R. J. & R. E. Marquis, (1994) Elastic, flexible peptidoglycan and bacterial cell wall properties. *Trends Microbiol* **2**: 57-60.
Dramsi, S., S. Magnet, S. Davison & M. Arthur, (2008) Covalent attachment of proteins to peptidoglycan. *FEMS Microbiol Rev* **32**: 307-320.
Dubnau, D., (1991) Genetic competence in *Bacillus subtilis*. *Microbiol Rev* **55**: 395-424.
Dubnau, D. & R. Losick, (2006) Bistability in bacteria. *Mol Microbiol* **61**: 564-572.
Dubrac, S., P. Bisicchia, K. M. Devine & T. Msadek, (2008) A matter of life and death: cell wall homeostasis and the WalKR (YycGF) essential signal transduction pathway. *Mol Microbiol* **70**: 1307-1322.
Dubrac, S., I. G. Boneca, O. Poupel & T. Msadek, (2007) New insights into the WalK/WalR (YycG/YycF) essential signal transduction pathway reveal a major role in controlling cell wall metabolism and biofilm formation in *Staphylococcus aureus*. *J Bacteriol* **189**: 8257-8269.
Dubrac, S. & T. Msadek, (2004) Identification of genes controlled by the essential YycG/YycF two-component system of *Staphylococcus aureus*. *J Bacteriol* **186**: 1175-1181.

Dubrac, S. & T. Msadek, (2008) Tearing down the wall: peptidoglycan metabolism and the WalK/WalR (YycG/YycF) essential two-component system. *Adv Exp Med Biol* **631**: 214-228.

Durell, S. R. & H. R. Guy, (1999) Structural models of the KtrB, TrkH, and Trk1,2 symporters based on the structure of the KcsA K(+) channel. *Biophys J* **77**: 789-807.

Dutta, R. & M. Inouye, (1996) Reverse phosphotransfer from OmpR to EnvZ in a kinase-/phosphatase+ mutant of EnvZ (EnvZ.N347D), a bifunctional signal transducer of *Escherichia coli*. *J Biol Chem* **271**: 1424-1429.

Eckert, C., M. Lecerf, L. Dubost, M. Arthur & S. Mesnage, (2006) Functional analysis of AtlA, the major N-acetylglucosaminidase of *Enterococcus faecalis*. *J Bacteriol* **188**: 8513-8519.

Eiamphungporn, W. & J. D. Helmann, (2009) Extracytoplasmic function sigma factors regulate expression of the *Bacillus subtilis* yabE gene via a cis-acting antisense RNA. *J Bacteriol* **191**: 1101-1105.

Eichenberger, P., M. Fujita, S. T. Jensen, E. M. Conlon, D. Z. Rudner, S. T. Wang, C. Ferguson, K. Haga, T. Sato, J. S. Liu & R. Losick, (2004) The program of gene transcription for a single differentiating cell type during sporulation in *Bacillus subtilis*. *PLoS Biol* **2**: e328.

Eichler, K., F. Bourgis, A. Buchet, H. P. Kleber & M. A. Mandrand-Berthelot, (1994) Molecular characterization of the *cai* operon necessary for carnitine metabolism in *Escherichia coli*. *Mol Microbiol* **13**: 775-786.

El Zoeiby, A., F. Sanschagrin & R. C. Levesque, (2003) Structure and function of the Mur enzymes: development of novel inhibitors. *Mol Microbiol* **47**: 1-12.

Ellermeier, C. D., E. C. Hobbs, J. E. Gonzalez-Pastor & R. Losick, (2006) A three-protein signaling pathway governing immunity to a bacterial cannibalism toxin. *Cell* **124**: 549-559.

Fabret, C., V. A. Feher & J. A. Hoch, (1999) Two-component signal transduction in *Bacillus subtilis*: how one organism sees its world. *J Bacteriol* **181**: 1975-1983.

Fabret, C. & J. A. Hoch, (1998) A two-component signal transduction system essential for growth of *Bacillus subtilis*: implications for anti-infective therapy. *J Bacteriol* **180**: 6375-6383.

Fan, D. P. & M. M. Beckman, (1971) Mutant of *Bacillus subtilis* demonstrating the requirement of lysis for growth. *J Bacteriol* **105**: 629-636.

Farewell, A. & F. C. Neidhardt, (1998) Effect of temperature on in vivo protein synthetic capacity in *Escherichia coli*. *J Bacteriol* **180**: 4704-4710.

Fischer, W., P. Rosel & H. U. Koch, (1981) Effect of alanine ester substitution and other structural features of lipoteichoic acids on their inhibitory activity against autolysins of S*taphylococcus aureus*. *J Bacteriol* **146**: 467-475.

Formstone, A., R. Carballido-Lopez, P. Noirot, J. Errington & D. J. Scheffers, (2008) Localization and interactions of teichoic acid synthetic enzymes in *Bacillus subtilis*. *J Bacteriol* **190**: 1812-1821.

Formstone, A. & J. Errington, (2005) A magnesium-dependent mreB null mutant: implications for the role of mreB in *Bacillus subtilis*. *Mol Microbiol* **55**: 1646-1657.

Foster, S. J., (1993) Analysis of *Bacillus subtilis* 168 prophage-associated lytic enzymes; identification and characterization of CWLA-related prophage proteins. *J Gen Microbiol* **139**: 3177-3184.

Foster, S. J., (1994) The role and regulation of cell wall structural dynamics during differentiation of endospore-forming bacteria. *Soc Appl Bacteriol Symp Ser* **23**: 25S-39S.

Friedman, H., P. Lu & A. Rich, (1971) Temperature control of initiation of protein synthesis in *Escherichia coli*. *J Mol Biol* **61**: 105-121.

Friedman, L., J. D. Alder & J. A. Silverman, (2006) Genetic changes that correlate with reduced susceptibility to daptomycin in *Staphylococcus aureus*. *Antimicrob Agents Chemother* **50**: 2137-2145.

Fujita, J., (1999) Cold shock response in mammalian cells. *J Mol Microbiol Biotechnol* **1**: 243-255.

Fujita, M., J. E. Gonzalez-Pastor & R. Losick, (2005) High- and low-threshold genes in the Spo0A regulon of *Bacillus subtilis*. *J Bacteriol* **187**: 1357-1368.

Fujita, M. & R. Losick, (2005) Evidence that entry into sporulation in *Bacillus subtilis* is governed by a gradual increase in the level and activity of the master regulator Spo0A. *Genes Dev* **19**: 2236-2244.

Fukuchi, K., Y. Kasahara, K. Asai, K. Kobayashi, S. Moriya & N. Ogasawara, (2000) The essential two-component regulatory system encoded by *yycF* and *yycG* modulates expression of the *ftsAZ* operon in *Bacillus subtilis*. *Microbiology* **146 (Pt 7)**: 1573-1583.

Fukushima, T., H. Szurmant, E. J. Kim, M. Perego & J. A. Hoch, (2008) A sensor histidine kinase co-ordinates cell wall architecture with cell division in *Bacillus subtilis*. *Mol Microbiol* **69**: 621-632.

Fukushima, T., Y. Yao, T. Kitajima, H. Yamamoto & J. Sekiguchi, (2007) Characterization of new L,D-endopeptidase gene product CwlK (previous YcdD) that hydrolyzes peptidoglycan in *Bacillus subtilis*. *Mol Genet Genomics* **278**: 371-383.

Gabrielsen, O. S., E. Hornes, L. Korsnes, A. Ruet & T. B. Oyen, (1989) Magnetic DNA affinity purification of yeast transcription factor tau--a new purification principle for the ultrarapid isolation of near homogeneous factor. *Nucleic Acids Res* **17**: 6253-6267.

Galinski, E. A., (1995) Osmoadaptation in bacteria. *Adv Microb Physiol* **37**: 272-328.

Gally, D. & A. R. Archibald, (1993) Cell wall assembly in *Staphylococcus aureus*: proposed absence of secondary crosslinking reactions. *J Gen Microbiol* **139**: 1907-1913.

Garvey, K. J., M. S. Saedi & J. Ito, (1986) Nucleotide sequence of Bacillus phage phi 29 genes 14 and 15: homology of gene 15 with other phage lysozymes. *Nucleic Acids Res* **14**: 10001-10008.

Ghuysen, J. M. & C. Goffin, (1999) Lack of cell wall peptidoglycan versus penicillin sensitivity: new insights into the chlamydial anomaly. *Antimicrob Agents Chemother* **43**: 2339-2344.

Ghuysen, J. M., J. Lamotte-Brasseur, B. Joris & G. D. Shockman, (1994) Binding site-shaped repeated sequences of bacterial wall peptidoglycan hydrolases. *FEBS Lett* **342**: 23-28.

Glaasker, E., W. N. Konings & B. Poolman, (1996) Osmotic regulation of intracellular solute pools in *Lactobacillus plantarum*. *J Bacteriol* **178**: 575-582.

Goley, E. D., A. A. Iniesta & L. Shapiro, (2007) Cell cycle regulation in *Caulobacter*: location, location, location. *J Cell Sci* **120**: 3501-3507.

Gong, W., B. Hao, S. S. Mansy, G. Gonzalez, M. A. Gilles-Gonzalez & M. K. Chan, (1998) Structure of a biological oxygen sensor: a new mechanism for heme-driven signal transduction. *Proc Natl Acad Sci U S A* **95**: 15177-15182.

Gonzalez-Pastor, J. E., E. C. Hobbs & R. Losick, (2003) Cannibalism by sporulating bacteria. *Science* **301**: 510-513.

Goodell, E. W., R. Lopez & A. Tomasz, (1976) Suppression of lytic effect of beta lactams on *Escherichia coli* and other bacteria. *Proc Natl Acad Sci U S A* **73**: 3293-3297.

Graham, J. E. & B. J. Wilkinson, (1992) *Staphylococcus aureus* osmoregulation: roles for choline, glycine betaine, proline, and taurine. *J Bacteriol* **174**: 2711-2716.

Graham, L. L. & T. J. Beveridge, (1994) Structural differentiation of the *Bacillus subtilis* 168 cell wall. *J Bacteriol* **176**: 1413-1421.

Grant, W. D., (1979) Cell wall teichoic acid as a reserve phosphate source in *Bacillus subtilis*. *J Bacteriol* **137**: 35-43.

Grau, R. & D. de Mendoza, (1993) Regulation of the synthesis of unsaturated fatty acids by growth temperature in *Bacillus subtilis*. *Mol Microbiol* **8**: 535-542.

Grau, R., D. Gardiol, G. C. Glikin & D. de Mendoza, (1994) DNA supercoiling and thermal regulation of unsaturated fatty acid synthesis in *Bacillus subtilis*. *Mol Microbiol* **11**: 933-941.

Graumann, P. & M. A. Marahiel, (1994) The major cold shock protein of *Bacillus subtilis* CspB binds with high affinity to the ATTGG- and CCAAT sequences in single stranded oligonucleotides. *FEBS Lett* **338**: 157-160.

Graumann, P. & M. A. Marahiel, (1996) Some like it cold: response of microorganisms to cold shock. *Arch Microbiol* **166**: 293-300.

Graumann, P. & M. A. Marahiel, (1997) Effects of heterologous expression of CspB, the major cold shock protein of *Bacillus subtilis*, on protein synthesis in *Escherichia coli*. *Mol Gen Genet* **253**: 745-752.

Graumann, P., K. Schroder, R. Schmid & M. A. Marahiel, (1996) Cold shock stress-induced proteins in *Bacillus subtilis*. *J Bacteriol* **178**: 4611-4619.

Graumann, P., T. M. Wendrich, M. H. Weber, K. Schroder & M. A. Marahiel, (1997) A family of cold shock proteins in *Bacillus subtilis* is essential for cellular growth and for efficient protein synthesis at optimal and low temperatures. *Mol Microbiol* **25**: 741-756.

Graumann, P. L. & M. A. Marahiel, (1999) Cold shock response in *Bacillus subtilis*. *J Mol Microbiol Biotechnol* **1**: 203-209.

Grossman, A. D., (1995) Genetic networks controlling the initiation of sporulation and the development of genetic competence in *Bacillus subtilis*. *Annu Rev Genet* **29**: 477-508.

Grundy, F. J. & T. M. Henkin, (1993) tRNA as a positive regulator of transcription antitermination in B. subtilis. *Cell* **74**: 475-482.

Guerout-Fleury, A. M., K. Shazand, N. Frandsen & P. Stragier, (1995) Antibiotic-resistance cassettes for *Bacillus subtilis*. *Gene* **167**: 335-336.

Guy, C., (1999) Molecular responses of plants to cold shock and cold acclimation. *J Mol Microbiol Biotechnol* **1**: 231-242.

Hall, D. & A. P. Minton, (2003) Macromolecular crowding: qualitative and semiquantitative successes, quantitative challenges. *Biochim Biophys Acta* **1649**: 127-139.

Hall, M. N., J. Gabay, M. Debarbouille & M. Schwartz, (1982) A role for mRNA secondary structure in the control of translation initiation. *Nature* **295**: 616-618.

Hamon, M. A. & B. A. Lazazzera, (2001) The sporulation transcription factor Spo0A is required for biofilm development in *Bacillus subtilis*. *Mol Microbiol* **42**: 1199-1209.

Hamon, M. A., N. R. Stanley, R. A. Britton, A. D. Grossman & B. A. Lazazzera, (2004) Identification of AbrB-regulated genes involved in biofilm formation by *Bacillus subtilis*. *Mol Microbiol* **52**: 847-860.
Hanahan, D., (1983) Studies on transformation of *Escherichia coli* with plasmids. *J Mol Biol* **166**: 557-580.
Hancock, L. E. & M. Perego, (2004) Systematic inactivation and phenotypic characterization of two-component signal transduction systems of *Enterococcus faecalis* V583. *J Bacteriol* **186**: 7951-7958.
Harwood, C. R., and Cutting, S. M. (1990) Molecular biological methods for *Bacillus*. John Wiley and Sons Ltd., Chichester, England.
Harz, H., K. Burgdorf & J. V. Holtje, (1990) Isolation and separation of the glycan strands from murein of *Escherichia coli* by reversed-phase high-performance liquid chromatography. *Anal Biochem* **190**: 120-128.
Haseltine, W. A., R. Block, W. Gilbert & K. Weber, (1972) MSI and MSII made on ribosome in idling step of protein synthesis. *Nature* **238**: 381-384.
Hayhurst, E. J., L. Kailas, J. K. Hobbs & S. J. Foster, (2008) Cell wall peptidoglycan architecture in *Bacillus subtilis*. *Proc Natl Acad Sci U S A* **105**: 14603-14608.
Hebraud, M. & P. Potier, (1999) Cold shock response and low temperature adaptation in psychrotrophic bacteria. *J Mol Microbiol Biotechnol* **1**: 211-219.
Hecker, M., W. Schumann & U. Volker, (1996) Heat-shock and general stress response in *Bacillus subtilis*. *Mol Microbiol* **19**: 417-428.
Hecker, M. & U. Volker, (2001) General stress response of *Bacillus subtilis* and other bacteria. *Adv Microb Physiol* **44**: 35-91.
Heidrich, C., A. Ursinus, J. Berger, H. Schwarz & J. V. Holtje, (2002) Effects of multiple deletions of murein hydrolases on viability, septum cleavage, and sensitivity to large toxic molecules in *Escherichia coli*. *J Bacteriol* **184**: 6093-6099.
Helfert, C., S. Gotsche & M. K. Dahl, (1995) Cleavage of trehalose-phosphate in *Bacillus subtilis* is catalysed by a phospho-alpha-(1-1)-glucosidase encoded by the *treA* gene. *Mol Microbiol* **16**: 111-120.
Herbold, D. R. & L. Glaser, (1975) *Bacillus subtilis* N-acetylmuramic acid L-alanine amidase. *J Biol Chem* **250**: 1676-1682.
Herbold, D. R. & L. Glaser, (1975) Interaction of N-acetylmuramic acid L-alanine amidase with cell wall polymers. *J Biol Chem* **250**: 7231-7238.
Hoch, J. A., (2000) Two-component and phosphorelay signal transduction. *Curr Opin Microbiol* **3**: 165-170.
Hoffmann, T., C. Boiangiu, S. Moses & E. Bremer, (2008) Responses of *Bacillus subtilis* to hypotonic challenges: physiological contributions of mechanosensitive channels to cellular survival. *Appl Environ Microbiol* **74**: 2454-2460.
Holtje, J. V., (1995) From growth to autolysis: the murein hydrolases in *Escherichia coli*. *Arch Microbiol* **164**: 243-254.
Holtje, J. V., (1998) Growth of the stress-bearing and shape-maintaining murein sacculus of *Escherichia coli*. *Microbiol Mol Biol Rev* **62**: 181-203.
Holtje, J. V., U. Kopp, A. Ursinus & B. Wiedemann, (1994) The negative regulator of beta-lactamase induction AmpD is a N-acetyl-anhydromuramyl-L-alanine amidase. *FEMS Microbiol Lett* **122**: 159-164.
Holtje, J. V., D. Mirelman, N. Sharon & U. Schwarz, (1975) Novel type of murein transglycosylase in *Escherichia coli*. *J Bacteriol* **124**: 1067-1076.

Holtmann, G., E. P. Bakker, N. Uozumi & E. Bremer, (2003) KtrAB and KtrCD: two K+ uptake systems in *Bacillus subtilis* and their role in adaptation to hypertonicity. *J Bacteriol* **185**: 1289-1298.

Holtmann, G. & E. Bremer, (2004) Thermoprotection of *Bacillus subtilis* by exogenously provided glycine betaine and structurally related compatible solutes: involvement of Opu transporters. *J Bacteriol* **186**: 1683-1693.

Hoper, D., U. Volker & M. Hecker, (2005) Comprehensive characterization of the contribution of individual SigB-dependent general stress genes to stress resistance of *Bacillus subtilis*. *J Bacteriol* **187**: 2810-2826.

Horsburgh, G. J., A. Atrih, M. P. Williamson & S. J. Foster, (2003) LytG of *Bacillus subtilis* is a novel peptidoglycan hydrolase: the major active glucosaminidase. *Biochemistry* **42**: 257-264.

Howell, A., S. Dubrac, K. K. Andersen, D. Noone, J. Fert, T. Msadek & K. Devine, (2003) Genes controlled by the essential YycG/YycF two-component system of *Bacillus subtilis* revealed through a novel hybrid regulator approach. *Mol Microbiol* **49**: 1639-1655.

Howell, A., S. Dubrac, D. Noone, K. I. Varughese & K. Devine, (2006) Interactions between the YycFG and PhoPR two-component systems in *Bacillus subtilis*: the PhoR kinase phosphorylates the non-cognate YycF response regulator upon phosphate limitation. *Mol Microbiol* **59**: 1199-1215.

Hughes, A. H., I. C. Hancock & J. Baddiley, (1973) The function of teichoic acids in cation control in bacterial membranes. *Biochem J* **132**: 83-93.

Hughes, R. C., (1971) Autolysis of *Bacillus cereus* cell walls and isolation of structural components. *Biochem J* **121**: 791-802.

Hughes, R. C. & E. Stokes, (1971) Cell wall growth in *Bacillus licheniformis* followed by immunofluorescence with mucopeptide-specific antiserum. *J Bacteriol* **106**: 694-696.

Hurme, R., K. D. Berndt, S. J. Normark & M. Rhen, (1997) A proteinaceous gene regulatory thermometer in *Salmonella*. *Cell* **90**: 55-64.

Hurst, A., E. Ofori, I. Vishnubhatla & M. Kates, (1984) Adaptational changes in *Staphylococcus aureus* MF 31 grown above its maximum growth temperature when protected by sodium chloride: lipid studies. *Can J Microbiol* **30**: 1424-1427.

Ishikawa, S., Y. Hara, R. Ohnishi & J. Sekiguchi, (1998) Regulation of a new cell wall hydrolase gene, *cwlF*, which affects cell separation in *Bacillus subtilis*. *J Bacteriol* **180**: 2549-2555.

Ishikawa, S., K. Yamane & J. Sekiguchi, (1998) Regulation and characterization of a newly deduced cell wall hydrolase gene (*cwlJ*) which affects germination of *Bacillus subtilis* spores. *J Bacteriol* **180**: 1375-1380.

Jacobs, C., L. J. Huang, E. Bartowsky, S. Normark & J. T. Park, (1994) Bacterial cell wall recycling provides cytosolic muropeptides as effectors for beta-lactamase induction. *EMBO J* **13**: 4684-4694.

Jansen, A., M. Turck, C. Szekat, M. Nagel, I. Clever & G. Bierbaum, (2007) Role of insertion elements and yycFG in the development of decreased susceptibility to vancomycin in *Staphylococcus aureus*. *Int J Med Microbiol* **297**: 205-215.

Jiang, M., W. Shao, M. Perego & J. A. Hoch, (2000) Multiple histidine kinases regulate entry into stationary phase and sporulation in *Bacillus subtilis*. *Mol Microbiol* **38**: 535-542.

Jiang, W., Y. Hou & M. Inouye, (1997) CspA, the major cold-shock protein of *Escherichia coli*, is an RNA chaperone. *J Biol Chem* **272**: 196-202.

Jolliffe, L. K., R. J. Doyle & U. N. Streips, (1981) The energized membrane and cellular autolysis in *Bacillus subtilis*. *Cell* **25**: 753-763.
Jones, L. J., R. Carballido-Lopez & J. Errington, (2001) Control of cell shape in bacteria: helical, actin-like filaments in *Bacillus subtilis*. *Cell* **104**: 913-922.
Jones, P. G. & M. Inouye, (1996) RbfA, a 30S ribosomal binding factor, is a cold-shock protein whose absence triggers the cold-shock response. *Mol Microbiol* **21**: 1207-1218.
Jones, P. G., R. Krah, S. R. Tafuri & A. P. Wolffe, (1992) DNA gyrase, CS7.4, and the cold shock response in *Escherichia coli*. *J Bacteriol* **174**: 5798-5802.
Jones, P. G., M. Mitta, Y. Kim, W. Jiang & M. Inouye, (1996) Cold shock induces a major ribosomal-associated protein that unwinds double-stranded RNA in *Escherichia coli*. *Proc Natl Acad Sci U S A* **93**: 76-80.
Jones, P. G., R. A. VanBogelen & F. C. Neidhardt, (1987) Induction of proteins in response to low temperature in *Escherichia coli*. *J Bacteriol* **169**: 2092-2095.
Jordan, S., A. Junker, J. D. Helmann & T. Mascher, (2006) Regulation of LiaRS-dependent gene expression in *Bacillus subtilis*: identification of inhibitor proteins, regulator binding sites, and target genes of a conserved cell envelope stress-sensing two-component system. *J Bacteriol* **188**: 5153-5166.
Jordan, S., E. Rietkotter, M. A. Strauch, F. Kalamorz, B. G. Butcher, J. D. Helmann & T. Mascher, (2007) LiaRS-dependent gene expression is embedded in transition state regulation in *Bacillus subtilis*. *Microbiology* **153**: 2530-2540.
Joris, B., S. Englebert, C. P. Chu, R. Kariyama, L. Daneo-Moore, G. D. Shockman & J. M. Ghuysen, (1992) Modular design of the *Enterococcus hirae* muramidase-2 and *Streptococcus faecalis* autolysin. *FEMS Microbiol Lett* **70**: 257-264.
Jung, K. & K. Altendorf, (1998) Individual substitutions of clustered arginine residues of the sensor kinase KdpD of *Escherichia coli* modulate the ratio of kinase to phosphatase activity. *J Biol Chem* **273**: 26415-26420.
Kakinuma, Y. & K. Igarashi, (1988) Active potassium extrusion regulated by intracellular pH in *Streptococcus faecalis*. *J Biol Chem* **263**: 14166-14170.
Kaku, H., Y. Nishizawa, N. Ishii-Minami, C. Akimoto-Tomiyama, N. Dohmae, K. Takio, E. Minami & N. Shibuya, (2006) Plant cells recognize chitin fragments for defense signaling through a plasma membrane receptor. *Proc Natl Acad Sci U S A* **103**: 11086-11091.
Kallipolitis, B. H. & H. Ingmer, (2001) *Listeria monocytogenes* response regulators important for stress tolerance and pathogenesis. *FEMS Microbiol Lett* **204**: 111-115.
Kandror, O., M. Sherman, R. Moerschell & A. L. Goldberg, (1997) Trigger factor associates with GroEL in vivo and promotes its binding to certain polypeptides. *J Biol Chem* **272**: 1730-1734.
Kanemasa, Y., K. Takai, T. Takatsu, H. Hayashi & T. Katayama, (1974) Ultrastructural alteration of the cell surface of *Staphylococcus aureus* cultured in a different salt condition. *Acta Med Okayama* **28**: 311-320.
Kappes, R. M., B. Kempf & E. Bremer, (1996) Three transport systems for the osmoprotectant glycine betaine operate in *Bacillus subtilis*: characterization of OpuD. *J Bacteriol* **178**: 5071-5079.
Kappes, R. M., B. Kempf, S. Kneip, J. Boch, J. Gade, J. Meier-Wagner & E. Bremer, (1999) Two evolutionarily closely related ABC transporters mediate the uptake of choline for synthesis of the osmoprotectant glycine betaine in *Bacillus subtilis*. *Mol Microbiol* **32**: 203-216.

Kaspar, S., R. Perozzo, S. Reinelt, M. Meyer, K. Pfister, L. Scapozza & M. Bott, (1999) The periplasmic domain of the histidine autokinase CitA functions as a highly specific citrate receptor. *Mol Microbiol* **33**: 858-872.

Kawano, M., R. Abuki, K. Igarashi & Y. Kakinuma, (2001) Potassium uptake with low affinity and high rate in *Enterococcus hirae* at alkaline pH. *Arch Microbiol* **175**: 41-45.

Keep, N. H., J. M. Ward, M. Cohen-Gonsaud & B. Henderson, (2006) Wake up! Peptidoglycan lysis and bacterial non-growth states. *Trends Microbiol* **14**: 271-276.

Kemper, M. A., M. M. Urrutia, T. J. Beveridge, A. L. Koch & R. J. Doyle, (1993) Proton motive force may regulate cell wall-associated enzymes of *Bacillus subtilis*. *J Bacteriol* **175**: 5690-5696.

Kempf, B. & E. Bremer, (1995) OpuA, an osmotically regulated binding protein-dependent transport system for the osmoprotectant glycine betaine in *Bacillus subtilis*. *J Biol Chem* **270**: 16701-16713.

Kempf, B. & E. Bremer, (1998) Uptake and synthesis of compatible solutes as microbial stress responses to high-osmolality environments. *Arch Microbiol* **170**: 319-330.

Kempf, B., J. Gade & E. Bremer, (1997) Lipoprotein from the osmoregulated ABC transport system OpuA of *Bacillus subtilis*: purification of the glycine betaine binding protein and characterization of a functional lipidless mutant. *J Bacteriol* **179**: 6213-6220.

Klein, C., C. Kaletta, N. Schnell & K. D. Entian, (1992) Analysis of genes involved in biosynthesis of the lantibiotic subtilin. *Appl Environ Microbiol* **58**: 132-142.

Klein, W., M. H. Weber & M. A. Marahiel, (1999) Cold shock response of *Bacillus subtilis*: isoleucine-dependent switch in the fatty acid branching pattern for membrane adaptation to low temperatures. *J Bacteriol* **181**: 5341-5349.

Kloda, A. & B. Martinac, (2001) Structural and functional differences between two homologous mechanosensitive channels of *Methanococcus jannaschii*. *EMBO J* **20**: 1888-1896.

Kobayashi, Y., (1995) [Sporulation in *Bacillus subtilis*: signal transduction at the initiation of sporulation]. *Tanpakushitsu Kakusan Koso* **40**: 976-985.

Koch, A. L., (1984) Shrinkage of growing *Escherichia coli* cells by osmotic challenge. *J Bacteriol* **159**: 919-924.

Koch, A. L., (1985) How bacteria grow and divide in spite of internal hydrostatic pressure. *Can J Microbiol* **31**: 1071-1084.

Koch, A. L., (2006) The exocytoskeleton. *J Mol Microbiol Biotechnol* **11**: 115-125.

Koch, A. L. & S. Silver, (2005) The first cell. *Adv Microb Physiol* **50**: 227-259.

Koch, A. L. & S. Woeste, (1992) Elasticity of the sacculus of *Escherichia coli*. *J Bacteriol* **174**: 4811-4819.

Koraimann, G., (2003) Lytic transglycosylases in macromolecular transport systems of Gram-negative bacteria. *Cell Mol Life Sci* **60**: 2371-2388.

Krispin, O. & R. Allmansberger, (1995) Changes in DNA supertwist as a response of *Bacillus subtilis* towards different kinds of stress. *FEMS Microbiol Lett* **134**: 129-135.

Kunst, F., N. Ogasawara, I. Moszer, A. M. Albertini, G. Alloni, V. Azevedo, M. G. Bertero, P. Bessieres, A. Bolotin, S. Borchert, R. Borriss, L. Boursier, A. Brans, M. Braun, S. C. Brignell, S. Bron, S. Brouillet, C. V. Bruschi, B. Caldwell, V. Capuano, N. M. Carter, S. K. Choi, J. J. Codani, I. F. Connerton, A. Danchin & et al., (1997) The complete genome sequence of the gram-positive bacterium *Bacillus subtilis*. *Nature* **390**: 249-256.

Kuroda, A., Y. Asami & J. Sekiguchi, (1993) Molecular cloning of a sporulation-specific cell wall hydrolase gene of *Bacillus subtilis*. *J Bacteriol* **175**: 6260-6268.

Kuroda, A., M. Imazeki & J. Sekiguchi, (1991) Purification and characterization of a cell wall hydrolase encoded by the *cwlA* gene of *Bacillus subtilis*. *FEMS Microbiol Lett* **65**: 9-13.

Kuroda, A., M. H. Rashid & J. Sekiguchi, (1992) Molecular cloning and sequencing of the upstream region of the major *Bacillus subtilis* autolysin gene: a modifier protein exhibiting sequence homology to the major autolysin and the *spoIID* product. *J Gen Microbiol* **138**: 1067-1076.

Kuroda, A. & J. Sekiguchi, (1991) Molecular cloning and sequencing of a major *Bacillus subtilis* autolysin gene. *J Bacteriol* **173**: 7304-7312.

Kuroda, A. & J. Sekiguchi, (1992) Characterization of the *Bacillus subtilis* CwbA protein which stimulates cell wall lytic amidases. *FEMS Microbiol Lett* **74**: 109-113.

Kuroda, A. & J. Sekiguchi, (1993) High-level transcription of the major *Bacillus subtilis* autolysin operon depends on expression of the sigma D gene and is affected by a sin (flaD) mutation. *J Bacteriol* **175**: 795-801.

Kurz, M., (2008) Compatible solute influence on nucleic acids: Many questions but few answers. *Saline Systems* **4**: 6.

Laemmli, U. K., (1970) Cleavage of structural proteins during the assembly of the head of bacteriophage T4. *Nature*, **227:** 680-5.

Lambert, P. A., I. C. Hancock & J. Baddiley, (1975) Influence of alanyl ester residues on the binding of magnesium ions to teichoic acids. *Biochem J* **151**: 671-676.

Lanyi, J. K., (1974) Salt-dependent properties of proteins from extremely halophilic bacteria. *Bacteriol Rev* **38**: 272-290.

Lawrence, P. J. & J. L. Strominger, (1970) Biosynthesis of the peptidoglycan of bacterial cell walls. XV. The binding of radioactive penicillin to the particulate enzyme preparation of *Bacillus subtilis* and its reversal with hydroxylamine or thiols. *J Biol Chem* **245**: 3653-3659.

Lawrence, P. J. & J. L. Strominger, (1970) Biosynthesis of the peptidoglycan of bacterial cell walls. XVI. The reversible fixation of radioactive penicillin G to the D-alanine carboxypeptidase of *Bacillus subtilis*. *J Biol Chem* **245**: 3660-3666.

Layec, S., B. Decaris & N. Leblond-Bourget, (2008) Diversity of Firmicutes peptidoglycan hydrolases and specificities of those involved in daughter cell separation. *Res Microbiol* **159**: 507-515.

Lazarevic, V. & D. Karamata, (1995) The tagGH operon of *Bacillus subtilis* 168 encodes a two-component ABC transporter involved in the metabolism of two wall teichoic acids. *Mol Microbiol* **16**: 345-355.

Lazarevic, V., P. Margot, B. Soldo & D. Karamata, (1992) Sequencing and analysis of the *Bacillus subtilis* lytRABC divergon: a regulatory unit encompassing the structural genes of the N-acetylmuramoyl-L-alanine amidase and its modifier. *J Gen Microbiol* **138**: 1949-1961.

Le Rudulier, D., A. R. Strom, A. M. Dandekar, L. T. Smith & R. C. Valentine, (1984) Molecular biology of osmoregulation. *Science* **224**: 1064-1068.

Leaver, M. & J. Errington, (2005) Roles for MreC and MreD proteins in helical growth of the cylindrical cell wall in *Bacillus subtilis*. *Mol Microbiol* **57**: 1196-1209.

LeDeaux, J. R. & A. D. Grossman, (1995) Isolation and characterization of *kinC*, a gene that encodes a sensor kinase homologous to the sporulation sensor kinases KinA and KinB in *Bacillus subtilis*. *J Bacteriol* **177**: 166-175.

Lee, J. C. & G. C. Stewart, (2003) Essential nature of the *mreC* determinant of *Bacillus subtilis*. *J Bacteriol* **185**: 4490-4498.

Li, C., M. D. Edwards, H. Jeong, J. Roth & I. R. Booth, (2007) Identification of mutations that alter the gating of the *Escherichia coli* mechanosensitive channel protein, MscK. *Mol Microbiol* **64**: 560-574.

Liu, M., T. S. Hanks, J. Zhang, M. J. McClure, D. W. Siemsen, J. L. Elser, M. T. Quinn & B. Lei, (2006) Defects in ex vivo and in vivo growth and sensitivity to osmotic stress of group A *Streptococcus* caused by interruption of response regulator gene vicR. *Microbiology* **152**: 967-978.

Liu, W., S. Eder & F. M. Hulett, (1998) Analysis of *Bacillus subtilis* tagAB and tagDEF expression during phosphate starvation identifies a repressor role for PhoP-P. *J Bacteriol* **180**: 753-758.

Liu, W. & F. M. Hulett, (1998) Comparison of PhoP binding to the *tuaA* promoter with PhoP binding to other Pho-regulon promoters establishes a *Bacillus subtilis* Pho core binding site. *Microbiology* **144 (Pt 5)**: 1443-1450.

Liu, Y. & D. W. Bolen, (1995) The peptide backbone plays a dominant role in protein stabilization by naturally occurring osmolytes. *Biochemistry* **34**: 12884-12891.

Lopez, C. S., H. Heras, H. Garda, S. Ruzal, C. Sanchez-Rivas & E. Rivas, (2000) Biochemical and biophysical studies of *Bacillus subtilis* envelopes under hyperosmotic stress. *Int J Food Microbiol* **55**: 137-142.

Lopez, C. S., H. Heras, S. M. Ruzal, C. Sanchez-Rivas & E. A. Rivas, (1998) Variations of the envelope composition of *Bacillus subtilis* during growth in hyperosmotic medium. *Curr Microbiol* **36**: 55-61.

Ma, P., H. M. Yuille, V. Blessie, N. Gohring, Z. Igloi, K. Nishiguchi, J. Nakayama, P. J. Henderson & M. K. Phillips-Jones, (2008) Expression, purification and activities of the entire family of intact membrane sensor kinases from *Enterococcus faecalis*. *Mol Membr Biol* **25**: 449-473.

Machida, M., K. Takechi, H. Sato, S. J. Chung, H. Kuroiwa, S. Takio, M. Seki, K. Shinozaki, T. Fujita, M. Hasebe & H. Takano, (2006) Genes for the peptidoglycan synthesis pathway are essential for chloroplast division in moss. *Proc Natl Acad Sci U S A* **103**: 6753-6758.

Mader, U., H. Antelmann, T. Buder, M. K. Dahl, M. Hecker & G. Homuth, (2002) *Bacillus subtilis* functional genomics: genome-wide analysis of the DegS-DegU regulon by transcriptomics and proteomics. *Mol Genet Genomics* **268**: 455-467.

Mansilla, M. C., L. E. Cybulski, D. Albanesi & D. de Mendoza, (2004) Control of membrane lipid fluidity by molecular thermosensors. *J Bacteriol* **186**: 6681-6688.

Mansilla, M. C. & D. de Mendoza, (2005) The *Bacillus subtilis* desaturase: a model to understand phospholipid modification and temperature sensing. *Arch Microbiol* **183**: 229-235.

Margot, P. & D. Karamata, (1996) The wprA gene of *Bacillus subtilis* 168, expressed during exponential growth, encodes a cell-wall-associated protease. *Microbiology* **142 (Pt 12)**: 3437-3444.

Margot, P., C. Mauel & D. Karamata, (1994) The gene of the N-acetylglucosaminidase, a *Bacillus subtilis* 168 cell wall hydrolase not involved in vegetative cell autolysis. *Mol Microbiol* **12**: 535-545.

Margot, P., M. Pagni & D. Karamata, (1999) *Bacillus subtilis* 168 gene *lytF* encodes a gamma-D-glutamate-meso-diaminopimelate muropeptidase expressed by the alternative vegetative sigma factor, sigmaD. *Microbiology* **145 (Pt 1)**: 57-65.

Marles-Wright, J., T. Grant, O. Delumeau, G. van Duinen, S. J. Firbank, P. J. Lewis, J. W. Murray, J. A. Newman, M. B. Quin, P. R. Race, A. Rohou, W. Tichelaar, M. van Heel & R. J. Lewis, (2008) Molecular architecture of the "stressosome," a signal integration and transduction hub. *Science* **322**: 92-96.

Martin, P. K., T. Li, D. Sun, D. P. Biek & M. B. Schmid, (1999) Role in cell permeability of an essential two-component system in *Staphylococcus aureus*. *J Bacteriol* **181**: 3666-3673.

Mascher, T., J. D. Helmann & G. Unden, (2006) Stimulus perception in bacterial signal-transducing histidine kinases. *Microbiol Mol Biol Rev* **70**: 910-938.

Matias, V. R. & T. J. Beveridge, (2005) Cryo-electron microscopy reveals native polymeric cell wall structure in *Bacillus subtilis* 168 and the existence of a periplasmic space. *Mol Microbiol* **56**: 240-251.

Matias, V. R. & T. J. Beveridge, (2006) Native cell wall organization shown by cryo-electron microscopy confirms the existence of a periplasmic space in *Staphylococcus aureus*. *J Bacteriol* **188**: 1011-1021.

Matias, V. R. & T. J. Beveridge, (2007) Cryo-electron microscopy of cell division in *Staphylococcus aureus* reveals a mid-zone between nascent cross walls. *Mol Microbiol* **64**: 195-206.

Mauel, C., M. Young, A. Monsutti-Grecescu, S. A. Marriott & D. Karamata, (1994) Analysis of *Bacillus subtilis tag* gene expression using transcriptional fusions. *Microbiology* **140 (Pt 9)**: 2279-2288.

Maul, B., U. Volker, S. Riethdorf, S. Engelmann & M. Hecker, (1995) sigma B-dependent regulation of *gsiB* in response to multiple stimuli in *Bacillus subtilis*. *Mol Gen Genet* **248**: 114-120.

McLaggan, D., J. Naprstek, E. T. Buurman & W. Epstein, (1994) Interdependence of K+ and glutamate accumulation during osmotic adaptation of *Escherichia coli*. *J Biol Chem* **269**: 1911-1917.

Measures, J. C., (1975) Role of amino acids in osmoregulation of non-halophilic bacteria. *Nature* **257**: 398-400.

Mendez, M. B., L. M. Orsaria, V. Philippe, M. E. Pedrido & R. R. Grau, (2004) Novel roles of the master transcription factors Spo0A and sigmaB for survival and sporulation of *Bacillus subtilis* at low growth temperature. *J Bacteriol* **186**: 989-1000.

Mengin-Lecreulx, D. & B. Lemaitre, (2005) Structure and metabolism of peptidoglycan and molecular requirements allowing its detection by the *Drosophila* innate immune system. *J Endotoxin Res* **11**: 105-111.

Merad, T., A. R. Archibald, I. C. Hancock, C. R. Harwood & J. A. Hobot, (1989) Cell wall assembly in *Bacillus subtilis*: visualization of old and new wall material by electron microscopic examination of samples stained selectively for teichoic acid and teichuronic acid. *J Gen Microbiol* **135**: 645-655.

Merchante, R., H. M. Pooley & D. Karamata, (1995) A periplasm in *Bacillus subtilis*. *J Bacteriol* **177**: 6176-6183.

Meury, J., (1988) Glycine betaine reverses the effects of osmotic stress on DNA replication and cellular division in *Escherichia coli*. *Arch Microbiol* **149**: 232-239.

Miller, J. H. (1992). A short course in bacterial genetics. A laboratory manulal and handbook for *Escherichia coli* and related bacteria., Cold Spring Harbor Laboratory, Cold Spring Harbor, N. Y.

Miller, K. J. & J. M. Wood, (1996) Osmoadaptation by rhizosphere bacteria. *Annu Rev Microbiol* **50**: 101-136.

Minton, A. P., (2000) Effect of a concentrated "inert" macromolecular cosolute on the stability of a globular protein with respect to denaturation by heat and by chaotropes: a statistical-thermodynamic model. *Biophys J* **78**: 101-109.

Minton, A. P., (2000) Effects of excluded surface area and adsorbate clustering on surface adsorption of proteins I. Equilibrium models. *Biophys Chem* **86**: 239-247.

Minton, A. P., (2000) Protein folding: Thickening the broth. *Curr Biol* **10**: R97-99.

Minton, A. P., (2001) Effects of excluded surface area and adsorbate clustering on surface adsorption of proteins. II. Kinetic models. *Biophys J* **80**: 1641-1648.

Minton, A. P., (2001) The influence of macromolecular crowding and macromolecular confinement on biochemical reactions in physiological media. *J Biol Chem* **276**: 10577-10580.

Miya, A., P. Albert, T. Shinya, Y. Desaki, K. Ichimura, K. Shirasu, Y. Narusaka, N. Kawakami, H. Kaku & N. Shibuya, (2007) CERK1, a LysM receptor kinase, is essential for chitin elicitor signaling in *Arabidopsis*. *Proc Natl Acad Sci U S A* **104**: 19613-19618.

Mobley, H. L., A. L. Koch, R. J. Doyle & U. N. Streips, (1984) Insertion and fate of the cell wall in *Bacillus subtilis*. *J Bacteriol* **158**: 169-179.

Mohedano, M. L., K. Overweg, A. de la Fuente, M. Reuter, S. Altabe, F. Mulholland, D. de Mendoza, P. Lopez & J. M. Wells, (2005) Evidence that the essential response regulator YycF in *Streptococcus pneumoniae* modulates expression of fatty acid biosynthesis genes and alters membrane composition. *J Bacteriol* **187**: 2357-2367.

Molle, V., M. Fujita, S. T. Jensen, P. Eichenberger, J. E. Gonzalez-Pastor, J. S. Liu & R. Losick, (2003) The SpoOA regulon of *Bacillus subtilis*. *Mol Microbiol* **50**: 1683-1701.

Morbach, S. & R. Kramer, (2003) Impact of transport processes in the osmotic response of *Corynebacterium glutamicum*. *J Biotechnol* **104**: 69-75.

Morikawa, K., M. Nonaka, Y. Yoshikawa & I. Torii, (2005) Synergistic effect of fosfomycin and arbekacin on a methicillin-resistant *Staphylococcus aureus*-induced biofilm in a rat model. *Int J Antimicrob Agents* **25**: 44-50.

Morlot, C., M. Noirclerc-Savoye, A. Zapun, O. Dideberg & T. Vernet, (2004) The D,D-carboxypeptidase PBP3 organizes the division process of *Streptococcus pneumoniae*. *Mol Microbiol* **51**: 1641-1648.

Moulder, J. W., (1993) Why is *Chlamydia* sensitive to penicillin in the absence of peptidoglycan? *Infect Agents Dis* **2**: 87-99.

Murray, T., D. L. Popham & P. Setlow, (1996) Identification and characterization of pbpC, the gene encoding *Bacillus subtilis* penicillin-binding protein 3. *J Bacteriol* **178**: 6001-6005.

Murray, T., D. L. Popham & P. Setlow, (1997) Identification and characterization of pbpA encoding *Bacillus subtilis* penicillin-binding protein 2A. *J Bacteriol* **179**: 3021-3029.

Nagai, H., H. Yuzawa & T. Yura, (1991) Interplay of two cis-acting mRNA regions in translational control of sigma 32 synthesis during the heat shock response of *Escherichia coli*. *Proc Natl Acad Sci U S A* **88**: 10515-10519.

Nagai, H., H. Yuzawa & T. Yura, (1991) Regulation of the heat shock response in *E coli*: involvement of positive and negative cis-acting elements in translation control of sigma 32 synthesis. *Biochimie* **73**: 1473-1479.

Nakamura, T., R. Yuda, T. Unemoto & E. P. Bakker, (1998) KtrAB, a new type of bacterial K(+)-uptake system from Vibrio alginolyticus. *J Bacteriol* **180**: 3491-3494.

Nandy, S. K., V. Prasad & K. V. Venkatesh, (2008) Effect of temperature on the cannibalistic behavior of *Bacillus subtilis*. *Appl Environ Microbiol* **74**: 7427-7430.

Nanninga, N., (1998) Morphogenesis of *Escherichia coli*. *Microbiol Mol Biol Rev* **62**: 110-129.

Nau-Wagner, G. (1999). Physiologische und genetische Untersuchungen zur Biosynthese und Anhäufung osmotischer Schutzsubstanzen in *Bacillus subtilis*. Dissertation, Philipps-Universität Marburg.

Nau-Wagner, G., J. Boch, J. A. Le Good & E. Bremer, (1999) High-affinity transport of choline-O-sulfate and its use as a compatible solute in *Bacillus subtilis*. *Appl Environ Microbiol* **65**: 560-568.

Navarre, W. W. & O. Schneewind, (1994) Proteolytic cleavage and cell wall anchoring at the LPXTG motif of surface proteins in gram-positive bacteria. *Mol Microbiol* **14**: 115-121.

Navarre, W. W. & O. Schneewind, (1999) Surface proteins of gram-positive bacteria and mechanisms of their targeting to the cell wall envelope. *Microbiol Mol Biol Rev* **63**: 174-229.

Nelson, D. E. & K. D. Young, (2001) Contributions of PBP 5 and DD-carboxypeptidase penicillin binding proteins to maintenance of cell shape in *Escherichia coli*. *J Bacteriol* **183**: 3055-3064.

Neuhaus, F. C. & J. Baddiley, (2003) A continuum of anionic charge: structures and functions of D-alanyl-teichoic acids in gram-positive bacteria. *Microbiol Mol Biol Rev* **67**: 686-723.

Neuhaus, K., S. Rapposch, K. P. Francis & S. Scherer, (2000) Restart of exponential growth of cold-shocked *Yersinia enterocolitica* occurs after down-regulation of cspA1/A2 mRNA. *J Bacteriol* **182**: 3285-3288.

Ng, W. L., K. M. Kazmierczak & M. E. Winkler, (2004) Defective cell wall synthesis in *Streptococcus pneumoniae* R6 depleted for the essential PcsB putative murein hydrolase or the VicR (YycF) response regulator. *Mol Microbiol* **53**: 1161-1175.

Ng, W. L., G. T. Robertson, K. M. Kazmierczak, J. Zhao, R. Gilmour & M. E. Winkler, (2003) Constitutive expression of PcsB suppresses the requirement for the essential VicR (YycF) response regulator in *Streptococcus pneumoniae* R6. *Mol Microbiol* **50**: 1647-1663.

Ng, W. L., H. C. Tsui & M. E. Winkler, (2005) Regulation of the pspA virulence factor and essential *pcsB* murein biosynthetic genes by the phosphorylated VicR (YycF) response regulator in *Streptococcus pneumoniae*. *J Bacteriol* **187**: 7444-7459.

Niaudet, B., A. Goze & S. D. Ehrlich, (1982) Insertional mutagenesis in *Bacillus subtilis*: mechanism and use in gene cloning. *Gene* **19**: 277-284.

O'Connell-Motherway, M., D. van Sinderen, F. Morel-Deville, G. F. Fitzgerald, S. D. Ehrlich & P. Morel, (2000) Six putative two-component regulatory systems isolated from *Lactococcus lactis* subsp. cremoris MG1363. *Microbiology* **146 (Pt 4)**: 935-947.

Ohnishi, R., S. Ishikawa & J. Sekiguchi, (1999) Peptidoglycan hydrolase LytF plays a role in cell separation with CwlF during vegetative growth of *Bacillus subtilis*. *J Bacteriol* **181**: 3178-3184.

Ohnuma, T., S. Onaga, K. Murata, T. Taira & E. Katoh, (2008) LysM domains from *Pteris ryukyuensis* chitinase-A: a stability study and characterization of the chitin-binding site. *J Biol Chem* **283**: 5178-5187.

Okada, A., Y. Gotoh, T. Watanabe, E. Furuta, K. Yamamoto & R. Utsumi, (2007) Targeting two-component signal transduction: a novel drug discovery system. *Methods Enzymol* **422**: 386-395.

Okajima, T., A. Doi, A. Okada, Y. Gotoh, K. Tanizawa & R. Utsumi, (2008) Response regulator YycF essential for bacterial growth: X-ray crystal structure of the DNA-binding domain and its PhoB-like DNA recognition motif. *FEBS Lett* **582**: 3434-3438.

Oren, A., (2008) Microbial life at high salt concentrations: phylogenetic and metabolic diversity. *Saline Systems* **4**: 2.

Palomino, M. M., C. Sanchez-Rivas & S. M. Ruzal, (2009) High salt stress in *Bacillus subtilis*: involvement of PBP4* as a peptidoglycan hydrolase. *Res Microbiol* **160**: 117-124.

Park, J. T., (1996) The convergence of murein recycling research with beta-lactamase research. *Microb Drug Resist* **2**: 105-112.

Park, J. T. & T. Uehara, (2008) How bacteria consume their own exoskeletons (turnover and recycling of cell wall peptidoglycan). *Microbiol Mol Biol Rev* **72**: 211-227, table of contents.

Parkinson, J. S. & E. C. Kofoid, (1992) Communication modules in bacterial signaling proteins. *Annu Rev Genet* **26**: 71-112.

Perego, M., C. Hanstein, K. M. Welsh, T. Djavakhishvili, P. Glaser & J. A. Hoch, (1994) Multiple protein-aspartate phosphatases provide a mechanism for the integration of diverse signals in the control of development in *B. subtilis*. *Cell* **79**: 1047-1055.

Perozo, E., A. Kloda, D. M. Cortes & B. Martinac, (2001) Site-directed spin-labeling analysis of reconstituted MscI in the closed state. *J Gen Physiol* **118**: 193-206.

Piuri, M., C. Sanchez-Rivas & S. M. Ruzal, (2005) Cell wall modifications during osmotic stress in *Lactobacillus casei*. *J Appl Microbiol* **98**: 84-95.

Ponting, C. P., L. Aravind, J. Schultz, P. Bork & E. V. Koonin, (1999) Eukaryotic signalling domain homologues in *archaea* and *bacteria*. Ancient ancestry and horizontal gene transfer. *J Mol Biol* **289**: 729-745.

Pooley, H. M., (1976) Turnover and spreading of old wall during surface growth of *Bacillus subtilis*. *J Bacteriol* **125**: 1127-1138.

Pooley, H. M., F. X. Abellan & D. Karamata, (1992) CDP-glycerol:poly(glycerophosphate) glycerophosphotransferase, which is involved in the synthesis of the major wall teichoic acid in *Bacillus subtilis* 168, is encoded by *tagF* (*rodC*). *J Bacteriol* **174**: 646-649.

Pooley, H. M. & D. Karamata, (1984) Genetic analysis of autolysin-deficient and flagellaless mutants of *Bacillus subtilis*. *J Bacteriol* **160**: 1123-1129.

Poolman, B., P. Blount, J. H. Folgering, R. H. Friesen, P. C. Moe & T. van der Heide, (2002) How do membrane proteins sense water stress? *Mol Microbiol* **44**: 889-902.

Poolman, B., K. J. Hellingwerf & W. N. Konings, (1987) Regulation of the glutamate-glutamine transport system by intracellular pH in *Streptococcus lactis*. *J Bacteriol* **169**: 2272-2276.

Popham, D. L., (2002) Specialized peptidoglycan of the bacterial endospore: the inner wall of the lockbox. *Cell Mol Life Sci* **59**: 426-433.

Popham, D. L., M. E. Gilmore & P. Setlow, (1999) Roles of low-molecular-weight penicillin-binding proteins in *Bacillus subtilis* spore peptidoglycan synthesis and spore properties. *J Bacteriol* **181**: 126-132.

Popham, D. L., J. Helin, C. E. Costello & P. Setlow, (1996) Analysis of the peptidoglycan structure of *Bacillus subtilis* endospores. *J Bacteriol* **178**: 6451-6458.

Popham, D. L., J. Helin, C. E. Costello & P. Setlow, (1996) Muramic lactam in peptidoglycan of *Bacillus subtilis* spores is required for spore outgrowth but not for spore dehydration or heat resistance. *Proc Natl Acad Sci U S A* **93**: 15405-15410.

Popham, D. L., J. Meador-Parton, C. E. Costello & P. Setlow, (1999) Spore peptidoglycan structure in a *cwlD dacB* double mutant of *Bacillus subtilis*. *J Bacteriol* **181**: 6205-6209.

Predich, M., G. Nair & I. Smith, (1992) *Bacillus subtilis* early sporulation genes *kinA*, *spo0F*, and *spo0A* are transcribed by the RNA polymerase containing sigma H. *J Bacteriol* **174**: 2771-2778.

Qin, Z., J. Zhang, B. Xu, L. Chen, Y. Wu, X. Yang, X. Shen, S. Molin, A. Danchin, H. Jiang & D. Qu, (2006) Structure-based discovery of inhibitors of the YycG histidine kinase: new chemical leads to combat Staphylococcus epidermidis infections. *BMC Microbiol* **6**: 96.

Quintela, J. C., M. Caparros & M. A. de Pedro, (1995) Variability of peptidoglycan structural parameters in gram-negative bacteria. *FEMS Microbiol Lett* **125**: 95-100.

Radutoiu, S., L. H. Madsen, E. B. Madsen, A. Jurkiewicz, E. Fukai, E. M. Quistgaard, A. S. Albrektsen, E. K. James, S. Thirup & J. Stougaard, (2007) LysM domains mediate lipochitin-oligosaccharide recognition and Nfr genes extend the symbiotic host range. *EMBO J* **26**: 3923-3935.

Rashid, M. H., M. Mori & J. Sekiguchi, (1995) Glucosaminidase of *Bacillus subtilis*: cloning, regulation, primary structure and biochemical characterization. *Microbiology* **141 (Pt 10)**: 2391-2404.

Rashid, M. H. & J. Sekiguchi, (1996) flaD (sinR) mutations affect SigD-dependent functions at multiple points in *Bacillus subtilis*. *J Bacteriol* **178**: 6640-6643.

Ravagnani, A., C. L. Finan & M. Young, (2005) A novel firmicute protein family related to the actinobacterial resuscitation-promoting factors by non-orthologous domain displacement. *BMC Genomics* **6**: 39.

Reischl, S., T. Wiegert & W. Schumann, (2002) Isolation and analysis of mutant alleles of the *Bacillus subtilis* HrcA repressor with reduced dependency on GroE function. *J Biol Chem* **277**: 32659-32667.

Reizer, J., A. Reizer & M. H. Saier, Jr., (1994) A functional superfamily of sodium/solute symporters. *Biochim Biophys Acta* **1197**: 133-166.

Ressl, S., A. C. Terwisscha van Scheltinga, C. Vonrhein, V. Ott & C. Ziegler, (2009) Molecular basis of transport and regulation in the Na(+)/betaine symporter BetP. *Nature* **458**: 47-52.

Riboldi-Tunnicliffe, A., M. C. Trombe, C. J. Bent, N. W. Isaacs & T. J. Mitchell, (2004) Crystallization and preliminary crystallographic studies of the D59A mutant of MicA, a YycF response-regulator homologue from Streptococcus pneumoniae. *Acta Crystallogr D Biol Crystallogr* **60**: 950-951.

Rogers, H. J., Perkins, H. R. & Ward, J. B. (1980) The bacterial autolysins.*Microbial Cell Walls and Membranes*, 191-214. London: Chapman & Hall

Roberts, M. F., (2004) Osmoadaptation and osmoregulation in *archaea*: update 2004. *Front Biosci* **9**: 1999-2019.

Roberts, M. F., (2005) Organic compatible solutes of halotolerant and halophilic microorganisms. *Saline Systems* **1**: 5.

Rodrigues, D. F. & J. M. Tiedje, (2008) Coping with our cold planet. *Appl Environ Microbiol* **74**: 1677-1686.

Roosild, T. P., S. Miller, I. R. Booth & S. Choe, (2002) A mechanism of regulating transmembrane potassium flux through a ligand-mediated conformational switch. *Cell* **109**: 781-791.

Rosario, M. M. & G. W. Ordal, (1996) CheC and CheD interact to regulate methylation of *Bacillus subtilis* methyl-accepting chemotaxis proteins. *Mol Microbiol* **21**: 511-518.

Roten, C. A., C. Brandt & D. Karamata, (1991) Genes involved in meso-diaminopimelate synthesis in *Bacillus subtilis*: identification of the gene encoding aspartokinase I. *J Gen Microbiol* **137**: 951-962.

Rushlow, K. E., A. H. Deutch & C. J. Smith, (1985) Identification of a mutation that relieves gamma-glutamyl kinase from allosteric feedback inhibition by proline. *Gene* **39**: 109-112.

Saier, M. H., Jr., (2000) Families of transmembrane transporters selective for amino acids and their derivatives. *Microbiology* **146 (Pt 8)**: 1775-1795.

Sakata, N. & T. Mukai, (2007) Production profile of the soluble lytic transglycosylase homologue in Staphylococcus aureus during bacterial proliferation. *FEMS Immunol Med Microbiol* **49**: 288-295.

Sambrook, J., E. F. Fritsch und T. E. Maniatis (1989) Molecular cloning: a laboratory manual. N. Y., Cold Spring Harbor Laboratory, Cold Spring Harbor, N. Y.

Sambrook, J. und D. W. Russel (2001) Molecular cloning: a laboratory manual. N. Y., Cold Spring Harbor Laboratory Press, Cold Spring Harbor, N. Y.

Sanger, F., S. Nicklen und A. R. Coulson (1977). DNA sequencing with chain-terminating inhibitors. *Proc Natl Acad Sci U S A* **74**: 5463-5467.

Scheffers, D. J., (2007) Cell wall growth during elongation and division: one ring to bind them? *Mol Microbiol* **64**: 877-880.

Scheurwater, E., C. W. Reid & A. J. Clarke, (2008) Lytic transglycosylases: bacterial space-making autolysins. *Int J Biochem Cell Biol* **40**: 586-591.

Schirner, K., J. Marles-Wright, R. J. Lewis & J. Errington, (2009) Distinct and essential morphogenic functions for wall- and lipo-teichoic acids in *Bacillus subtilis*. *EMBO J* **28**: 830-842.

Schleyer, M., R. Schmid & E. P. Bakker, (1993) Transient, specific and extremely rapid release of osmolytes from growing cells of *Escherichia coli* K-12 exposed to hypoosmotic shock. *Arch Microbiol* **160**: 424-431.

Schock, F., S. Gotsche & M. K. Dahl, (1996) Vectors using the phospho-alpha-(1,1)-glucosidase-encoding gene *treA* of *Bacillus subtilis* as a reporter. *Gene* **170**: 77-80.

Schroder, K., P. Graumann, A. Schnuchel, T. A. Holak & M. A. Marahiel, (1995) Mutational analysis of the putative nucleic acid-binding surface of the cold-shock domain, CspB, revealed an essential role of aromatic and basic residues in binding of single-stranded DNA containing the Y-box motif. *Mol Microbiol* **16**: 699-708.

Schuster, C., B. Dobrinski & R. Hakenbeck, (1990) Unusual septum formation in Streptococcus pneumoniae mutants with an alteration in the D,D-carboxypeptidase penicillin-binding protein 3. *J Bacteriol* **172**: 6499-6505.

Seibert, T. M. (2004) Die molekulare und physiologische Analyse des osmotisch- und kälteinduzierten Gens yocH aus *Bacillus subtilis*. Diplomarbeit, Philipps-Universität Marburg

Senadheera, M. D., B. Guggenheim, G. A. Spatafora, Y. C. Huang, J. Choi, D. C. Hung, J. S. Treglown, S. D. Goodman, R. P. Ellen & D. G. Cvitkovitch, (2005) A VicRK signal transduction system in *Streptococcus mutans* affects *gtfBCD*, *gbpB*, and *ftf* expression, biofilm formation, and genetic competence development. *J Bacteriol* **187**: 4064-4076.

Serwer, P., S. J. Hayes & K. Lieman, (2007) Aggregates of bacteriophage 0305phi8-36 seed future growth. *Virol J* **4**: 131.

Shemesh, M., A. Tam, M. Feldman & D. Steinberg, (2006) Differential expression profiles of *Streptococcus mutans ftf, gtf and vicR* genes in the presence of dietary carbohydrates at early and late exponential growth phases. *Carbohydr Res* **341**: 2090-2097.

Shiflett, M. A., D. Brooks & F. E. Young, (1977) Cell wall and morphological changes induced by temperature shift in *Bacillus subtilis* cell wall mutants. *J Bacteriol* **132**: 681-690.

Sinensky, M., (1974) Homeoviscous adaptation--a homeostatic process that regulates the viscosity of membrane lipids in *Escherichia coli*. *Proc Natl Acad Sci U S A* **71**: 522-525.

Singer, S. J. & G. L. Nicolson, (1972) The fluid mosaic model of the structure of cell membranes. *Science* **175**: 720-731.

Smith, T. J., S. A. Blackman & S. J. Foster, (2000) Autolysins of *Bacillus subtilis*: multiple enzymes with multiple functions. *Microbiology* **146 (Pt 2)**: 249-262.

Soldo, B., V. Lazarevic & D. Karamata, (2002) *tagO* is involved in the synthesis of all anionic cell-wall polymers in *Bacillus subtilis* 168. *Microbiology* **148**: 2079-2087.

Soldo, B., V. Lazarevic, M. Pagni & D. Karamata, (1999) Teichuronic acid operon of *Bacillus subtilis* 168. *Mol Microbiol* **31**: 795-805.

Sotomayor, M., V. Vasquez, E. Perozo & K. Schulten, (2007) Ion conduction through MscS as determined by electrophysiology and simulation. *Biophys J* **92**: 886-902.

Soveral, G., A. Veiga, M. C. Loureiro-Dias, A. Tanghe, P. Van Dijck & T. F. Moura, (2006) Water channels are important for osmotic adjustments of yeast cells at low temperature. *Microbiology* **152**: 1515-1521.

Spiegelhalter, F. & E. Bremer, (1998) Osmoregulation of the *opuE* proline transport gene from *Bacillus subtilis*: contributions of the sigma A- and sigma B-dependent stress-responsive promoters. *Mol Microbiol* **29**: 285-296.

Spizizen, J., (1958) Transformation of Biochemically Deficient Strains of *Bacillus subtilis* by Deoxyribonucleate. *Proc Natl Acad Sci U S A* **44**: 1072-1078.

Stanier, R. Y. & C. B. Van Niel, (1962) The concept of a bacterium. *Arch Mikrobiol* **42**: 17-35.

Steen, A., G. Buist, G. J. Horsburgh, G. Venema, O. P. Kuipers, S. J. Foster & J. Kok, (2005) AcmA of *Lactococcus lactis* is an N-acetylglucosaminidase with an optimal number of LysM domains for proper functioning. *FEBS J* **272**: 2854-2868.

Steil, L., T. Hoffmann, I. Budde, U. Volker & E. Bremer, (2003) Genome-wide transcriptional profiling analysis of adaptation of *Bacillus subtilis* to high salinity. *J Bacteriol* **185**: 6358-6370.

Stipp, R. N., R. B. Goncalves, J. F. Hofling, D. J. Smith & R. O. Mattos-Graner, (2008) Transcriptional analysis of *gtfB*, *gtfC*, and *gbpB* and their putative response regulators in several isolates of Streptococcus mutans. *Oral Microbiol Immunol* **23**: 466-473.

Stock, A. M., V. L. Robinson & P. N. Goudreau, (2000) Two-component signal transduction. *Annu Rev Biochem* **69**: 183-215.

Stock, J. B., A. J. Ninfa & A. M. Stock, (1989) Protein phosphorylation and regulation of adaptive responses in bacteria. *Microbiol Rev* **53**: 450-490.

Strauch, M., V. Webb, G. Spiegelman & J. A. Hoch, (1990) The SpoOA protein of *Bacillus subtilis* is a repressor of the *abrB* gene. *Proc Natl Acad Sci U S A* **87**: 1801-1805.

Strauch, M. A., B. G. Bobay, J. Cavanagh, F. Yao, A. Wilson & Y. Le Breton, (2007) Abh and AbrB control of *Bacillus subtilis* antimicrobial gene expression. *J Bacteriol* **189**: 7720-7732.

Strauch, M. A. & J. A. Hoch, (1993) Transition-state regulators: sentinels of *Bacillus subtilis* post-exponential gene expression. *Mol Microbiol* **7**: 337-342.

Sullivan, D. M., B. G. Bobay, D. J. Kojetin, R. J. Thompson, M. Rance, M. A. Strauch & J. Cavanagh, (2008) Insights into the nature of DNA binding of AbrB-like transcription factors. *Structure* **16**: 1702-1713.

Suzuki, I., D. A. Los & N. Murata, (2000) Perception and transduction of low-temperature signals to induce desaturation of fatty acids. *Biochem Soc Trans* **28**: 628-630.

Szurmant, H., T. Fukushima & J. A. Hoch, (2007) The essential YycFG two-component system of *Bacillus subtilis*. *Methods Enzymol* **422**: 396-417.

Szurmant, H., M. A. Mohan, P. M. Imus & J. A. Hoch, (2007) YycH and YycI interact to regulate the essential YycFG two-component system in *Bacillus subtilis*. *J Bacteriol* **189**: 3280-3289.

Szurmant, H., K. Nelson, E. J. Kim, M. Perego & J. A. Hoch, (2005) YycH regulates the activity of the essential YycFG two-component system in *Bacillus subtilis*. *J Bacteriol* **187**: 5419-5426.

Szurmant, H., H. Zhao, M. A. Mohan, J. A. Hoch & K. I. Varughese, (2006) The crystal structure of YycH involved in the regulation of the essential YycFG two-component system in *Bacillus subtilis* reveals a novel tertiary structure. *Protein Sci* **15**: 929-934.

Takeshima, H., (2003) Ryanodine receptor and junctional membrane structure. *Nippon Yakurigaku Zasshi* **121**: 203-210.

Talibart, R., M. Jebbar, K. Gouffi, V. Pichereau, G. Gouesbet, C. Blanco, T. Bernard & J. Pocard, (1997) Transient Accumulation of Glycine Betaine and Dynamics of Endogenous Osmolytes in Salt-Stressed Cultures of Sinorhizobium meliloti. *Appl Environ Microbiol* **63**: 4657-4663.

Tamura, A., N. Ohashi, H. Urakami & S. Miyamura, (1995) Classification of *Rickettsia tsutsugamushi* in a new genus, Orientia gen. nov., as *Orientia tsutsugamushi* comb. nov. *Int J Syst Bacteriol* **45**: 589-591.

Tanghe, A., P. Van Dijck & J. M. Thevelein, (2006) Why do microorganisms have aquaporins? *Trends Microbiol* **14**: 78-85.

Taylor, B. L. & I. B. Zhulin, (1999) PAS domains: internal sensors of oxygen, redox potential, and light. *Microbiol Mol Biol Rev* **63**: 479-506.

Throup, J. P., K. K. Koretke, A. P. Bryant, K. A. Ingraham, A. F. Chalker, Y. Ge, A. Marra, N. G. Wallis, J. R. Brown, D. J. Holmes, M. Rosenberg & M. K. Burnham, (2000) A genomic analysis of two-component signal transduction in Streptococcus pneumoniae. *Mol Microbiol* **35**: 566-576.

Timasheff, S. N., (2002) Protein hydration, thermodynamic binding, and preferential hydration. *Biochemistry* **41**: 13473-13482.

Timasheff, S. N., (2002) Protein-solvent preferential interactions, protein hydration, and the modulation of biochemical reactions by solvent components. *Proc Natl Acad Sci U S A* **99**: 9721-9726.

Tjalsma, H., H. Antelmann, J. D. Jongbloed, P. G. Braun, E. Darmon, R. Dorenbos, J. Y. Dubois, H. Westers, G. Zanen, W. J. Quax, O. P. Kuipers, S. Bron, M. Hecker & J. M. van Dijl, (2004) Proteomics of protein secretion by *Bacillus subtilis*: separating the "secrets" of the secretome. *Microbiol Mol Biol Rev* **68**: 207-233.

Tjalsma, H., A. Bolhuis, J. D. Jongbloed, S. Bron & J. M. van Dijl, (2000) Signal peptide-dependent protein transport in *Bacillus subtilis*: a genome-based survey of the secretome. *Microbiol Mol Biol Rev* **64**: 515-547.

Trach, K. A. & J. A. Hoch, (1993) Multisensory activation of the phosphorelay initiating sporulation in *Bacillus subtilis*: identification and sequence of the protein kinase of the alternate pathway. *Mol Microbiol* **8**: 69-79.

Trinh, C. H., Y. Liu, S. E. Phillips & M. K. Phillips-Jones, (2007) Structure of the response regulator VicR DNA-binding domain. *Acta Crystallogr D Biol Crystallogr* **63**: 266-269.

Tzeng, Y. L., V. A. Feher, J. Cavanagh, M. Perego & J. A. Hoch, (1998) Characterization of interactions between a two-component response regulator, Spo0F, and its phosphatase, RapB. *Biochemistry* **37**: 16538-16545.

van den Bogaart, G., N. Hermans, V. Krasnikov & B. Poolman, (2007) Protein mobility and diffusive barriers in *Escherichia coli*: consequences of osmotic stress. *Mol Microbiol* **64**: 858-871.

van der Heide, T., M. C. Stuart & B. Poolman, (2001) On the osmotic signal and osmosensing mechanism of an ABC transport system for glycine betaine. *EMBO J* **20**: 7022-7032.

van Straaten, K. E., T. R. Barends, B. W. Dijkstra & A. M. Thunnissen, (2007) Structure of *Escherichia coli* Lytic transglycosylase MltA with bound chitohexaose: implications for peptidoglycan binding and cleavage. *J Biol Chem* **282**: 21197-21205.

van Straaten, K. E., B. W. Dijkstra, W. Vollmer & A. M. Thunnissen, (2005) Crystal structure of MltA from *Escherichia coli* reveals a unique lytic transglycosylase fold. *J Mol Biol* **352**: 1068-1080.

VanBogelen, R. A. & F. C. Neidhardt, (1990) Ribosomes as sensors of heat and cold shock in *Escherichia coli*. *Proc Natl Acad Sci U S A* **87**: 5589-5593.
Ventosa, A., J. J. Nieto & A. Oren, (1998) Biology of moderately halophilic aerobic bacteria. *Microbiol Mol Biol Rev* **62**: 504-544.
Vijaranakul, U., M. J. Nadakavukaren, B. L. de Jonge, B. J. Wilkinson & R. K. Jayaswal, (1995) Increased cell size and shortened peptidoglycan interpeptide bridge of NaCl-stressed *Staphylococcus aureus* and their reversal by glycine betaine. *J Bacteriol* **177**: 5116-5121.
Vocadlo, D. J., G. J. Davies, R. Laine & S. G. Withers, (2001) Catalysis by hen egg-white lysozyme proceeds via a covalent intermediate. *Nature* **412**: 835-838.
Volker, U., S. Engelmann, B. Maul, S. Riethdorf, A. Volker, R. Schmid, H. Mach & M. Hecker, (1994) Analysis of the induction of general stress proteins of *Bacillus subtilis*. *Microbiology* **140 (Pt 4)**: 741-752.
Volker, U., B. Maul & M. Hecker, (1999) Expression of the sigmaB-dependent general stress regulon confers multiple stress resistance in *Bacillus subtilis*. *J Bacteriol* **181**: 3942-3948.
Vollmer, W., (2008) Structural variation in the glycan strands of bacterial peptidoglycan. *FEMS Microbiol Rev* **32**: 287-306.
Vollmer, W., D. Blanot & M. A. de Pedro, (2008) Peptidoglycan structure and architecture. *FEMS Microbiol Rev* **32**: 149-167.
Vollmer, W. & J. V. Holtje, (2001) Morphogenesis of *Escherichia coli*. *Curr Opin Microbiol* **4**: 625-633.
Vollmer, W., B. Joris, P. Charlier & S. Foster, (2008) Bacterial peptidoglycan (murein) hydrolases. *FEMS Microbiol Rev* **32**: 259-286.
Vollmer, W. & A. Tomasz, (2000) The pgdA gene encodes for a peptidoglycan N-acetylglucosamine deacetylase in *Streptococcus pneumoniae*. *J Biol Chem* **275**: 20496-20501.
von Blohn, C., B. Kempf, R. M. Kappes & E. Bremer, (1997) Osmostress response in *Bacillus subtilis*: characterization of a proline uptake system (OpuE) regulated by high osmolarity and the alternative transcription factor sigma B. *Mol Microbiol* **25**: 175-187.
von Mering, C., L. J. Jensen, M. Kuhn, S. Chaffron, T. Doerks, B. Kruger, B. Snel & P. Bork, (2007) STRING 7--recent developments in the integration and prediction of protein interactions. *Nucleic Acids Res* **35**: D358-362.
von Mering, C., L. J. Jensen, B. Snel, S. D. Hooper, M. Krupp, M. Foglierini, N. Jouffre, M. A. Huynen & P. Bork, (2005) STRING: known and predicted protein-protein associations, integrated and transferred across organisms. *Nucleic Acids Res* **33**: D433-437.
Wagner, C., A. Saizieu Ad, H. J. Schonfeld, M. Kamber, R. Lange, C. J. Thompson & M. G. Page, (2002) Genetic analysis and functional characterization of the *Streptococcus pneumoniae vic* operon. *Infect Immun* **70**: 6121-6128.
Wan, J., X. C. Zhang, D. Neece, K. M. Ramonell, S. Clough, S. Y. Kim, M. G. Stacey & G. Stacey, (2008) A LysM receptor-like kinase plays a critical role in chitin signaling and fungal resistance in *Arabidopsis*. *Plant Cell* **20**: 471-481.
Wang, W., R. Hollmann & W. D. Deckwer, (2006) Comparative proteomic analysis of high cell density cultivations with two recombinant *Bacillus megaterium* strains for the production of a heterologous dextransucrase. *Proteome Sci* **4**: 19.
Ward, J. B., (1973) The chain length of the glycans in bacterial cell walls. *Biochem J* **133**: 395-398.

Warth, A. D. & J. L. Strominger, (1969) Structure of the peptidoglycan of bacterial spores: occurrence of the lactam of muramic acid. *Proc Natl Acad Sci U S A* **64**: 528-535.
Warth, A. D. & J. L. Strominger, (1971) Structure of the peptidoglycan from vegetative cell walls of *Bacillus subtilis*. *Biochemistry* **10**: 4349-4358.
Warth, A. D. & J. L. Strominger, (1972) Structure of the peptidoglycan from spores of *Bacillus subtilis*. *Biochemistry* **11**: 1389-1396.
Watanabe, T., Y. Hashimoto, Y. Umemoto, D. Tatebe, E. Furuta, T. Fukamizo, K. Yamamoto & R. Utsumi, (2003) Molecular characterization of the essential response regulator protein YycF in *Bacillus subtilis*. *J Mol Microbiol Biotechnol* **6**: 155-163.
Watanabe, T., Y. Hashimoto, K. Yamamoto, K. Hirao, A. Ishihama, M. Hino & R. Utsumi, (2003) Isolation and characterization of inhibitors of the essential histidine kinase, YycG in *Bacillus subtilis* and *Staphylococcus aureus*. *J Antibiot (Tokyo)* **56**: 1045-1052.
Watanabe, T., A. Okada, Y. Gotoh & R. Utsumi, (2008) Inhibitors targeting two-component signal transduction. *Adv Exp Med Biol* **631**: 229-236.
Weber, M. H. & M. A. Marahiel, (2002) Coping with the cold: the cold shock response in the Gram-positive soil bacterium *Bacillus subtilis*. *Philos Trans R Soc Lond B Biol Sci* **357**: 895-907.
Weidel, W. & H. Pelzer, (1964) Bagshaped Macromolecules--a New Outlook on Bacterial Cell Walls. *Adv Enzymol Relat Areas Mol Biol* **26**: 193-232.
Welsh, D. T., (2000) Ecological significance of compatible solute accumulation by micro-organisms: from single cells to global climate. *FEMS Microbiol Rev* **24**: 263-290.
Wendrich, T. M., C. L. Beckering & M. A. Marahiel, (2000) Characterization of the relA/spoT gene from *Bacillus stearothermophilus*. *FEMS Microbiol Lett* **190**: 195-201.
Wendrich, T. M., G. Blaha, D. N. Wilson, M. A. Marahiel & K. H. Nierhaus, (2002) Dissection of the mechanism for the stringent factor RelA. *Mol Cell* **10**: 779-788.
Wendrich, T. M. & M. A. Marahiel, (1997) Cloning and characterization of a relA/spoT homologue from *Bacillus subtilis*. *Mol Microbiol* **26**: 65-79.
Westmacott, D. & H. R. Perkins, (1979) Effects of lysozyme on *Bacillus cereus* 569: rupture of chains of bacteria and enhancement of sensitivity to autolysins. *J Gen Microbiol* **115**: 1-11.
Whatmore, A. M., J. A. Chudek & R. H. Reed, (1990) The effects of osmotic upshock on the intracellular solute pools of *Bacillus subtilis*. *J Gen Microbiol* **136**: 2527-2535.
Whatmore, A. M. & R. H. Reed, (1990) Determination of turgor pressure in *Bacillus subtilis*: a possible role for K^+ in turgor regulation. *J Gen Microbiol* **136**: 2521-2526.
White, B. A. (1993). PCR-protocols. In Methods in Microbiology. Edited by J. M. Walker. Totawa, NJ, USA, Humana Press Inc.
Winkler, M. E. & J. A. Hoch, (2008) Essentiality, bypass, and targeting of the YycFG (VicRK) two-component regulatory system in gram-positive bacteria. *J Bacteriol* **190**: 2645-2648.
Wistow, G., (1990) Cold shock and DNA binding. *Nature* **344**: 823-824.
Wolanin, P. M., D. J. Webre & J. B. Stock, (2003) Mechanism of phosphatase activity in the chemotaxis response regulator CheY. *Biochemistry* **42**: 14075-14082.

Wolffe, A. P., S. Tafuri, M. Ranjan & M. Familari, (1992) The Y-box factors: a family of nucleic acid binding proteins conserved from *Escherichia coli* to man. *New Biol* **4**: 290-298.

Wood, J. M., E. Bremer, L. N. Csonka, R. Kraemer, B. Poolman, T. van der Heide & L. T. Smith, (2001) Osmosensing and osmoregulatory compatible solute accumulation by bacteria. *Comp Biochem Physiol A Mol Integr Physiol* **130**: 437-460.

Wright, J. & J. E. Heckels, (1975) The teichuronic acid of cell walls of *Bacillus subtilis* W23 grown in a chemostat under phosphate limitation. *Biochem J* **147**: 187-189.

Wu, J., N. Ohta, J. L. Zhao & A. Newton, (1999) A novel bacterial tyrosine kinase essential for cell division and differentiation. *Proc Natl Acad Sci U S A* **96**: 13068-13073.

Wu, T. L., A. L. Koch & R. J. Doyle, (1993) Anomalies in cell wall turnover associated with the growth temperature of *Bacillus subtilis*. *Biochim Biophys Acta* **1156**: 173-180.

Wuenscher, M. D., S. Kohler, A. Bubert, U. Gerike & W. Goebel, (1993) The *iap* gene of *Listeria monocytogenes* is essential for cell viability, and its gene product, p60, has bacteriolytic activity. *J Bacteriol* **175**: 3491-3501.

Wulff, D. L., M. Mahoney, A. Shatzman & M. Rosenberg, (1984) Mutational analysis of a regulatory region in bacteriophage lambda that has overlapping signals for the initiation of transcription and translation. *Proc Natl Acad Sci U S A* **81**: 555-559.

Yamamoto, K., T. Kitayama, S. Minagawa, T. Watanabe, S. Sawada, T. Okamoto & R. Utsumi, (2001) Antibacterial agents that inhibit histidine protein kinase YycG of *Bacillus subtilis*. *Biosci Biotechnol Biochem* **65**: 2306-2310.

Yamanaka, K., (1999) Cold shock response in *Escherichia coli*. *J Mol Microbiol Biotechnol* **1**: 193-202.

Yang, D., Z. Pan, H. Takeshima, C. Wu, R. Y. Nagaraj, J. Ma & H. Cheng, (2001) RyR3 amplifies RyR1-mediated Ca(2+)-induced Ca(2+) release in neonatal mammalian skeletal muscle. *J Biol Chem* **276**: 40210-40214.

Yanouri, A., R. A. Daniel, J. Errington & C. E. Buchanan, (1993) Cloning and sequencing of the cell division gene *pbpB*, which encodes penicillin-binding protein 2B in *Bacillus subtilis*. *J Bacteriol* **175**: 7604-7616.

Young, F. E., (1965) Variation in the chemical composition of the cell walls of *Bacillus subtilis* during growth in different media. *Nature* **207**: 104-105.

Zimmerman, S. B. & S. O. Trach, (1991) Estimation of macromolecule concentrations and excluded volume effects for the cytoplasm of *Escherichia coli*. *J Mol Biol* **222**: 599-620.

Zipperle, G. F., Jr., J. W. Ezzell, Jr. & R. J. Doyle, (1984) Glucosamine substitution and muramidase susceptibility in B*acillus anthracis*. *Can J Microbiol* **30**: 553-559.

Zuber, B., M. Haenni, T. Ribeiro, K. Minnig, F. Lopes, P. Moreillon & J. Dubochet, (2006) Granular layer in the periplasmic space of gram-positive bacteria and fine structures of *Enterococcus gallinarum* and *Streptococcus gordonii* septa revealed by cryo-electron microscopy of vitreous sections. *J Bacteriol* **188**: 6652-6660.

I want morebooks!

Buy your books fast and straightforward online - at one of world's fastest growing online book stores! Environmentally sound due to Print-on-Demand technologies.

Buy your books online at
www.morebooks.shop

Kaufen Sie Ihre Bücher schnell und unkompliziert online – auf einer der am schnellsten wachsenden Buchhandelsplattformen weltweit! Dank Print-On-Demand umwelt- und ressourcenschonend produziert.

Bücher schneller online kaufen
www.morebooks.shop

KS OmniScriptum Publishing
Brivibas gatve 197
LV-1039 Riga, Latvia
Telefax: +371 686 204 55

info@omniscriptum.com
www.omniscriptum.com

Printed by Books on Demand GmbH, Norderstedt / Germany